高等学校理工科数学类规划教材

微课版

线性代数

XIANXING DAISHU

（第三版）

大连理工大学数学科学学院 组编
主　编 代万基
副主编 王　颖 冯　红

大连理工大学出版社

图书在版编目(CIP)数据

线性代数 / 大连理工大学数学科学学院组编 ；代万基主编. -- 3 版. -- 大连 ：大连理工大学出版社，2023.2(2024.1 重印)

高等学校理工科数学类规划教材

ISBN 978-7-5685-4202-9

Ⅰ. ①线… Ⅱ. ①大… ②代… Ⅲ. ①线性代数－高等学校－教材 Ⅳ. ①O151.2

中国国家版本馆 CIP 数据核字(2023)第 010309 号

大连理工大学出版社出版

地址：大连市软件园路 80 号　邮政编码：116023

电话：0411-84708842　邮购：0411-84708943　传真：0411-84701466

E-mail：dutp@dutp.cn　URL：https://www.dutp.cn

大连永盛印业有限公司印刷　　大连理工大学出版社发行

幅面尺寸：185mm×260mm　印张：11　字数：253 千字

2007 年 2 月第 1 版　　2023 年 2 月第 3 版

2024 年 1 月第 3 次印刷

责任编辑：于建辉　王晓历　　责任校对：孙兴乐

封面设计：张　莹

ISBN 978-7-5685-4202-9　　定　价：36.80 元

前言

Preface

线性代数是理工科大学生的一门重要数学基础课，在培养大学生的计算能力、抽象思维能力和逻辑推理能力等方面发挥着重要作用。

线性代数起源于线性方程组的解法，是19世纪后期发展起来的一个重要数学分支。线性代数的主要内容有：矩阵、行列式、向量组、线性方程组、向量空间、矩阵的特征值和特征向量、二次型、线性空间和线性变换。其中，线性方程组的概念产生于1678年之前，行列式的概念产生于1772年，矩阵的概念产生于1850年。到了20世纪后半期，随着计算机的快速发展和日益普及，线性代数在理工科各专业及经济、管理、社会、生物、医学等学科中的应用越来越广泛，成为广大科技工作者必不可少的数学工具之一。

本书在编写及修订时注意保持及突出以下特色：

(1)以矩阵的理论和运算为主线，把行列式看作矩阵的一个数值特性，突出矩阵的三个数值特性(行列式、秩、特征值)在线性代数中的作用；将向量组、线性方程组、二次型及线性变换与矩阵建立联系，重点对矩阵进行研究，然后用矩阵理论来解决相关问题。

(2)将初等变换作为贯穿全书的主要计算工具。行列式的计算、矩阵的求逆、矩阵的秩的计算、求向量组的极大无关组、解线性方程组以及求矩阵的特征向量等问题主要通过初等变换来完成。虽然有的问题也可通过其他方法来解决，但是初等变换的方法一般会更简便、更容易掌握，并且便于用计算机来实现。

(3)充分利用分块阵来表达和论证问题，使得表达简练、思路清晰。例如，对矩阵、向量组和线性方程组之间关系的研究，对行列式和矩阵的秩的性质的证明等，都使用了分块阵。

(4)注意介绍主要概念和主要问题产生的历史背景，并尽可能地给出其直观解释；对于主要结论均给出了严格的证明；对于主要计算问题，均有详细的方法介绍，并配置合适的例题和习题。为了培养读者解决实际问题的能力，提高读者学习的兴趣，给出了一定量的应用实例。为了加深读者对基本概念和主要知识的理解和掌握，配备了大量的思考题。这些思考题是根据编者的多年教学实践构造出来的。

(5)本书响应二十大精神，推进教育数字化，建设全民终身学习的学习型社会、学习型大国，及时丰富和更新了数字化微课资源，以二维码形式融合纸质教材，使得教材更具及时性、内容的丰富性和环境的可交互性等特征，使读者学习时更轻松、更有趣味，促进了碎片化学习，提高了学习效果和效率。

本书是在大连理工大学线性代数课程多年教学实践的基础上，借鉴并吸收了国内外相关优秀教材的优点编写而成的。

在本书的编写和修订过程中，编者力求站在读者的角度，将理论知识阐释得通俗易懂，并充分考虑当前全国硕士研究生入学统一考试的需要，使其内容和难易程度符合理工科线性代数课程和全国《研究生入学统一考试大纲》的要求。本书可作为 48 学时线性代数课程教学用书；若去掉带“ * ”的内容，也可作为 32 学时线性代数课程教学用书。

正文带“ * ”的部分及某些章节后面的附录为拓宽与加深的内容，任课教师可根据学时和教学的实际情况酌情处理。此外，提高题的习题偏难，不宜留为作业，可供有潜力的学生练习。

本次修订在内容、文字表达、定理和性质的证明上进行了进一步的加工和完善，用语和符号的使用更加严谨准确，对例题、思考题、习题、提高题进行了适当调整，加大了数学学科的思想方法以及知识点间的联系的介绍。本次修订对重点内容做了适当拓展，主要以微课视频的形式展现。

参加本书第一版编写工作的有：王颖（第 1～3 章），冯红（第 4 章），代万基（第 5、6、9、10 章），赵立中（第 7、8 章）。全书由代万基统稿。

参加本次修订工作的有：王颖（第 1～3 章），冯红（第 4 章），代万基（第 5～9 章）。微课视频资源主要由王颖、代万基录制和提供，本次修订工作由代万基统稿。

在本书的编写和修订过程中，得到了大连理工大学教务处和线性代数课程组全体任课教师的大力支持，在此一并表示衷心的感谢！

由于编者的水平所限，错误和不妥之处在所难免，恳请同行和读者批评指正。您有任何意见或建议，请通过以下方式与我们联系：

编　者

2023 年 2 月

所有意见和建议请发往：dutpbk@163.com
欢迎访问高教数字化服务平台：https://www.dutp.cn/hep/
联系电话：0411-84708462　84708445

Contents

目录

第1章

矩阵及其初等变换

矩阵是线性代数的主要研究对象，是研究线性方程组和其他相关问题的有力工具，在自然科学和工程技术的许多领域中有着广泛应用.线性代数研究问题的基本思想是：将所研究的主要问题转化为矩阵形式，重点对矩阵进行研究，最后将所研究的问题作为矩阵理论的应用来加以解决.

本章主要讲述矩阵的概念及其运算；向量与分块阵；矩阵的初等变换与初等阵.

1.1 矩阵的概念及其运算

矩阵的直观表现形式为一个矩形的数表.在日常生活中，经常使用这样的数表，如产量统计表、成绩登记表等.为了对用矩阵所描述的事物做进一步的讨论，在线性代数中定义了矩阵之间的运算.

1.1.1 矩阵的概念

定义 1-1 由 $m\times n$ 个数 $a_{ij}(i=1,2,\cdots,m;j=1,2,\cdots,n)$ 排成的 m 行 n 列的矩形数表

$$\begin{pmatrix} a_{11} & a_{12} & \cdots & a_{1n} \\ a_{21} & a_{22} & \cdots & a_{2n} \\ \vdots & \vdots & & \vdots \\ a_{m1} & a_{m2} & \cdots & a_{mn} \end{pmatrix}$$

称为 $m\times n$ 型矩阵.

通常用黑体大写英文字母表示矩阵，上面的矩阵可简记为 $\mathbf{A}=(a_{ij})_{m\times n}$ 或 $\mathbf{A}_{m\times n}$.

注意 矩阵的两侧为圆括号或方括号.

数 a_{ij} 位于矩阵 $\mathbf{A}$ 的第 i 行和第 j 列相交处，叫作 $\mathbf{A}$ 的 (i,j) 元，i 和 j 分别称为 a_{ij} 的行标和列标.

若矩阵 $\boldsymbol{A}$ 和 $\boldsymbol{B}$ 的行数相同且列数也相同，则称矩阵 $\boldsymbol{A}$ 和 $\boldsymbol{B}$ 是同型矩阵，简称矩阵 $\boldsymbol{A}$ 和 $\boldsymbol{B}$ 同型.

若矩阵 $\boldsymbol{A}$ 和 $\boldsymbol{B}$ 同型，并且其对应的元素 a_{ij} 和 b_{ij} 都相等，则称矩阵 $\boldsymbol{A}$ 和 $\boldsymbol{B}$ 相等，记作

$$\boldsymbol{A}=\boldsymbol{B}$$

元素都是实数的矩阵叫作实矩阵，元素是复数的矩阵叫作复矩阵. 本书主要在实数范围内讨论问题，如果不做说明，所讨论的矩阵均指实矩阵.

所有 $m\times n$ 型实矩阵的集合记作 $\mathbf{R}^{m\times n}$.

1.1.2 几种特殊的矩阵

只有一行的矩阵

$$(a_1\ a_2\ \cdots\ a_n)$$

称为行矩阵. 习惯上记作

$$(a_1,a_2,\cdots,a_n)$$

只有一列的矩阵

$$\begin{pmatrix} a_1 \\ a_2 \\ \vdots \\ a_m \end{pmatrix}$$

称为列矩阵.

$n\times n$ 型矩阵 $\boldsymbol{A}=(a_{ij})_{n\times n}$ 常称为 n 阶方阵或 n 阶矩阵.

n 阶方阵 $\boldsymbol{A}$ 中自左上角到右下角的直线叫作 $\boldsymbol{A}$ 的主对角线，自左下角到右上角的直线叫作 $\boldsymbol{A}$ 的副对角线，位于主对角线上的元素 $a_{11},a_{22},\cdots,a_{nn}$ 叫作 $\boldsymbol{A}$ 的对角元.

元素都为零的矩阵称为零矩阵，记作 $\boldsymbol{O}$ 或 $\boldsymbol{O}_{m\times n}$.

形如

$$\begin{pmatrix} a_{11} & a_{12} & \cdots & a_{1n} \\ 0 & a_{22} & \cdots & a_{2n} \\ \vdots & \vdots & & \vdots \\ 0 & 0 & \cdots & a_{nn} \end{pmatrix},\quad \begin{pmatrix} a_{11} & 0 & \cdots & 0 \\ a_{21} & a_{22} & \cdots & 0 \\ \vdots & \vdots & & \vdots \\ a_{n1} & a_{n2} & \cdots & a_{nn} \end{pmatrix},\quad \begin{pmatrix} a_{11} & 0 & \cdots & 0 \\ 0 & a_{22} & \cdots & 0 \\ \vdots & \vdots & & \vdots \\ 0 & 0 & \cdots & a_{nn} \end{pmatrix}$$

的方阵分别称为上三角阵、下三角阵和对角阵. 这三类矩阵统称为三角阵，其中，对角阵可记为 $\mathrm{diag}(a_{11},a_{22},\cdots,a_{nn})$.

对于三角阵，为了方便，对角线上(下)方全为零的部分也可省去不写. 例如，上面的对角阵也可记作

$$\begin{pmatrix} a_{11} & & & \\ & a_{22} & & \\ & & \ddots & \\ & & & a_{nn} \end{pmatrix}$$

对角元都相同的对角阵 diag$(a,a,\cdots,a)$称为数量矩阵.

对角元都为 1 的对角阵叫作单位阵,专用 $\boldsymbol{E}_n$ 表示 n 阶单位阵,简记为 $\boldsymbol{E}$. 也可以用 $\boldsymbol{I}$ 表示单位阵.

1.1.3　矩阵的线性运算

定义 1-2　设 $\boldsymbol{A}=(a_{ij})_{m\times n}$,$\boldsymbol{B}=(b_{ij})_{m\times n}$,规定矩阵 $\boldsymbol{A}$ 与 $\boldsymbol{B}$ 的和为

$$\boldsymbol{A}+\boldsymbol{B}=(a_{ij}+b_{ij})_{m\times n}$$

即两个矩阵的加法就是把它们对应的元素相加.

令 $-\boldsymbol{B}=(-b_{ij})_{m\times n}$,把 $-\boldsymbol{B}$ 叫作 $\boldsymbol{B}$ 的负矩阵,矩阵的减法规定为

$$\boldsymbol{A}-\boldsymbol{B}=\boldsymbol{A}+(-\boldsymbol{B})$$

事实上,$\boldsymbol{A}$ 减 $\boldsymbol{B}$ 就是将 $\boldsymbol{A}$ 与 $\boldsymbol{B}$ 的对应元素相减.

注意　只有两个同型矩阵才能进行加法和减法运算.

定义 1-3　数 k 与矩阵 $\boldsymbol{A}=(a_{ij})_{m\times n}$的乘积规定为

$$k\boldsymbol{A}=\boldsymbol{A}k=(ka_{ij})_{m\times n}$$

即数 k 与矩阵 $\boldsymbol{A}$ 相乘就是把数 k 与矩阵 $\boldsymbol{A}$ 的每个元素相乘.

矩阵的加法和数与矩阵的乘法这两种运算统称为矩阵的线性运算.

容易证明,矩阵的线性运算具有以下性质(矩阵 $\boldsymbol{A},\boldsymbol{B},\boldsymbol{C},\boldsymbol{O}$ 为同型矩阵;k,l 为数):

(1)$\boldsymbol{A}+\boldsymbol{B}=\boldsymbol{B}+\boldsymbol{A}$;

(2)$(\boldsymbol{A}+\boldsymbol{B})+\boldsymbol{C}=\boldsymbol{A}+(\boldsymbol{B}+\boldsymbol{C})$;

(3)$\boldsymbol{A}+\boldsymbol{O}=\boldsymbol{A}$;

(4)$\boldsymbol{A}+(-\boldsymbol{A})=\boldsymbol{O}$;

(5)$1\boldsymbol{A}=\boldsymbol{A}$;

(6)$k(l\boldsymbol{A})=(kl)\boldsymbol{A}$

(7)$(k+l)\boldsymbol{A}=k\boldsymbol{A}+l\boldsymbol{A}$;

(8)$k(\boldsymbol{A}+\boldsymbol{B})=k\boldsymbol{A}+k\boldsymbol{B}$.

【例 1-1】　已知

$$\boldsymbol{A}=\begin{pmatrix}1 & -1\\ 0 & 3\\ 1 & 2\end{pmatrix},\quad \boldsymbol{B}=\begin{pmatrix}1 & 3\\ 0 & 5\\ -1 & 4\end{pmatrix}$$

并且 $2(\boldsymbol{X}-\boldsymbol{A})+\boldsymbol{B}=3\boldsymbol{A}$,求 $\boldsymbol{X}$.

解　首先利用线性运算的性质化简矩阵方程,再代入已知条件进行计算. 由

$$2(\boldsymbol{X}-\boldsymbol{A})+\boldsymbol{B}=3\boldsymbol{A}$$

得

$$2\boldsymbol{X}-2\boldsymbol{A}+\boldsymbol{B}=3\boldsymbol{A}$$

$$2\boldsymbol{X}=5\boldsymbol{A}-\boldsymbol{B}$$

$$\boldsymbol{X}=\frac{1}{2}(5\boldsymbol{A}-\boldsymbol{B})$$

$$=\frac{1}{2}\left(5\begin{pmatrix}1 & -1\\0 & 3\\1 & 2\end{pmatrix}-\begin{pmatrix}1 & 3\\0 & 5\\-1 & 4\end{pmatrix}\right)=\frac{1}{2}\left(\begin{pmatrix}5 & -5\\0 & 15\\5 & 10\end{pmatrix}-\begin{pmatrix}1 & 3\\0 & 5\\-1 & 4\end{pmatrix}\right)$$

$$=\frac{1}{2}\begin{pmatrix}4 & -8\\0 & 10\\6 & 6\end{pmatrix}=\begin{pmatrix}2 & -4\\0 & 5\\3 & 3\end{pmatrix}$$

1.1.4 矩阵的乘法

定义 1-4 设$\boldsymbol{A}=(a_{ij})_{m\times s}$,$\boldsymbol{B}=(b_{ij})_{s\times n}$,规定矩阵$\boldsymbol{A}$与$\boldsymbol{B}$的乘积是一个$m\times n$型矩阵$\boldsymbol{C}=(c_{ij})_{m\times n}$,其中,

$$c_{ij}=a_{i1}b_{1j}+a_{i2}b_{2j}+\cdots+a_{is}b_{sj}=\sum_{k=1}^{s}a_{ik}b_{kj}$$

记作$\boldsymbol{AB}=\boldsymbol{C}$.

注意 只有当矩阵$\boldsymbol{A}$的列数等于矩阵$\boldsymbol{B}$的行数时,才能作乘法运算$\boldsymbol{AB}$;乘积$\boldsymbol{AB}$的行数等于$\boldsymbol{A}$的行数,列数等于$\boldsymbol{B}$的列数;乘积$\boldsymbol{AB}$的(i,j)元等于$\boldsymbol{A}$的第i行与$\boldsymbol{B}$的第j列对应元素的乘积之和.

【例 1-2】 设矩阵

$$\boldsymbol{A}=\begin{pmatrix}1 & 0 & -1\\3 & -2 & 4\end{pmatrix},\quad \boldsymbol{B}=\begin{pmatrix}5 & 6\\2 & -1\\3 & 0\end{pmatrix}$$

求$\boldsymbol{AB}$和$\boldsymbol{BA}$.

解

$$\boldsymbol{AB}=\begin{pmatrix}1 & 0 & -1\\3 & -2 & 4\end{pmatrix}\begin{pmatrix}5 & 6\\2 & -1\\3 & 0\end{pmatrix}$$

$$=\begin{pmatrix}1\times5+0\times2+(-1)\times3 & 1\times6+0\times(-1)+(-1)\times0\\3\times5+(-2)\times2+4\times3 & 3\times6+(-2)\times(-1)+4\times0\end{pmatrix}$$

$$=\begin{pmatrix}2 & 6\\23 & 20\end{pmatrix}$$

$$\boldsymbol{BA}=\begin{pmatrix}5 & 6\\2 & -1\\3 & 0\end{pmatrix}\begin{pmatrix}1 & 0 & -1\\3 & -2 & 4\end{pmatrix}$$

$$=\begin{pmatrix}5\times1+6\times3 & 5\times0+6\times(-2) & 5\times(-1)+6\times4\\2\times1+(-1)\times3 & 2\times0+(-1)\times(-2) & 2\times(-1)+(-1)\times4\\3\times1+0\times3 & 3\times0+0\times(-2) & 3\times(-1)+0\times4\end{pmatrix}$$

$$=\begin{pmatrix}23 & -12 & 19\\-1 & 2 & -6\\3 & 0 & -3\end{pmatrix}$$

【例 1-3】　设矩阵 $\boldsymbol{A}=\begin{pmatrix}1 & 1\\ -1 & -1\end{pmatrix}$，$\boldsymbol{B}=\begin{pmatrix}1 & -1\\ -1 & 1\end{pmatrix}$，$\boldsymbol{C}=\begin{pmatrix}1 & 0\\ -1 & 0\end{pmatrix}$，求 $\boldsymbol{AB}$，$\boldsymbol{BA}$ 及 $\boldsymbol{AC}$.

解

$$\boldsymbol{AB}=\begin{pmatrix}1 & 1\\ -1 & -1\end{pmatrix}\begin{pmatrix}1 & -1\\ -1 & 1\end{pmatrix}=\boldsymbol{O}$$

$$\boldsymbol{BA}=\begin{pmatrix}1 & -1\\ -1 & 1\end{pmatrix}\begin{pmatrix}1 & 1\\ -1 & -1\end{pmatrix}=\begin{pmatrix}2 & 2\\ -2 & -2\end{pmatrix}$$

$$\boldsymbol{AC}=\begin{pmatrix}1 & 1\\ -1 & -1\end{pmatrix}\begin{pmatrix}1 & 0\\ -1 & 0\end{pmatrix}=\boldsymbol{O}$$

下面我们来研究矩阵乘法的运算法则.

矩阵乘法的运算法则

首先注意，矩阵乘法的运算法则与数的乘法的运算法则有如下区别.

(1)矩阵乘法不满足交换律，即一般 $\boldsymbol{AB}\neq\boldsymbol{BA}$.

在进行乘法运算时，应注意不要随意调换矩阵的前后位置，否则会出错.

$\boldsymbol{AB}\neq\boldsymbol{BA}$ 的原因有 3 个：

①$\boldsymbol{AB}$ 可乘时，$\boldsymbol{BA}$ 不一定可乘；

②$\boldsymbol{AB}$ 和 $\boldsymbol{BA}$ 都可乘时，其结果的类型不一定相同(见例 1-2)；

③即使 $\boldsymbol{AB}$ 和 $\boldsymbol{BA}$ 的类型相同，对应的元素还不一定相同(见例 1-3).

若矩阵 $\boldsymbol{A}$ 和 $\boldsymbol{B}$ 满足 $\boldsymbol{AB}=\boldsymbol{BA}$，则称矩阵 $\boldsymbol{A}$ 和 $\boldsymbol{B}$ 可交换.

由矩阵乘法的定义可知，若 $\boldsymbol{A}$ 和 $\boldsymbol{B}$ 可交换，则 $\boldsymbol{A}$ 和 $\boldsymbol{B}$ 为同阶方阵.

(2)矩阵乘法不满足消去律，具体表现为

①$\boldsymbol{A}\neq\boldsymbol{O}$ 时，由 $\boldsymbol{AB}=\boldsymbol{AC}$ 一般不能得到 $\boldsymbol{B}=\boldsymbol{C}$(见例 1-3)；

②由 $\boldsymbol{AB}=\boldsymbol{O}$ 一般不能得到 $\boldsymbol{A}=\boldsymbol{O}$ 或 $\boldsymbol{B}=\boldsymbol{O}$(见例 1-3).

③$\boldsymbol{A}\neq\boldsymbol{O}$ 且 $\boldsymbol{B}\neq\boldsymbol{O}$ 时，$\boldsymbol{AB}$ 未必一定不为 $\boldsymbol{O}$.

当然，也并不是说消去律始终不成立，在 3.1 节中大家会看到适当加强条件以后消去律也可以成立.

矩阵的乘法虽然不满足交换律和消去律，但仍满足下列结合律和分配律(假设运算都可行)：

(1)$(\boldsymbol{AB})\boldsymbol{C}=\boldsymbol{A}(\boldsymbol{BC})$；

(2)$k(\boldsymbol{AB})=(k\boldsymbol{A})\boldsymbol{B}=\boldsymbol{A}(k\boldsymbol{B})$，其中 k 为数；

(3)$\boldsymbol{A}(\boldsymbol{B}+\boldsymbol{C})=\boldsymbol{AB}+\boldsymbol{AC}$；

(4)$(\boldsymbol{B}+\boldsymbol{C})\boldsymbol{A}=\boldsymbol{BA}+\boldsymbol{CA}$.

对于单位阵 $\boldsymbol{E}$，容易验证

$$\boldsymbol{E}_m\boldsymbol{A}_{m\times n}=\boldsymbol{A}_{m\times n}\boldsymbol{E}_n=\boldsymbol{A}_{m\times n}$$

这和数 1 在数的乘法中的作用类似.

有了矩阵的乘法，我们可以定义矩阵的幂.

设 $\boldsymbol{A}$ 为 n 阶方阵，k 为正整数，把 k 个 $\boldsymbol{A}$ 的连乘积叫作 $\boldsymbol{A}$ 的 k 次幂，记作 $\boldsymbol{A}^k$，即

$$\boldsymbol{A}^k=\underbrace{\boldsymbol{AA}\cdots\boldsymbol{A}}_{k\text{个}}$$

由矩阵乘法的结合律可以证明：当 k 和 l 为正整数时，有

$$\boldsymbol{A}^k\boldsymbol{A}^l=\boldsymbol{A}^{k+l},\quad (\boldsymbol{A}^k)^l=\boldsymbol{A}^{kl}$$

因为矩阵乘法不满足交换律，所以对于两个 n 阶方阵 $\boldsymbol{A}$ 和 $\boldsymbol{B}$，一般地 $(\boldsymbol{AB})^k\neq\boldsymbol{A}^k\boldsymbol{B}^k$.

注意　很多关于数的涉及乘法的运算公式，如果把数换成矩阵，只有矩阵可交换时才成立. 例如，只有当 $\boldsymbol{A}$ 与 $\boldsymbol{B}$ 可交换时，$(\boldsymbol{A}+\boldsymbol{B})^2=\boldsymbol{A}^2+2\boldsymbol{AB}+\boldsymbol{B}^2$，$(\boldsymbol{A}+\boldsymbol{B})(\boldsymbol{A}-\boldsymbol{B})=\boldsymbol{A}^2-\boldsymbol{B}^2$ 等公式才成立. 由于单位阵 $\boldsymbol{E}$ 与同阶方阵相乘时都可交换，所以上面的公式中，如果有一个矩阵为单位阵，则等式成立.

【例 1-4】 设 $\boldsymbol{A}=(1,2,3)$，$\boldsymbol{B}=\begin{pmatrix}4\\-1\\2\end{pmatrix}$，求 $\boldsymbol{AB}$，$\boldsymbol{BA}$ 及 $(\boldsymbol{BA})^{20}$.

解

$$\boldsymbol{AB}=(1,2,3)\begin{pmatrix}4\\-1\\2\end{pmatrix}=8$$

$$\boldsymbol{BA}=\begin{pmatrix}4\\-1\\2\end{pmatrix}(1,2,3)=\begin{pmatrix}4&8&12\\-1&-2&-3\\2&4&6\end{pmatrix}$$

$$\begin{aligned}(\boldsymbol{BA})^{20}&=(\boldsymbol{BA})(\boldsymbol{BA})\cdots(\boldsymbol{BA})\\&=\boldsymbol{B}(\boldsymbol{AB})(\boldsymbol{AB})\cdots(\boldsymbol{AB})\boldsymbol{A}\\&=8^{19}(\boldsymbol{BA})\\&=8^{19}\begin{pmatrix}4&8&12\\-1&-2&-3\\2&4&6\end{pmatrix}\end{aligned}$$

注意　当运算结果是 1×1 型矩阵时，圆括号可省去不写.

在定义 1-4 中，c_{ij} 也可写成

$$c_{ij}=(a_{i1},a_{i2},\cdots,a_{is})\begin{pmatrix}b_{1j}\\b_{2j}\\\vdots\\b_{sj}\end{pmatrix}$$

即 $\boldsymbol{AB}$ 的 (i,j) 元等于 $\boldsymbol{A}$ 的第 i 行乘以 $\boldsymbol{B}$ 的第 j 列.

【例 1-5】 设矩阵 $\boldsymbol{A}=(a_{ij})_{n\times n}$ 和 $\boldsymbol{B}=(b_{ij})_{n\times n}$ 都是上三角阵，$\boldsymbol{C}=\boldsymbol{AB}$，证明 $\boldsymbol{C}$ 也是上三角阵，并且 $\boldsymbol{C}$ 的对角元 $c_{ii}=a_{ii}b_{ii}$ $(i=1,2,\cdots,n)$.

注意　$\boldsymbol{A}=(a_{ij})_{n\times n}$ 为上三角阵 $\Leftrightarrow i>j$ 时，$a_{ij}=0$.

证明　由 $\boldsymbol{A}$，$\boldsymbol{B}$ 都是上三角阵可知，当 $i>j$ 时，$a_{ij}=0$，$b_{ij}=0$. 于是当 $i\geqslant j$ 时，有

$$c_{ij}=(0,0,\cdots,0,a_{ii},a_{i,i+1},\cdots,a_{in})\begin{pmatrix}b_{1j}\\b_{2j}\\\vdots\\b_{jj}\\0\\0\\\vdots\\0\end{pmatrix}=\begin{cases}a_{ii}b_{ii} & (i=j)\\0 & (i>j)\end{cases}$$

因此结论成立.

类似地,可以证明:

(1)两个同阶下三角阵的乘积仍为同阶下三角阵;

(2)两个同阶对角阵的乘积仍为同阶对角阵.两个同阶对角阵相乘时,只需将对角元对应相乘.

根据上面结论可得:

$$\begin{pmatrix}a_{11}&&&\\&a_{22}&&\\&&\ddots&\\&&&a_{nn}\end{pmatrix}^k=\begin{pmatrix}a_{11}^k&&&\\&a_{22}^k&&\\&&\ddots&\\&&&a_{nn}^k\end{pmatrix}$$

1.1.5 线性方程组的矩阵形式

含有 m 个一次方程、n 个未知数的方程组称为 $m\times n$ 型线性方程组,简称 $m\times n$ 型方程组.

$m\times n$ 型方程组的一般形式为

$$\begin{cases}a_{11}x_1+a_{12}x_2+\cdots+a_{1n}x_n=b_1\\a_{21}x_1+a_{22}x_2+\cdots+a_{2n}x_n=b_2\\\vdots\\a_{m1}x_1+a_{m2}x_2+\cdots+a_{mn}x_n=b_m\end{cases}\tag{1-1}$$

若令

$$\boldsymbol{A}=\begin{pmatrix}a_{11}&a_{12}&\cdots&a_{1n}\\a_{21}&a_{22}&\cdots&a_{2n}\\\vdots&\vdots&&\vdots\\a_{m1}&a_{m2}&\cdots&a_{mn}\end{pmatrix},\quad \boldsymbol{x}=\begin{pmatrix}x_1\\x_2\\\vdots\\x_n\end{pmatrix},\quad \boldsymbol{b}=\begin{pmatrix}b_1\\b_2\\\vdots\\b_m\end{pmatrix}$$

则方程组(1-1)可表示成矩阵形式

$$\boldsymbol{Ax}=\boldsymbol{b}$$

其中,$\boldsymbol{A}$ 和 $\boldsymbol{b}$ 分别称为方程组(1-1)的系数阵和常数向量.

由 $\boldsymbol{A}$ 和 $\boldsymbol{b}$ 合起来所构成的矩阵

$$(\boldsymbol{A},\boldsymbol{b})=\begin{pmatrix} a_{11} & a_{12} & \cdots & a_{1n} & b_1 \\ a_{21} & a_{22} & \cdots & a_{2n} & b_2 \\ \vdots & \vdots & & \vdots & \vdots \\ a_{m1} & a_{m2} & \cdots & a_{mn} & b_m \end{pmatrix}$$

叫作方程组(1-1)的增广阵.

增广阵$(\boldsymbol{A},\boldsymbol{b})$与方程组(1-1)是一一对应的,可用增广阵$(\boldsymbol{A},\boldsymbol{b})$代替方程组来进行有关方程组的研究和运算.

当$\boldsymbol{b}=\boldsymbol{0}$时,方程组(1-1)称为齐次线性方程组;当$\boldsymbol{b}\neq\boldsymbol{0}$时,方程组(1-1)称为非齐次线性方程组.

注意 线性代数起源于线性方程组的研究,矩阵是由于研究线性方程组的需要而产生的,线性代数中的很多概念都是由于研究线性方程组的需要而产生的,认识到这一点对我们理解后面讲到的一些概念很有帮助.

1.1.6 矩阵的转置

定义 1-5 把$m\times n$型矩阵$\boldsymbol{A}=(a_{ij})_{m\times n}$的行与列的位置互换所得到的$n\times m$型矩阵叫作$\boldsymbol{A}$的转置阵,记作$\boldsymbol{A}^{\mathrm{T}}$或$\boldsymbol{A}'$. $\boldsymbol{A}^{\mathrm{T}}$的$(i,j)$元为$\boldsymbol{A}$的$(j,i)$元$a_{ji}(i=1,2,\cdots,n;j=1,2,\cdots,m)$.

例如,矩阵$\boldsymbol{A}=\begin{pmatrix} 1 & 3 & 2 \\ 0 & -1 & 4 \end{pmatrix}$的转置阵为

$$\boldsymbol{A}^{\mathrm{T}}=\begin{pmatrix} 1 & 0 \\ 3 & -1 \\ 2 & 4 \end{pmatrix}$$

矩阵的转置具有下列运算性质(其中,k是数):

(1)$(\boldsymbol{A}^{\mathrm{T}})^{\mathrm{T}}=\boldsymbol{A}$;

(2)$(\boldsymbol{A}+\boldsymbol{B})^{\mathrm{T}}=\boldsymbol{A}^{\mathrm{T}}+\boldsymbol{B}^{\mathrm{T}}$;

(3)$(k\boldsymbol{A})^{\mathrm{T}}=k\boldsymbol{A}^{\mathrm{T}}$;

(4)$(\boldsymbol{A}\boldsymbol{B})^{\mathrm{T}}=\boldsymbol{B}^{\mathrm{T}}\boldsymbol{A}^{\mathrm{T}}$.

前3个性质易证,我们仅给出性质(4)的证明.

设$\boldsymbol{A}=(a_{ij})_{m\times s}$,$\boldsymbol{B}=(b_{ij})_{s\times n}$,则$\boldsymbol{AB}$是$m\times n$型矩阵,$(\boldsymbol{AB})^{\mathrm{T}}$是$n\times m$型矩阵;$\boldsymbol{B}^{\mathrm{T}}$是$n\times s$型矩阵,$\boldsymbol{A}^{\mathrm{T}}$是$s\times m$型矩阵,$\boldsymbol{B}^{\mathrm{T}}\boldsymbol{A}^{\mathrm{T}}$也是$n\times m$型矩阵,故$(\boldsymbol{AB})^{\mathrm{T}}$与$\boldsymbol{B}^{\mathrm{T}}\boldsymbol{A}^{\mathrm{T}}$同型.

又由于

$$\begin{aligned}(\boldsymbol{AB})^{\mathrm{T}}\text{ 的}(i,j)\text{元}&=\boldsymbol{AB}\text{ 的}(j,i)\text{元} \\ &=(a_{j1},a_{j2},\cdots,a_{js})\begin{pmatrix} b_{1i} \\ b_{2i} \\ \vdots \\ b_{si} \end{pmatrix} \\ &=a_{j1}b_{1i}+a_{j2}b_{2i}+\cdots+a_{js}b_{si}\end{aligned}$$

而 $\boldsymbol{B}^{\mathrm{T}}$ 的第 i 行为$(b_{1i},b_{2i},\cdots,b_{si})$，$\boldsymbol{A}^{\mathrm{T}}$ 的第 j 列为$\begin{pmatrix} a_{j1} \\ a_{j2} \\ \vdots \\ a_{js} \end{pmatrix}$，故

$$\begin{aligned} \boldsymbol{B}^{\mathrm{T}}\boldsymbol{A}^{\mathrm{T}} \text{ 的}(i,j)\text{元} &= \boldsymbol{B}^{\mathrm{T}} \text{ 的第 } i \text{ 行乘以 } \boldsymbol{A}^{\mathrm{T}} \text{ 的第 } j \text{ 列} \\ &= (b_{1i},b_{2i},\cdots,b_{si})\begin{pmatrix} a_{j1} \\ a_{j2} \\ \vdots \\ a_{js} \end{pmatrix} \\ &= b_{1i}a_{j1}+b_{2i}a_{j2}+\cdots+b_{si}a_{js} \end{aligned}$$

$(\boldsymbol{AB})^{\mathrm{T}}$ 和 $\boldsymbol{B}^{\mathrm{T}}\boldsymbol{A}^{\mathrm{T}}$ 的对应元素相等，所以

$$(\boldsymbol{AB})^{\mathrm{T}}=\boldsymbol{B}^{\mathrm{T}}\boldsymbol{A}^{\mathrm{T}}$$

性质(4)可以推广到有限个矩阵相乘的情况：

$$(\boldsymbol{A}_1\boldsymbol{A}_2\cdots\boldsymbol{A}_k)^{\mathrm{T}}=\boldsymbol{A}_k^{\mathrm{T}}\cdots\boldsymbol{A}_2^{\mathrm{T}}\boldsymbol{A}_1^{\mathrm{T}}$$
$$(\boldsymbol{A}^k)^{\mathrm{T}}=(\boldsymbol{A}^{\mathrm{T}})^k$$

1.1.7　对称阵与反对称阵

定义 1-6　设 $\boldsymbol{A}$ 为 n 阶方阵，若 $\boldsymbol{A}^{\mathrm{T}}=\boldsymbol{A}(a_{ij}=a_{ji};i,j=1,2,\cdots,n)$，则 $\boldsymbol{A}$ 叫作对称阵；若 $\boldsymbol{A}^{\mathrm{T}}=-\boldsymbol{A}(a_{ij}=-a_{ji};i,j=1,2,\cdots,n)$，则 $\boldsymbol{A}$ 叫作反对称阵.

对称阵的特点是关于主对角线对称的元素相等；反对称阵的特点是对角元全为零，并且关于主对角线对称的元素互为相反数.

例如，$\begin{pmatrix} 1 & 3 & 6 \\ 3 & 4 & 2 \\ 6 & 2 & 5 \end{pmatrix}$和$\begin{pmatrix} 0 & 1 & -2 \\ -1 & 0 & -3 \\ 2 & 3 & 0 \end{pmatrix}$分别为对称阵和反对称阵.

【例 1-6】　设 $\boldsymbol{A}$ 和 $\boldsymbol{B}$ 是同阶对称阵，证明：$\boldsymbol{AB}$ 也是对称阵的充要条件是 $\boldsymbol{AB}=\boldsymbol{BA}$.

证明　由题意知 $\boldsymbol{A}^{\mathrm{T}}=\boldsymbol{A}$，$\boldsymbol{B}^{\mathrm{T}}=\boldsymbol{B}$，于是$(\boldsymbol{AB})^{\mathrm{T}}=\boldsymbol{B}^{\mathrm{T}}\boldsymbol{A}^{\mathrm{T}}=\boldsymbol{BA}$.

$\boldsymbol{AB}$ 是对称阵$\Leftrightarrow(\boldsymbol{AB})^{\mathrm{T}}=\boldsymbol{AB}\Leftrightarrow\boldsymbol{AB}=\boldsymbol{BA}$.

思考题 1-1

设 $\boldsymbol{A}$，$\boldsymbol{B}$，$\boldsymbol{C}$ 和 $\boldsymbol{E}$ 都是 n 阶方阵，下列等式或结论是否成立？为什么？

1. $(\boldsymbol{A}+\boldsymbol{B})^2=\boldsymbol{A}^2+2\boldsymbol{AB}+\boldsymbol{B}^2$；
2. $(\boldsymbol{A}+\boldsymbol{E})^2=\boldsymbol{A}^2+2\boldsymbol{A}+\boldsymbol{E}$；
3. $(\boldsymbol{A}+\boldsymbol{E})(\boldsymbol{A}-\boldsymbol{E})=(\boldsymbol{A}-\boldsymbol{E})(\boldsymbol{A}+\boldsymbol{E})$；
4. $(\boldsymbol{AB})^2=\boldsymbol{A}^2\boldsymbol{B}^2\Leftrightarrow\boldsymbol{AB}=\boldsymbol{BA}$；
5. 若 $\boldsymbol{A}^2=\boldsymbol{O}$，则 $\boldsymbol{A}=\boldsymbol{O}$；
6. 若 $\boldsymbol{A}^2=\boldsymbol{E}$，则 $\boldsymbol{A}=\boldsymbol{E}$ 或 $\boldsymbol{A}=-\boldsymbol{E}$；

7. 若 $\boldsymbol{A}^2=\boldsymbol{A}$,则 $\boldsymbol{A}=\boldsymbol{E}$ 或 $\boldsymbol{A}=\boldsymbol{O}$;

8. 若 $\boldsymbol{A}$ 为对称阵,则 $\boldsymbol{A}^k$ 也为对称阵(k 为正整数);

9. 若 $\boldsymbol{A}$ 为反对称阵,则 $\boldsymbol{A}^k$ 也为反对称阵(k 为正整数);

10. 对称阵的第 i 行的元素与第 i 列的元素对应相等.

习题 1-1

1. 设 $\boldsymbol{A}=\begin{pmatrix}1&-2&2\\0&3&1\end{pmatrix}$,$\boldsymbol{B}=\begin{pmatrix}-1&2&0\\-2&-1&1\end{pmatrix}$,且

$$2(\boldsymbol{X}+\boldsymbol{B})-3\boldsymbol{A}=4(\boldsymbol{X}-\boldsymbol{A})+\boldsymbol{B}$$

求 $\boldsymbol{X}$.

2. 设 $\boldsymbol{A}$ 为 4×5 型矩阵,$\boldsymbol{B}$ 为 5×4 型矩阵,$\boldsymbol{C}$ 为 4×1 型矩阵,$\boldsymbol{D}$ 为 5×1 型矩阵. 判断下列哪些表达式是正确的,若正确,写出运算结果的类型.

$$\boldsymbol{BA},\boldsymbol{A}(\boldsymbol{B}+\boldsymbol{D}),\boldsymbol{ABC},\boldsymbol{AD}+\boldsymbol{BC},\boldsymbol{ABABC}$$

3. 设 $\boldsymbol{A}=\begin{pmatrix}1&2\\x&-1\end{pmatrix}$,$\boldsymbol{B}=\begin{pmatrix}2&y\\1&0\end{pmatrix}$,且 $\boldsymbol{AB}=\boldsymbol{BA}$,求 x 和 y.

4. 计算下列乘积:

(1) $\begin{pmatrix}1&2&-1\\-2&1&0\\1&0&3\end{pmatrix}\begin{pmatrix}3&3\\1&-1\\2&4\end{pmatrix}$;

(2) $\begin{pmatrix}1&0&2\\0&1&3\end{pmatrix}\begin{pmatrix}1&0&4&5\\0&1&7&6\\2&3&0&0\end{pmatrix}$;

(3) $\begin{pmatrix}1&0&0\\0&1&0\\-2&0&1\end{pmatrix}\begin{pmatrix}2&3&6\\4&5&-1\\4&7&8\end{pmatrix}\begin{pmatrix}0&1&0\\1&0&0\\0&0&1\end{pmatrix}$;

(4) $\begin{pmatrix}2&1&3\\1&1&0\\1&0&0\end{pmatrix}\begin{pmatrix}2&1&3\\1&1&0\\1&0&0\end{pmatrix}^{\mathrm{T}}$;

(5) $(x_1,x_2,x_3)\begin{pmatrix}a_{11}&a_{12}&a_{13}\\a_{12}&a_{22}&a_{23}\\a_{13}&a_{23}&a_{33}\end{pmatrix}\begin{pmatrix}x_1\\x_2\\x_3\end{pmatrix}$;

(6) $\begin{pmatrix}\cos\varphi&-\sin\varphi\\\sin\varphi&\cos\varphi\end{pmatrix}^2$.

5. 计算并观察下列乘积运算结果有何特点.

(1) $\begin{pmatrix}k_1&&\\&k_2&\\&&k_3\end{pmatrix}\begin{pmatrix}a_{11}&a_{12}\\a_{21}&a_{22}\\a_{31}&a_{32}\end{pmatrix}$;

(2) $\begin{pmatrix}a_{11}&a_{12}&a_{13}\\a_{21}&a_{22}&a_{23}\end{pmatrix}\begin{pmatrix}k_1&&\\&k_2&\\&&k_3\end{pmatrix}$.

6. 计算(n 为正整数):

(1) $\begin{pmatrix}3&&\\&-1&\\&&2\end{pmatrix}^n$;

(2) $\begin{pmatrix}1&1\\0&1\end{pmatrix}^n$.

7. 设 $\boldsymbol{A}=\begin{pmatrix}1\\-3\\2\end{pmatrix}$,$\boldsymbol{B}=(2,1,4)$,求 $\boldsymbol{AB}$,$\boldsymbol{BA}$ 及 $(\boldsymbol{AB})^{30}$.

8. 设 $\boldsymbol{A}=\begin{pmatrix}1&1\\0&1\end{pmatrix}$,$\boldsymbol{B}=\begin{pmatrix}1&1\\0&0\end{pmatrix}$,证明:

$$\boldsymbol{AB} \neq \boldsymbol{BA}, \quad (\boldsymbol{AB})^2 = \boldsymbol{A}^2\boldsymbol{B}^2, \quad (\boldsymbol{BA})^2 \neq \boldsymbol{B}^2\boldsymbol{A}^2$$

9. 设 $\boldsymbol{A}$ 和 $\boldsymbol{B}$ 都是 n 阶方阵，试给出 $(\boldsymbol{A}+\boldsymbol{B})(\boldsymbol{A}-\boldsymbol{B}) = \boldsymbol{A}^2 - \boldsymbol{B}^2$ 的充要条件.

10. 求与 $\boldsymbol{A} = \begin{pmatrix} 1 & 1 \\ 0 & 1 \end{pmatrix}$ 可交换的所有矩阵.

11. 设 $\boldsymbol{A},\boldsymbol{B},\boldsymbol{C},\boldsymbol{D}$ 都是 n 阶方阵，且 $\boldsymbol{AB}=\boldsymbol{CD}$，问是否对任意 n 阶方阵 $\boldsymbol{X}$，都有 $\boldsymbol{AXB}=\boldsymbol{CXD}$?

12. 证明：对任意矩阵 $\boldsymbol{A}$，$\boldsymbol{A}^{\mathrm{T}}\boldsymbol{A}$ 和 $\boldsymbol{A}\boldsymbol{A}^{\mathrm{T}}$ 都是对称阵.

13. 设 $\boldsymbol{A}$ 和 $\boldsymbol{B}$ 分别是 n 阶对称阵和反对称阵，$\boldsymbol{P}$ 是 n 阶方阵，证明：

(1) $\boldsymbol{P}^{\mathrm{T}}\boldsymbol{AP}$ 是对称阵；

(2) $\boldsymbol{P}^{\mathrm{T}}\boldsymbol{BP}$ 是反对称阵；

(3) $\boldsymbol{AB}$ 是反对称阵 $\Leftrightarrow \boldsymbol{AB}=\boldsymbol{BA}$；

(4) $\boldsymbol{AB}-\boldsymbol{BA}$ 和 $\boldsymbol{AB}+\boldsymbol{BA}$ 分别为对称阵和反对称阵.

14. 设 $\boldsymbol{A}$ 为 n 阶方阵，证明：$\boldsymbol{A}+\boldsymbol{A}^{\mathrm{T}}$ 为对称阵，$\boldsymbol{A}-\boldsymbol{A}^{\mathrm{T}}$ 为反对称阵.

15. 证明：任意 n 阶方阵可以表示成一个对称阵与一个反对称阵的和.

提高题 1-1

1. 证明：

$$\begin{pmatrix} \lambda & 1 & 0 \\ 0 & \lambda & 1 \\ 0 & 0 & \lambda \end{pmatrix}^n = \begin{pmatrix} \lambda^n & n\lambda^{n-1} & \dfrac{n(n-1)}{2}\lambda^{n-2} \\ 0 & \lambda^n & n\lambda^{n-1} \\ 0 & 0 & \lambda^n \end{pmatrix}$$

2. 设 $\boldsymbol{A} = \begin{pmatrix} 1 & 2 & 3 \\ 1 & 2 & 3 \\ 1 & 2 & 3 \end{pmatrix}$，求 $\boldsymbol{A}^{k+1}$.

3. 设 n 阶方阵 $\boldsymbol{A} = \begin{pmatrix} 1 & 1 & \cdots & 1 \\ 1 & 1 & \cdots & 1 \\ \vdots & \vdots & & \vdots \\ 1 & 1 & \cdots & 1 \end{pmatrix}$，试证 $\boldsymbol{A}^k = n^{k-1}\boldsymbol{A}$.

4. 设 $a_1, a_2, \cdots, a_n$ 为互不相等的数，证明：与 $\boldsymbol{A} = \mathrm{diag}(a_1, a_2, \cdots, a_n)$ 可交换的矩阵只能是对角阵.

5. 证明：与所有 n 阶方阵可交换的矩阵只能是数量矩阵.

1.2　向量与分块阵

向量是特殊的矩阵，矩阵又是由向量构成的，为了研究矩阵，我们可以将矩阵分解成向量来考虑. 因此，我们需要了解向量和分块阵的相关知识.

1.2.1 向　量

在解析几何里，可以用一个二元有序数组（坐标）(a_1, a_2)表示平面上的一个向量，用一个三元有序数组(a_1, a_2, a_3)表示三维空间中的一个向量. 很自然地，我们可以用$(a_1, a_2, \cdots, a_n)$这样的一个有序数组表示 n 维空间中的一个向量.

定义 1-7　n 个有次序的数 $a_1, a_2, \cdots, a_n$ 所组成的数组称为 n 元向量，这 n 个数称为该向量的 n 个分量，第 $i(i=1,2,\cdots,n)$个数 a_i 称为第 i 个分量.

分量全为实数的向量称为实向量，分量为复数的向量称为复向量. 本书主要讨论实向量，若不加说明，所讨论的向量均指实向量.

分量全为零的向量称为零向量，记作 $\mathbf{0}$. 需要指明，分量个数为 n 时，记作 $\mathbf{0}_n$.

n 元向量可以写成一行的形式

$$(a_1, a_2, \cdots, a_n)$$

也可写成一列的形式

$$\begin{pmatrix} a_1 \\ a_2 \\ \vdots \\ a_n \end{pmatrix}$$

分别称为行向量和列向量，也就是行矩阵和列矩阵. 在本书中，用黑体小写字母 $\boldsymbol{a}, \boldsymbol{b}, \boldsymbol{\alpha}, \boldsymbol{\beta}$ 等表示列向量，用 $\boldsymbol{a}^{\mathrm{T}}, \boldsymbol{b}^{\mathrm{T}}, \boldsymbol{\alpha}^{\mathrm{T}}, \boldsymbol{\beta}^{\mathrm{T}}$ 等表示行向量，并规定行向量和列向量都按矩阵的运算规则进行运算. 因此，n 元列向量

$$\boldsymbol{a} = \begin{pmatrix} a_1 \\ a_2 \\ \vdots \\ a_n \end{pmatrix}$$

和 n 元行向量

$$\boldsymbol{a}^{\mathrm{T}} = (a_1, a_2, \cdots, a_n)$$

总看作两个不同的向量（按定义 1-7，$\boldsymbol{a}$ 与 $\boldsymbol{a}^{\mathrm{T}}$ 应是同一个向量）.

注意　$(a_1, a_2, \cdots, a_n)^{\mathrm{T}}$ 是一个列向量，经常把列向量写成这种形式.

所讨论的向量在没有指明是行向量还是列向量时，都当作列向量. 所有 n 元实的列向量的集合记作 $\mathbf{R}^n$.

在本书中，用 $\boldsymbol{e}_i \in \mathbf{R}^n$ 表示第 i 个分量为 1，其余分量都为 0 的 n 元列向量. 例如，若设 $\boldsymbol{e}_3 \in \mathbf{R}^4$，则

$$\boldsymbol{e}_3 = \begin{pmatrix} 0 \\ 0 \\ 1 \\ 0 \end{pmatrix}$$

分量个数相同的一组行向量称为一个行向量组，分量个数相同的一组列向量称为一

个列向量组.

向量和矩阵之间具有这样的关系：向量是特殊的矩阵，一个向量组可组成一个矩阵；反过来，一个矩阵又可看作由它的行向量组或列向量组所构成的. 注意到这种关系，我们可以把矩阵的某些问题与向量组的某些问题进行相互转换，从而使问题便于研究.

1.2.2　分块阵

把矩阵分块是处理高阶矩阵的有效方法. 熟练掌握矩阵分块的方法，不仅可以给某些计算和证明带来方便，也可以揭示矩阵中某些部分的特性及它们之间的关系.

定义 1-8　把矩阵 $\boldsymbol{A}$ 用若干条纵贯整个矩阵的横线和竖线分成许多小块（子矩阵），以这些小块为元素的形式上的矩阵称为 $\boldsymbol{A}$ 的分块阵.

例如，设

$$\boldsymbol{A}=\left(\begin{array}{cc:cc} a_{11} & a_{12} & a_{13} & a_{14} \\ a_{21} & a_{22} & a_{23} & a_{24} \\ \hdashline a_{31} & a_{32} & a_{33} & a_{34} \end{array}\right)$$

若按上面的方式进行分块，$\boldsymbol{A}$ 可写成

$$\boldsymbol{A}=\begin{pmatrix} \boldsymbol{A}_{11} & \boldsymbol{A}_{12} \\ \boldsymbol{A}_{21} & \boldsymbol{A}_{22} \end{pmatrix}$$

其中

$$\boldsymbol{A}_{11}=\begin{pmatrix} a_{11} & a_{12} \\ a_{21} & a_{22} \end{pmatrix},\quad \boldsymbol{A}_{12}=\begin{pmatrix} a_{13} & a_{14} \\ a_{23} & a_{24} \end{pmatrix}$$

$$\boldsymbol{A}_{21}=(a_{31}\quad a_{32}),\quad \boldsymbol{A}_{22}=(a_{33}\quad a_{34})$$

根据问题的需要，也可将 $\boldsymbol{A}$ 按其他方式进行分块. 下面是几种常用的分块方法：

(1)把 $m\times n$ 型矩阵 $\boldsymbol{A}$ 整个作为一块，此时 $\boldsymbol{A}$ 是一个 1×1 型的分块阵.

(2)把 $m\times n$ 型矩阵 $\boldsymbol{A}$ 按列分块为 $\boldsymbol{A}=(\boldsymbol{a}_1,\boldsymbol{a}_2,\cdots,\boldsymbol{a}_n)$，其中，$\boldsymbol{a}_1,\boldsymbol{a}_2,\cdots,\boldsymbol{a}_n$ 为 $\boldsymbol{A}$ 的 n 个列向量.

(3)把 $m\times n$ 型矩阵 $\boldsymbol{A}$ 按行分块为 $\boldsymbol{A}=\begin{pmatrix} \boldsymbol{\alpha}_1 \\ \boldsymbol{\alpha}_2 \\ \vdots \\ \boldsymbol{\alpha}_m \end{pmatrix}$，其中，$\boldsymbol{\alpha}_1,\boldsymbol{\alpha}_2,\cdots,\boldsymbol{\alpha}_m$ 为 $\boldsymbol{A}$ 的 m 个行向量.

形如

$$\begin{pmatrix} \boldsymbol{A}_{11} & \boldsymbol{A}_{12} & \cdots & \boldsymbol{A}_{1s} \\ \boldsymbol{O} & \boldsymbol{A}_{22} & \cdots & \boldsymbol{A}_{2s} \\ \vdots & \vdots & & \vdots \\ \boldsymbol{O} & \boldsymbol{O} & \cdots & \boldsymbol{A}_{ss} \end{pmatrix},\quad \begin{pmatrix} \boldsymbol{A}_{11} & \boldsymbol{O} & \cdots & \boldsymbol{O} \\ \boldsymbol{A}_{21} & \boldsymbol{A}_{22} & \cdots & \boldsymbol{O} \\ \vdots & \vdots & & \vdots \\ \boldsymbol{A}_{s1} & \boldsymbol{A}_{s2} & \cdots & \boldsymbol{A}_{ss} \end{pmatrix},\quad \begin{pmatrix} \boldsymbol{A}_{11} & \boldsymbol{O} & \cdots & \boldsymbol{O} \\ \boldsymbol{O} & \boldsymbol{A}_{22} & \cdots & \boldsymbol{O} \\ \vdots & \vdots & & \vdots \\ \boldsymbol{O} & \boldsymbol{O} & \cdots & \boldsymbol{A}_{ss} \end{pmatrix}$$

的分块阵分别称为分块上三角阵、分块下三角阵和分块对角阵.

考虑一个矩阵怎样分块时，除了前面提到的分块方法，还要考虑矩阵本身的特点，尽可能地使分块后的子矩阵中有便于利用的特殊矩阵，如单位阵、零矩阵、对角阵、上（下）三角阵等，同时还要保证运算的可行性.

分块阵的运算与普通矩阵类似，具体说明如下：

（1）设矩阵 $\boldsymbol{A}$ 与 $\boldsymbol{B}$ 同型，采用相同的分块方法：

$$\boldsymbol{A}=\begin{pmatrix}\boldsymbol{A}_{11} & \cdots & \boldsymbol{A}_{1r}\\ \vdots & & \vdots\\ \boldsymbol{A}_{s1} & \cdots & \boldsymbol{A}_{sr}\end{pmatrix},\quad \boldsymbol{B}=\begin{pmatrix}\boldsymbol{B}_{11} & \cdots & \boldsymbol{B}_{1r}\\ \vdots & & \vdots\\ \boldsymbol{B}_{s1} & \cdots & \boldsymbol{B}_{sr}\end{pmatrix}$$

其中，$\boldsymbol{A}_{ij}$ 与 $\boldsymbol{B}_{ij}(i=1,2,\cdots,s;j=1,2,\cdots,r)$同型，则

$$\boldsymbol{A}+\boldsymbol{B}=\begin{pmatrix}\boldsymbol{A}_{11}+\boldsymbol{B}_{11} & \cdots & \boldsymbol{A}_{1r}+\boldsymbol{B}_{1r}\\ \vdots & & \vdots\\ \boldsymbol{A}_{s1}+\boldsymbol{B}_{s1} & \cdots & \boldsymbol{A}_{sr}+\boldsymbol{B}_{sr}\end{pmatrix}$$

（2）设 $\boldsymbol{A}=\begin{pmatrix}\boldsymbol{A}_{11} & \cdots & \boldsymbol{A}_{1r}\\ \vdots & & \vdots\\ \boldsymbol{A}_{s1} & \cdots & \boldsymbol{A}_{sr}\end{pmatrix}$，$k$ 为数，则

$$k\boldsymbol{A}=\begin{pmatrix}k\boldsymbol{A}_{11} & \cdots & k\boldsymbol{A}_{1r}\\ \vdots & & \vdots\\ k\boldsymbol{A}_{s1} & \cdots & k\boldsymbol{A}_{sr}\end{pmatrix}$$

（3）设 $\boldsymbol{A}$ 为 $m\times l$ 型矩阵，$\boldsymbol{B}$ 为 $l\times n$ 型矩阵，对 $\boldsymbol{A}$ 的列和 $\boldsymbol{B}$ 的行采用相同的分块方法：

$$\boldsymbol{A}=\begin{pmatrix}\boldsymbol{A}_{11} & \cdots & \boldsymbol{A}_{1t}\\ \vdots & & \vdots\\ \boldsymbol{A}_{s1} & \cdots & \boldsymbol{A}_{st}\end{pmatrix},\quad \boldsymbol{B}=\begin{pmatrix}\boldsymbol{B}_{11} & \cdots & \boldsymbol{B}_{1r}\\ \vdots & & \vdots\\ \boldsymbol{B}_{t1} & \cdots & \boldsymbol{B}_{tr}\end{pmatrix}$$

其中，$\boldsymbol{A}_{i1},\boldsymbol{A}_{i2},\cdots,\boldsymbol{A}_{it}(i=1,2,\cdots,s)$的列数分别等于 $\boldsymbol{B}_{1j},\boldsymbol{B}_{2j},\cdots,\boldsymbol{B}_{tj}(j=1,2,\cdots,r)$的行数，则

$$\boldsymbol{AB}=(\boldsymbol{C}_{ij})_{s\times r}$$

其中

$$\boldsymbol{C}_{ij}=\sum_{k=1}^{t}\boldsymbol{A}_{ik}\boldsymbol{B}_{kj}$$

注意 ①计算乘积 $\boldsymbol{AB}$ 时，对 $\boldsymbol{A}$ 的列和 $\boldsymbol{B}$ 的行要采用相同的分块方法.

②$\boldsymbol{A}_{ik}$ 在 $\boldsymbol{B}_{kj}$ 的左侧，不能随意交换位置.

（4）设 $\boldsymbol{A}=\begin{pmatrix}\boldsymbol{A}_{11} & \cdots & \boldsymbol{A}_{1r}\\ \vdots & & \vdots\\ \boldsymbol{A}_{s1} & \cdots & \boldsymbol{A}_{sr}\end{pmatrix}$，则 $\boldsymbol{A}^{\mathrm{T}}=\begin{pmatrix}\boldsymbol{A}_{11}^{\mathrm{T}} & \cdots & \boldsymbol{A}_{s1}^{\mathrm{T}}\\ \vdots & & \vdots\\ \boldsymbol{A}_{1r}^{\mathrm{T}} & \cdots & \boldsymbol{A}_{sr}^{\mathrm{T}}\end{pmatrix}$

特别地，若 $\boldsymbol{A}=(\boldsymbol{a}_1,\boldsymbol{a}_2,\cdots,\boldsymbol{a}_n)$为列分块阵，则

$$A^{\mathrm{T}}=\begin{pmatrix}\boldsymbol{a}_1^{\mathrm{T}}\\ \boldsymbol{a}_2^{\mathrm{T}}\\ \vdots\\ \boldsymbol{a}_n^{\mathrm{T}}\end{pmatrix}$$

注意　分块阵转置除了行要变成列以外，每一子块的行也要变成列.

【例 1-7】 用分块的方法求 $\boldsymbol{AB}$，其中

$$\boldsymbol{A}=\begin{pmatrix}2&0&0&0\\0&2&0&0\\-1&2&1&0\\1&1&0&1\end{pmatrix},\quad \boldsymbol{B}=\begin{pmatrix}1&0&1&0\\-1&2&0&1\\0&0&4&1\\0&0&2&0\end{pmatrix}$$

解　把 $\boldsymbol{A},\boldsymbol{B}$ 分块成

$$\boldsymbol{A}=\left(\begin{array}{cc:cc}2&0&0&0\\0&2&0&0\\ \hdashline -1&2&1&0\\1&1&0&1\end{array}\right)=\begin{pmatrix}2\boldsymbol{E}&\boldsymbol{O}\\ \boldsymbol{A}_{21}&\boldsymbol{E}\end{pmatrix}$$

$$\boldsymbol{B}=\left(\begin{array}{cc:cc}1&0&1&0\\-1&2&0&1\\ \hdashline 0&0&4&1\\0&0&2&0\end{array}\right)=\begin{pmatrix}\boldsymbol{B}_{11}&\boldsymbol{E}\\ \boldsymbol{O}&\boldsymbol{B}_{22}\end{pmatrix}$$

则

$$\boldsymbol{AB}=\begin{pmatrix}2\boldsymbol{E}&\boldsymbol{O}\\ \boldsymbol{A}_{21}&\boldsymbol{E}\end{pmatrix}\begin{pmatrix}\boldsymbol{B}_{11}&\boldsymbol{E}\\ \boldsymbol{O}&\boldsymbol{B}_{22}\end{pmatrix}=\begin{pmatrix}2\boldsymbol{B}_{11}&2\boldsymbol{E}\\ \boldsymbol{A}_{21}\boldsymbol{B}_{11}&\boldsymbol{A}_{21}+\boldsymbol{B}_{22}\end{pmatrix}$$

而

$$\boldsymbol{A}_{21}\boldsymbol{B}_{11}=\begin{pmatrix}-1&2\\1&1\end{pmatrix}\begin{pmatrix}1&0\\-1&2\end{pmatrix}=\begin{pmatrix}-3&4\\0&2\end{pmatrix}$$

$$\boldsymbol{A}_{21}+\boldsymbol{B}_{22}=\begin{pmatrix}-1&2\\1&1\end{pmatrix}+\begin{pmatrix}4&1\\2&0\end{pmatrix}=\begin{pmatrix}3&3\\3&1\end{pmatrix}$$

于是

$$\boldsymbol{AB}=\begin{pmatrix}2&0&2&0\\-2&4&0&2\\-3&4&3&3\\0&2&3&1\end{pmatrix}$$

【例 1-8】 设 n 阶方阵 $\boldsymbol{A}$ 和 n 阶单位阵 $\boldsymbol{E}$ 的按列分块形式分别为 $\boldsymbol{A}=(\boldsymbol{a}_1,\boldsymbol{a}_2,\cdots,\boldsymbol{a}_n)$，$\boldsymbol{E}=(\boldsymbol{e}_1,\boldsymbol{e}_2,\cdots,\boldsymbol{e}_n)$，由

$$\boldsymbol{A}=\boldsymbol{AE}=\boldsymbol{A}(\boldsymbol{e}_1,\boldsymbol{e}_2,\cdots,\boldsymbol{e}_n)=(\boldsymbol{Ae}_1,\boldsymbol{Ae}_2,\cdots,\boldsymbol{Ae}_n)$$

可知，$\boldsymbol{a}_j=\boldsymbol{Ae}_j(j=1,2,\cdots,n)$. 于是可用 $\boldsymbol{Ae}_j$ 表示 $\boldsymbol{A}$ 的第 j 列. 又

$$\boldsymbol{e}_i^{\mathrm{T}}\boldsymbol{A}=[(\boldsymbol{e}_i^{\mathrm{T}}\boldsymbol{A})^{\mathrm{T}}]^{\mathrm{T}}=(\boldsymbol{A}^{\mathrm{T}}\boldsymbol{e}_i)^{\mathrm{T}}\quad(i=1,2,\cdots,n)$$

由 $\boldsymbol{A}^{\mathrm{T}}\boldsymbol{e}_i$ 表示 $\boldsymbol{A}^{\mathrm{T}}$ 的第 i 列（$\boldsymbol{A}$ 的第 i 行的转置）可知，其转置阵正是 $\boldsymbol{A}$ 的第 i 行，于是可用

$\boldsymbol{e}_i^{\mathrm{T}}\boldsymbol{A}$ 表示 $\boldsymbol{A}$ 的第 i 行.

进一步可知,$\boldsymbol{A}$ 的(i,j)元 a_{ij} 可用 $\boldsymbol{e}_i^{\mathrm{T}}\boldsymbol{A}\boldsymbol{e}_j$ 表示.

注意　当 $\boldsymbol{A}$ 为 $m\times n$ 型矩阵时,上面的结论也正确.在有些问题的证明中,我们将使用 $\boldsymbol{A}\boldsymbol{e}_j$,$\boldsymbol{e}_i^{\mathrm{T}}\boldsymbol{A}$ 和 $\boldsymbol{e}_i^{\mathrm{T}}\boldsymbol{A}\boldsymbol{e}_j$ 来分别表示 $\boldsymbol{A}$ 的第 j 列、第 i 行和元素 a_{ij},这样做能使证明变得简明.

思考题 1-2

1. 若 $\boldsymbol{a}$ 和 $\boldsymbol{b}$ 都是 n 元列向量,则 $\boldsymbol{a}\boldsymbol{b}^{\mathrm{T}}=\boldsymbol{b}\boldsymbol{a}^{\mathrm{T}}$ 是否正确?

2. 若 $\boldsymbol{a}$ 和 $\boldsymbol{b}$ 都是 n 元列向量,则 $\boldsymbol{a}^{\mathrm{T}}\boldsymbol{b}=\boldsymbol{b}^{\mathrm{T}}\boldsymbol{a}$ 是否正确?

3. 对任意的 n 元列向量 $\boldsymbol{u}$,都有$(\boldsymbol{u}^{\mathrm{T}}\boldsymbol{u})(\boldsymbol{u}\boldsymbol{u}^{\mathrm{T}})=(\boldsymbol{u}\boldsymbol{u}^{\mathrm{T}})(\boldsymbol{u}\boldsymbol{u}^{\mathrm{T}})$,是否正确?

4. 用分块的方法计算 $\boldsymbol{AB}$ 时,对 $\boldsymbol{A}$ 的行的分法及 $\boldsymbol{B}$ 的列的分法有什么要求?

5. 若 $\boldsymbol{A}=(\boldsymbol{a}_1,\boldsymbol{a}_2,\cdots,\boldsymbol{a}_n)$为按列分块阵,则

$$\boldsymbol{A}^{\mathrm{T}}=\begin{pmatrix}\boldsymbol{a}_1\\\boldsymbol{a}_2\\\vdots\\\boldsymbol{a}_n\end{pmatrix}$$

是否正确?

6. $\boldsymbol{AB}$ 的第 j 列与 $\boldsymbol{B}$ 的第 j 列有什么关系? $\boldsymbol{AB}$ 的第 i 行与 $\boldsymbol{A}$ 的第 i 行有什么关系?

习题 1-2

1. 设 $\boldsymbol{\alpha}=(1,2,-1)^{\mathrm{T}}$,$\boldsymbol{\beta}=(3,1,0)^{\mathrm{T}}$,计算 $\boldsymbol{\alpha}\boldsymbol{\beta}^{\mathrm{T}}-\boldsymbol{\beta}\boldsymbol{\alpha}^{\mathrm{T}}$.

2. 设 $\boldsymbol{\alpha}=(1,2,-1)^{\mathrm{T}}$,$(\boldsymbol{\alpha}\boldsymbol{\alpha}^{\mathrm{T}})^{15}=k(\boldsymbol{\alpha}\boldsymbol{\alpha}^{\mathrm{T}})$,求 $\boldsymbol{\alpha}\boldsymbol{\alpha}^{\mathrm{T}}$,$\boldsymbol{\alpha}^{\mathrm{T}}\boldsymbol{\alpha}$ 及数 k.

3. 设 $\boldsymbol{\alpha}\in\mathbf{R}^n$,$\boldsymbol{\alpha}^{\mathrm{T}}\boldsymbol{\alpha}=k$,$\boldsymbol{A}=\boldsymbol{\alpha}\boldsymbol{\alpha}^{\mathrm{T}}$,证明:$\boldsymbol{A}^{m+1}=k^m\boldsymbol{A}$.

4. 设 $\boldsymbol{\alpha},\boldsymbol{\beta}\in\mathbf{R}^3$,且

$$\boldsymbol{\alpha}\boldsymbol{\beta}^{\mathrm{T}}=\begin{pmatrix}1&2&3\\1&2&3\\1&2&3\end{pmatrix}$$

求 $\boldsymbol{\beta}\boldsymbol{\alpha}^{\mathrm{T}}$ 和 $\boldsymbol{\beta}^{\mathrm{T}}\boldsymbol{\alpha}$.

5. 设 $\boldsymbol{\alpha}\in\mathbf{R}^n$,$k=\boldsymbol{\alpha}^{\mathrm{T}}\boldsymbol{\alpha}\neq0$,$\boldsymbol{A}=\boldsymbol{E}-\boldsymbol{\alpha}\boldsymbol{\alpha}^{\mathrm{T}}$,$\boldsymbol{B}=\boldsymbol{E}+3\boldsymbol{\alpha}\boldsymbol{\alpha}^{\mathrm{T}}$,$\boldsymbol{AB}=\boldsymbol{E}$,求 k.

6. 设方阵 $\boldsymbol{A}$ 的按列分块阵为 $\boldsymbol{A}=(\boldsymbol{a}_1,\boldsymbol{a}_2,\cdots,\boldsymbol{a}_n)$,求 $\boldsymbol{A}\boldsymbol{A}^{\mathrm{T}}$ 和 $\boldsymbol{A}^{\mathrm{T}}\boldsymbol{A}$.

7. 用分块方法计算 $\boldsymbol{AB}$:

(1)$\boldsymbol{A}=\begin{pmatrix}1&0&0&0\\0&1&0&0\\0&0&2&3\\0&0&4&5\end{pmatrix}$,$\boldsymbol{B}=\begin{pmatrix}6&7&0&0\\8&9&0&0\\0&0&2&0\\0&0&0&2\end{pmatrix}$;

(2)$\boldsymbol{A}=\begin{pmatrix}3 & -1 & 0 & 0\\2 & 3 & 0 & 0\\0 & 1 & 0 & 0\\0 & 0 & 1 & 4\end{pmatrix}$,$\boldsymbol{B}=\begin{pmatrix}1 & 0 & 0\\-2 & 0 & 0\\0 & 3 & 2\\0 & 4 & 3\end{pmatrix}$.

提高题 1-2

1. 设 $\boldsymbol{A}$ 是 $m\times n$ 型矩阵,且对任一 n 元向量 $\boldsymbol{x}$ 都有 $\boldsymbol{Ax}=\boldsymbol{0}$,证明:$\boldsymbol{A}=\boldsymbol{O}$.

2. 设 $\boldsymbol{A}$ 是实的 n 阶对称阵,且 $\boldsymbol{A}^2=\boldsymbol{O}$,证明:$\boldsymbol{A}=\boldsymbol{O}$.

1.3　初等变换与初等阵

矩阵的初等变换起源于解线性方程组的消元法,是处理矩阵问题的一种基本方法.它在化简矩阵、解线性方程组、求逆矩阵和矩阵的秩等问题中起着非常重要的作用.

1.3.1　初等变换

对线性方程组作如下三种变换,方程组的解不变.

(1)交换两个方程的位置.

(2)用一个非零数乘以某个方程的两边.

(3)把一个方程的倍数加到另一个方程上去.

这三种变换叫作线性方程组的初等变换.

由于线性方程组与它的增广阵是一一对应的,并且方程组中的每个方程对应于增广阵中的某一行,因此我们可类似地给出矩阵的初等行变换的概念,并用增广阵代替方程组,通过初等行变换来求解.

定义 1-9　设 $\boldsymbol{A}$ 是 $m\times n$ 型矩阵,$i\neq j$,下面三种变换称为矩阵的初等行变换.

(1)交换 $\boldsymbol{A}$ 的第 i 行和第 j 行的位置,叫作对调行变换,记作 $r_i\leftrightarrow r_j$.

(2)用非零数 k 乘以 $\boldsymbol{A}$ 的第 i 行,叫作倍乘行变换,记作 $r_i\times k$.

(3)将 $\boldsymbol{A}$ 的第 i 行的 k 倍加到第 j 行,叫作倍加行变换,记作 r_j+kr_i.

把上面的行换为列,即得矩阵的初等列变换的定义,记号分别为 $c_i\leftrightarrow c_j$,$c_i\times k$ 和 c_j+kc_i.

矩阵的初等行变换和初等列变换合起来称为矩阵的初等变换.

在使用初等变换的记号时,形如 $r_i\times\frac{1}{2}$ 和 $r_j+(-2)r_i$ 的记号也可写成 $r_i\div 2$ 和 r_j-2r_i 的形式,$r_1+r_2+\cdots+r_m$ 表示第 2～m 行都加到第 1 行.

注意　行的英文单词为 row,列的英文单词为 column,前面讲到的转置的英文单词为 transpose,我们习惯采用英文单词的第一个字母或缩写作为数学中的符号.

矩阵的初等变换都是可逆的,例如,若矩阵 $\boldsymbol{A}$ 经过倍加行变换 r_j+kr_i 变成 $\boldsymbol{B}$,则对 $\boldsymbol{B}$

进行倍加行变换 r_j-kr_i 又可变回 $\boldsymbol{A}$.

定义 1-10 如果矩阵 $\boldsymbol{A}$ 经过有限次初等变换变成 $\boldsymbol{B}$,则称矩阵 $\boldsymbol{A}$ 与 $\boldsymbol{B}$ 等价,记作 $\boldsymbol{A}\to\boldsymbol{B}$(或$\boldsymbol{A}\sim\boldsymbol{B}$).$\boldsymbol{A}$ 与 $\boldsymbol{B}$ 等价也称为 $\boldsymbol{A}$ 与 $\boldsymbol{B}$ 相抵.

注意 当 $\boldsymbol{A}$ 经过初等变换变成 $\boldsymbol{B}$ 时,$\boldsymbol{A}$ 与 $\boldsymbol{B}$ 一般是不相等的,所以不能写成 $\boldsymbol{A}=\boldsymbol{B}$.

下面看一个用矩阵的初等行变换解线性方程组的例子.

首先注意,当 $n\times n$ 型方程组 $\boldsymbol{Ax}=\boldsymbol{b}$ 有唯一解时,其解法是:用初等行变换将增广阵 $(\boldsymbol{A},\boldsymbol{b})$ 化为 $(\boldsymbol{E},\boldsymbol{c})$,则其解为 $\boldsymbol{x}=\boldsymbol{c}$.

注意 该结论在学完第 3 章以后可进行证明.

【例 1-9】 用初等行变换解方程组 $\begin{cases} x_2+2x_3=1 \\ x_1+2x_2+x_3=1. \\ x_1-x_2+x_3=4 \end{cases}$

解
$$(\boldsymbol{A},\boldsymbol{b})=\begin{pmatrix} 0 & 1 & 2 & 1 \\ 1 & 2 & 1 & 1 \\ 1 & -1 & 1 & 4 \end{pmatrix} \xrightarrow{r_1\leftrightarrow r_2} \begin{pmatrix} 1 & 2 & 1 & 1 \\ 0 & 1 & 2 & 1 \\ 1 & -1 & 1 & 4 \end{pmatrix}$$

$$\xrightarrow{r_3-r_1} \begin{pmatrix} 1 & 2 & 1 & 1 \\ 0 & 1 & 2 & 1 \\ 0 & -3 & 0 & 3 \end{pmatrix} \xrightarrow[r_3+3r_2]{r_1-2r_2} \begin{pmatrix} 1 & 0 & -3 & -1 \\ 0 & 1 & 2 & 1 \\ 0 & 0 & 6 & 6 \end{pmatrix}$$

$$\xrightarrow{r_3\times\frac{1}{6}} \begin{pmatrix} 1 & 0 & -3 & -1 \\ 0 & 1 & 2 & 1 \\ 0 & 0 & 1 & 1 \end{pmatrix} \xrightarrow[r_2-2r_3]{r_1+3r_3} \begin{pmatrix} 1 & 0 & 0 & 2 \\ 0 & 1 & 0 & -1 \\ 0 & 0 & 1 & 1 \end{pmatrix}$$

故该方程组的解为

$$\boldsymbol{x}=\begin{pmatrix} 2 \\ -1 \\ 1 \end{pmatrix}$$

注意 (1)初等行变换不改变增广阵所对应的方程组的解,但初等列变换会改变对应的方程组的解,因此,解方程组时,只允许作初等行变换,不允许作初等列变换.

(2)用初等变换研究问题的基本思路是:首先证明初等变换保持矩阵所对应问题的某种性质不变(例如,初等行变换不改变增广阵所对应方程组的解),其次用初等变换对矩阵进行化简,最后通过化简以后的矩阵来探讨或解决原矩阵所对应的问题.

1.3.2 初等阵

初等阵的作用是通过它能建立起初等变换与矩阵乘法之间的联系,这个联系可将线性代数中的某些理论转化成一些算法,也可将某些算法中发现的结果上升为理论.

定义 1-11 由单位阵 $\boldsymbol{E}$ 经过一次初等变换所得到的矩阵叫作初等阵.

与前面提到的三种初等变换相对应,有以下三种初等阵:

(1)对调 $\boldsymbol{E}$ 的 i 和 j 两行(列)得到的方阵叫作对调阵,记作 $\boldsymbol{E}_{i,j}$.

(2)将 $\boldsymbol{E}$ 的第 i 行(列)乘以非零数 k 得到的方阵叫作倍乘阵,记作 $\boldsymbol{E}_i(k)$.

(3)用数 k 乘 $\boldsymbol{E}$ 的第 j 行加到第 i 行上或用数 k 乘 $\boldsymbol{E}$ 的第 i 列加到第 j 列上得到的方阵叫作倍加阵，记作 $\boldsymbol{E}_{i,j}(k)$.

例如，设 $k\neq 0$，$\boldsymbol{E}=\begin{pmatrix}1&0&0\\0&1&0\\0&0&1\end{pmatrix}$，则

$$\boldsymbol{E}_{2,3}=\begin{pmatrix}1&0&0\\0&0&1\\0&1&0\end{pmatrix}$$

$$\boldsymbol{E}_{2}(k)=\begin{pmatrix}1&0&0\\0&k&0\\0&0&1\end{pmatrix}$$

$$\boldsymbol{E}_{1,2}(k)=\begin{pmatrix}1&k&0\\0&1&0\\0&0&1\end{pmatrix}$$

初等阵具有下列性质：

性质 1-1　$\boldsymbol{E}_{i,j}^{\mathrm{T}}=\boldsymbol{E}_{i,j}$，$\boldsymbol{E}_{i}^{\mathrm{T}}(k)=\boldsymbol{E}_{i}(k)$，$\boldsymbol{E}_{i,j}^{\mathrm{T}}(k)=\boldsymbol{E}_{j,i}(k)$.

性质 1-2　设 $\boldsymbol{A}=(a_{ij})_{m\times n}$，$k\neq 0$，$\boldsymbol{A}$ 左边的初等阵的阶数为 m，$\boldsymbol{A}$ 右边的初等阵的阶数为 n，初等变换与初等阵之间有如下密切联系：

(1) $\boldsymbol{A}\xrightarrow{r_i\leftrightarrow r_j}\boldsymbol{B}$ 等同于 $\boldsymbol{E}_{i,j}\boldsymbol{A}=\boldsymbol{B}$，$\boldsymbol{A}\xrightarrow{c_i\leftrightarrow c_j}\boldsymbol{C}$ 等同于 $\boldsymbol{A}\boldsymbol{E}_{i,j}=\boldsymbol{C}$；

(2) $\boldsymbol{A}\xrightarrow{r_i\times k}\boldsymbol{B}$ 等同于 $\boldsymbol{E}_{i}(k)\boldsymbol{A}=\boldsymbol{B}$，$\boldsymbol{A}\xrightarrow{c_i\times k}\boldsymbol{C}$ 等同于 $\boldsymbol{A}\boldsymbol{E}_{i}(k)=\boldsymbol{C}$；

(3) $\boldsymbol{A}\xrightarrow{r_j+kr_i}\boldsymbol{B}$ 等同于 $\boldsymbol{E}_{j,i}(k)\boldsymbol{A}=\boldsymbol{B}$，$\boldsymbol{A}\xrightarrow{c_j+kc_i}\boldsymbol{C}$ 等同于 $\boldsymbol{A}\boldsymbol{E}_{i,j}(k)=\boldsymbol{C}$.

证明　(只对倍加列变换的情形给出证明)

设 $\boldsymbol{A}$ 和 $\boldsymbol{E}$ 的按列分块阵分别为

$$\boldsymbol{A}=(\boldsymbol{a}_1,\cdots,\boldsymbol{a}_i,\cdots,\boldsymbol{a}_j,\cdots,\boldsymbol{a}_n)$$
$$\boldsymbol{E}=(\boldsymbol{e}_1,\cdots,\boldsymbol{e}_i,\cdots,\boldsymbol{e}_j,\cdots,\boldsymbol{e}_n)$$

由于

$$\boldsymbol{A}\xrightarrow{c_j+kc_i}(\boldsymbol{a}_1,\cdots,\boldsymbol{a}_i,\cdots,\boldsymbol{a}_j+k\boldsymbol{a}_i,\cdots,\boldsymbol{a}_n)$$
$$\begin{aligned}\boldsymbol{A}\boldsymbol{E}_{i,j}(k)&=\boldsymbol{A}(\boldsymbol{e}_1,\cdots,\boldsymbol{e}_i,\cdots,\boldsymbol{e}_j+k\boldsymbol{e}_i,\cdots,\boldsymbol{e}_n)\\&=(\boldsymbol{A}\boldsymbol{e}_1,\cdots,\boldsymbol{A}\boldsymbol{e}_i,\cdots,\boldsymbol{A}(\boldsymbol{e}_j+k\boldsymbol{e}_i),\cdots,\boldsymbol{A}\boldsymbol{e}_n)\\&=(\boldsymbol{a}_1,\cdots,\boldsymbol{a}_i,\cdots,\boldsymbol{a}_j+k\boldsymbol{a}_i,\cdots,\boldsymbol{a}_n)\end{aligned}$$

所以结论成立.

注意　(1)“行变换”对应于“左乘初等阵”，“列变换”对应于“右乘初等阵”.

(2)对矩阵 $\boldsymbol{A}$ 做有限次初等行(列)变换相当于用有限个相应的初等阵左乘(右乘)$\boldsymbol{A}$.

性质 1-3　$\boldsymbol{E}_{i,j}\boldsymbol{E}_{i,j}=\boldsymbol{E}$，$\boldsymbol{E}_{i}(k)\boldsymbol{E}_{i}(k^{-1})=\boldsymbol{E}$，$\boldsymbol{E}_{i,j}(k)\boldsymbol{E}_{i,j}(-k)=\boldsymbol{E}$，其中 $k\neq 0$.

证明　(只证明第一个式子)

设 $\boldsymbol{E}=(\boldsymbol{e}_1,\cdots,\boldsymbol{e}_i,\cdots,\boldsymbol{e}_j,\cdots,\boldsymbol{e}_n)$.

证法 1 根据性质 1-2,由

$$E_{i,j}=(e_1,\cdots,e_j,\cdots,e_i,\cdots,e_n)\xrightarrow{c_i\leftrightarrow c_j}E$$

可知

$$E_{i,j}E_{i,j}=E$$

证法 2 可转化为证明 $EE_{i,j}E_{i,j}=E$.

根据性质 1-2,$EE_{i,j}E_{i,j}$ 的含义是对 E 接连做两次第 i 列和第 j 列的对调变换,显然,得到的矩阵还是 E,所以结论正确.

【例 1-10】 设 $A=\begin{pmatrix}1&2&3\\4&5&6\\7&8&9\end{pmatrix}$,求 $E_{3,1}(-2)A$.

解 根据性质 1-2,用 $E_{3,1}(-2)$ 左乘 A 所得矩阵和对 A 做相应的倍加行变换 $r_3+(-2)r_1$ 所得矩阵是相等的.于是,可通过初等行变换求出 $E_{3,1}(-2)A$.

$$E_{3,1}(-2)A=\begin{pmatrix}1&2&3\\4&5&6\\5&4&3\end{pmatrix}$$

1.3.3 矩阵的等价标准形

【例 1-11】 只用倍加行(列)变换将矩阵 A 化为上三角阵,其中

$$A=\begin{pmatrix}0&1&2\\1&1&1\\3&-1&1\end{pmatrix}$$

解
$$A\xrightarrow{r_1+r_2}\begin{pmatrix}1&2&3\\1&1&1\\3&-1&1\end{pmatrix}\xrightarrow[r_3-3r_1]{r_2-r_1}\begin{pmatrix}1&2&3\\0&-1&-2\\0&-7&-8\end{pmatrix}$$

$$\xrightarrow{r_3-7r_2}\begin{pmatrix}1&2&3\\0&-1&-2\\0&0&6\end{pmatrix}$$

$$A\xrightarrow[c_2+c_3]{c_1-3c_3}\begin{pmatrix}-6&3&2\\-2&2&1\\0&0&1\end{pmatrix}\xrightarrow{c_1+c_2}\begin{pmatrix}-3&3&2\\0&2&1\\0&0&1\end{pmatrix}$$

按照上面的做法(或用归纳法)可以证明下面的结论.

定理 1-1 对于任何方阵 A,只用有限次倍加行(或列)变换都能将 A 化为上三角阵,即一定存在倍加阵 $P_i(i=1,2,\cdots,k)$[或 $Q_j(j=1,2,\cdots,l)$],使得

$$P_k\cdots P_2P_1A(\text{或 } AQ_1Q_2\cdots Q_l)$$

为上三角阵.

定理 1-2 对于任何 $m\times n$ 型非零矩阵 A,必能用初等变换把它化为形如 $F=\begin{pmatrix}E_s&O\\O&O\end{pmatrix}$的矩阵,即存在 m 阶初等阵 $P_1,P_2,\cdots,P_k$ 和 n 阶初等阵 $Q_1,Q_2,\cdots,Q_l$,使得

$$P_k \cdots P_2 P_1 A Q_1 Q_2 \cdots Q_l = F$$

证明　由 $A \neq O$ 可知，A 中至少有一个元素不为零，设 $a_{ij} \neq 0$. 先将 A 的第 1 行和第 i 行对调，再将第 1 列和第 j 列对调，可将 a_{ij} 移到(1,1)处，然后将第 1 行除以 a_{ij}，再做倍加行变换和倍加列变换，可将矩阵 A 化为下面的形式：

$$\begin{pmatrix} 1 & \mathbf{0}^{\mathrm{T}} \\ \mathbf{0} & B \end{pmatrix}$$

若 $B=O$，则 $s=1$，结论成立.

若 $B \neq O$，重复上面的做法，可知结论成立. 证毕.

$F=\begin{pmatrix} E_s & O \\ O & O \end{pmatrix}$叫作矩阵 A 的等价(相抵)标准形.

注意　F 包括(E_m, O)，$\begin{pmatrix} E_n \\ O \end{pmatrix}$，$E$ 三种特殊情况，它们分别对应于 $s=m<n$，$s=n<m$，$s=m=n$.

(在 4.2 节将会看到 s 就是矩阵 A 的秩，它是由 A 唯一确定的，因此一个矩阵的等价标准形是唯一的.)

【例 1-12】 求

$$A=\begin{pmatrix} 0 & -1 & 2 & 1 \\ 3 & 1 & 1 & 5 \\ 1 & 0 & 1 & 2 \\ 2 & 2 & -2 & 2 \end{pmatrix}$$

的等价标准形.

解

$$A \xrightarrow{r_1 \leftrightarrow r_3} \begin{pmatrix} 1 & 0 & 1 & 2 \\ 3 & 1 & 1 & 5 \\ 0 & -1 & 2 & 1 \\ 2 & 2 & -2 & 2 \end{pmatrix} \xrightarrow[r_4-2r_1]{r_2-3r_1} \begin{pmatrix} 1 & 0 & 1 & 2 \\ 0 & 1 & -2 & -1 \\ 0 & -1 & 2 & 1 \\ 0 & 2 & -4 & -2 \end{pmatrix}$$

$$\xrightarrow[c_4-2c_1]{c_3-c_1} \begin{pmatrix} 1 & 0 & 0 & 0 \\ 0 & 1 & -2 & -1 \\ 0 & -1 & 2 & 1 \\ 0 & 2 & -4 & -2 \end{pmatrix} \xrightarrow[r_4-2r_2]{r_3+r_2} \begin{pmatrix} 1 & 0 & 0 & 0 \\ 0 & 1 & -2 & -1 \\ 0 & 0 & 0 & 0 \\ 0 & 0 & 0 & 0 \end{pmatrix}$$

$$\xrightarrow[c_4+c_2]{c_3+2c_2} \begin{pmatrix} 1 & 0 & 0 & 0 \\ 0 & 1 & 0 & 0 \\ 0 & 0 & 0 & 0 \\ 0 & 0 & 0 & 0 \end{pmatrix}$$

思考题 1-3

1. 行变换 $r_j + kr_i$ 和 $kr_i + r_j$ 有什么区别?

2. 设$\begin{pmatrix} 1 & 2 \\ -1 & 3 \end{pmatrix} \xrightarrow[r_1+r_2]{r_2+r_1} B$，试写出 B.

3. 只用倍加行变换能否把方阵 A 化为下三角阵?

4. 若矩阵 $\boldsymbol{A}$ 与 $\boldsymbol{B}$ 等价,则 $\boldsymbol{B}$ 与 $\boldsymbol{A}$ 是否等价?

5. 若矩阵 $\boldsymbol{A}$ 与 $\boldsymbol{B}$ 等价,矩阵 $\boldsymbol{B}$ 与 $\boldsymbol{C}$ 等价,则 $\boldsymbol{A}$ 与 $\boldsymbol{C}$ 是否等价?

6. 对调矩阵 $\boldsymbol{A}$ 的 i 和 j 两列这一功能,能否用三次倍加列变换和一次倍乘列变换来实现?

7. $\begin{pmatrix} \boldsymbol{E}_{i,j}(k) & \boldsymbol{O} \\ \boldsymbol{O} & \boldsymbol{E} \end{pmatrix}$和$\begin{pmatrix} \boldsymbol{E} & \boldsymbol{O} \\ \boldsymbol{O} & \boldsymbol{E}_{i,j}(k) \end{pmatrix}$是否为倍加阵?

习题 1-3

1. 用初等行变换解下列方程组:

(1)$\begin{cases} x_1 + x_2 - x_3 = 1 \\ 2x_1 - 4x_3 = 2; \\ 3x_1 + 3x_2 - 2x_3 = 5 \end{cases}$　　(2)$\begin{pmatrix} 1 & 1 & 1 \\ 2 & 2 & 3 \\ 1 & 2 & 3 \end{pmatrix}\begin{pmatrix} x_1 \\ x_2 \\ x_3 \end{pmatrix} = \begin{pmatrix} 2 \\ 5 \\ 3 \end{pmatrix}$.

2. 设 $\boldsymbol{A} = \begin{pmatrix} 0 & 1 & 0 \\ 1 & 0 & 0 \\ 0 & 0 & 1 \end{pmatrix}, \boldsymbol{B} = \begin{pmatrix} -3 & 1 & 3 \\ 2 & 1 & 3 \\ 4 & 5 & 2 \end{pmatrix}, \boldsymbol{C} = \begin{pmatrix} 1 & 3 & 0 \\ 0 & 1 & 0 \\ 0 & 0 & 1 \end{pmatrix}$,计算 $\boldsymbol{AB}, \boldsymbol{BA}, \boldsymbol{CB}, \boldsymbol{BC}, \boldsymbol{AC}, \boldsymbol{CA}$,并说明它们和矩阵初等变换的关系.

3. 设 $\boldsymbol{A} = \begin{pmatrix} 0 & 1 & 2 \\ 3 & -1 & 1 \\ 1 & 0 & 3 \end{pmatrix}$,试利用性质 1-2 来计算 $\boldsymbol{E}_{1,2}\boldsymbol{A}\boldsymbol{E}_{3,2}^{\mathrm{T}}(2)$.

4. 设 $\boldsymbol{A}$ 为 3 阶方阵.

$$\boldsymbol{A} \xrightarrow{r_3 + 2r_1} \boldsymbol{A}_1 \xrightarrow{c_3 - c_1} \boldsymbol{A}_2 \xrightarrow{r_2 \times \frac{1}{3}} \boldsymbol{A}_3 \xrightarrow{c_1 \leftrightarrow c_2} \boldsymbol{A}_4$$

试利用初等阵写出 $\boldsymbol{A}$ 和 $\boldsymbol{A}_4$ 的关系式.

5. 设 $\boldsymbol{A} = \begin{pmatrix} 1 & 1 & 1 \\ 1 & 3 & -2 \\ 2 & 4 & -1 \end{pmatrix}$.

(1)只用倍加行变换将 $\boldsymbol{A}$ 化为上三角阵.

(2)只用倍加行变换将 $\boldsymbol{A}$ 化为下三角阵.

(3)求 $\boldsymbol{A}$ 的等价标准形.

提高题 1-3

1. 设

$$\boldsymbol{A} = \begin{pmatrix} a_{11} & a_{12} & a_{13} \\ a_{21} & a_{22} & a_{23} \\ a_{31} & a_{32} & a_{33} \end{pmatrix}, \quad \boldsymbol{B} = \begin{pmatrix} a_{21} & a_{22} & a_{23} \\ a_{11} & a_{12} & a_{13} \\ a_{31} + a_{11} & a_{32} + a_{12} & a_{33} + a_{13} \end{pmatrix}$$

$$\boldsymbol{P}_1 = \begin{pmatrix} 0 & 1 & 0 \\ 1 & 0 & 0 \\ 0 & 0 & 1 \end{pmatrix}, \quad \boldsymbol{P}_2 = \begin{pmatrix} 1 & 0 & 0 \\ 0 & 1 & 0 \\ 1 & 0 & 1 \end{pmatrix}$$

则(　　)正确.

A. $AP_1P_2=B$　　B. $AP_2P_1=B$　　C. $P_2P_1A=B$　　D. $P_1P_2A=B$

2. 设矩阵 C 是将矩阵 A 做有限次初等列变换所得到的矩阵，Q 是满足 $AQ=C$ 的唯一矩阵，试证 Q 就是将 E 作与 A 同样的初等列变换所得到的矩阵.

*1.4　应用举例

【例 1-13】（产品成本的计算）某厂生产甲、乙、丙三种产品，每件产品的成本及各季度计划生产产品的件数见表 1-1 及表 1-2.

表 1-1　每件产品的成本

项目	成本/元		
	甲	乙	丙
原材料	10	20	30
人工	4	3	4
其他	1	2	2

表 1-2　各季度计划生产产品的件数

产品	件数/件			
	第 1 季度	第 2 季度	第 3 季度	第 4 季度
甲	450	500	500	450
乙	200	210	200	230
丙	380	400	410	400

试计算各季度的各项费用.

解　表 1-1 和表 1-2 可分别用矩阵 A 和矩阵 B 表示：

$$A=\begin{pmatrix}10&20&30\\4&3&4\\1&2&2\end{pmatrix},\quad B=\begin{pmatrix}450&500&500&450\\200&210&200&230\\380&400&410&400\end{pmatrix}$$

由矩阵的乘法可知

$$AB=\begin{pmatrix}19\,900&21\,200&21\,300&21\,100\\3\,920&4\,230&4\,240&4\,090\\1\,610&1\,720&1\,720&1\,710\end{pmatrix}$$

由矩阵 A、B 所代表的含义可知，AB 的第一行表示各季度的原材料费用，第二行表示各季度的人工费用，第三行表示各季度的其他费用.

【例 1-14】（人口流动问题）由人口普查获知，某地区现有农村人口 300 万人，城市人口 100 万人，每年有 20%的农村居民移居城市，有 10%的城市居民移居农村. 假设该地区人口总数不变，且上述人口迁移规律也不变. 试预测一、二年后该地区农村人口和城市人口的数量，以及若干年后该地区的人口状况.

解　设 k 年后该地区农村人口和城市人口分别为 x_k 万人和 y_k 万人，记 $x_0=300$，$y_0=100$，由题意，得

$$\begin{cases} x_1=0.8x_0+0.1y_0=0.8\times300+0.1\times100=250 \\ y_1=0.2x_0+0.9y_0=0.2\times300+0.9\times100=150 \end{cases}$$

即一年后农村人口为 250 万人，城市人口为 150 万人.

若记 $\boldsymbol{A}=\begin{pmatrix}0.8 & 0.1\\0.2 & 0.9\end{pmatrix}$，则

$$\begin{pmatrix}x_1\\y_1\end{pmatrix}=\boldsymbol{A}\begin{pmatrix}x_0\\y_0\end{pmatrix}$$

$$\begin{pmatrix}x_2\\y_2\end{pmatrix}=\boldsymbol{A}\begin{pmatrix}x_1\\y_1\end{pmatrix}=\boldsymbol{A}^2\begin{pmatrix}x_0\\y_0\end{pmatrix}=\begin{pmatrix}0.8 & 0.1\\0.2 & 0.9\end{pmatrix}^2\begin{pmatrix}300\\100\end{pmatrix}$$

$$=\begin{pmatrix}0.66 & 0.17\\0.34 & 0.83\end{pmatrix}\begin{pmatrix}300\\100\end{pmatrix}=\begin{pmatrix}215\\185\end{pmatrix}$$

即两年后农村人口为 215 万人，城市人口为 185 万人.

通过递推的方式，可得

$$\begin{pmatrix}x_k\\y_k\end{pmatrix}=\boldsymbol{A}^k\begin{pmatrix}x_0\\y_0\end{pmatrix}$$

即通过计算 $\boldsymbol{A}^k$ 可求出 k 年后该地区的农村人口和城市人口的数量.

计算 $\boldsymbol{A}^k$ 一般比较麻烦，如果 $\boldsymbol{A}$ 可相似对角化，则可找到简便的计算方法.

关于物种的迁移、变化、生物繁殖、各种行业中从业人员数量的变动等都属于此类问题，可按类似方法进行研究.

【例 1-15】（有向图的研究）设某航空公司在 4 个城市 a、b、c、d 间的航线图如图1-1所示，试问从城市 c 出发，有几条经 3 次飞行到达城市 d 的路线？

分析　所谓有向图就是由一些顶点以及顶点之间的一些带有方向的弧构成的图. 例如，图 1-1 是由 4 个顶点、8 条弧构成的有向图. 它可用来表示某航空公司在 4 个城市之间的运行图，其中，顶点看作城市，若城市 i 到城市 j 有航班，则 i 和 j 之间有一条弧，并且上面带有从 i 指向 j 的箭头. 有向图广泛存在于各种科学和工业活动中，如电路图、电话网络图、煤气和自来水的管道图、交通线路图、组织结构图、物流网络图等.

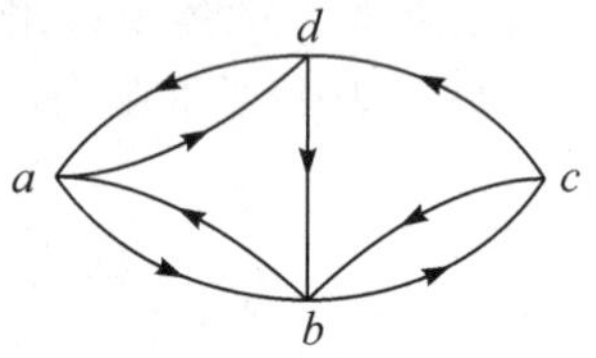

图 1-1

一个有 n 个顶点的有向图，可以用一个 n 阶方阵 $\boldsymbol{A}=(a_{ij})_{n\times n}$ 表示，其中

$$a_{ij}=\begin{cases}1 & （从顶点 i 到顶点 j 有弧）\\0 & （从顶点 i 到顶点 j 没有弧）\end{cases}$$

矩阵 $\boldsymbol{A}$ 反映了图中顶点之间的相邻关系，$\boldsymbol{A}$ 称为有向图的邻接矩阵. 例如，图 1-1 的邻接矩阵为

$a\quad b\quad c\quad d$

$$\mathbf{A}=\begin{matrix} a \\ b \\ c \\ d \end{matrix}\begin{pmatrix} 0 & 1 & 0 & 1 \\ 1 & 0 & 1 & 0 \\ 0 & 1 & 0 & 1 \\ 1 & 1 & 0 & 0 \end{pmatrix}$$

解　考查图 1-1 的邻接矩阵的幂 $\mathbf{A}^2=(a_{ij}^{(2)})$，由

$$a_{13}^{(2)}=\mathbf{A}\text{ 的第 1 行与 }\mathbf{A}\text{ 的第 3 列的乘积}$$

$$=(0,\underset{\substack{\downarrow\\ a\text{ 到 }b\\ \text{有航班}}}{1},0,\underset{\substack{\downarrow\\ a\text{ 到 }d\\ \text{有航班}}}{1})\begin{pmatrix} 0 \\ 1 \\ 0 \\ 0 \end{pmatrix}\begin{matrix} \\ \to b\text{ 到 }c\text{ 有航班} \\ \\ \\ \end{matrix}$$

$$=\underset{\substack{\downarrow\\ a\text{ 到 }b\text{ 再到 }c\text{ 有航班}}}{0+1}+0+0=1$$

可知，$a_{13}^{(2)}$ 表示从城市 a 出发经两次飞行到达城市 c 的路线有 1 条.

一般地，$a_{ij}^{(2)}$ 的值表示从城市 i 出发经两次飞行到达城市 j 的路线数. 若记 $\mathbf{A}^k=(a_{ij}^{(k)})$，则 $a_{ij}^{(k)}$ 表示从城市 i 出发经 k 次飞行到达城市 j 的路线数.

通过计算，得

$$\mathbf{A}^2=\begin{pmatrix} 2 & 1 & 1 & 0 \\ 0 & 2 & 0 & 2 \\ 2 & 1 & 1 & 0 \\ 1 & 1 & 1 & 1 \end{pmatrix},\quad \mathbf{A}^3=\begin{pmatrix} 1 & 3 & 1 & 3 \\ 4 & 2 & 2 & 0 \\ 1 & 3 & 1 & 3 \\ 2 & 3 & 1 & 2 \end{pmatrix}$$

于是从城市 c 出发经 3 次飞行到达城市 d 的路线数为 $a_{34}^{(3)}=3$，具体航线为

$$c\to d\to a\to d,\quad c\to b\to a\to d,\quad c\to b\to c\to d$$

【例 1-16】（信息检索）因特网上数据库的发展带动了信息存储和信息检索的巨大进步。现代检索技术的应用领域越来越广泛，它的理论正是基于线性代数的矩阵理论。

在一般情况下，一个数据库包含一组文档，我们希望通过检索这些文档找到最符合特定检索内容的文档。

下面我们来介绍搜索是如何进行的。首先做一个由 n 个可用于搜索的关键字组成的字典（称为关键字字典），关键字须为实词，不能是冠词、介词和连词这样的虚词。假设数据库包含 m 个文档，并假设关键字是按照字母顺序进行排序的，那么可以将数据库表示成一个 $n\times m$ 型的矩阵 $\mathbf{A}$（称为数据库矩阵），矩阵 $\mathbf{A}$ 的每一列表示一个文档，若第 j 个文档中含有第 i 个关键字，则 $a_{ij}=1$；若第 j 个文档中不含第 i 个关键字，则 $a_{ij}=0$。所要搜索的条目可用 $\mathbf{R}^n$ 中的向量 $\boldsymbol{x}$ 表示（称为搜索向量），若该条目中含有第 i 个关键字，则 $\boldsymbol{x}$ 的第 i 个分量为 1；若该条目中不含第 i 个关键字，则 $\boldsymbol{x}$ 的第 i 个分量为 0.

例如，假设数据库由下列书名组成：

B1. Applied Linear Algebra

B2. Elementary Linear Algebra

B3. Elementary Linear Algebra with Applications

B4. Linear Algebra and Tts Applications

B5. Linear Algebra with Applications

B6. Matrix Algebra with Applications

B7. Matrix Theory

假设搜索引擎十分先进，可以将单词的不同形式看作同一个词. 例如，在上面给出的书名列表中，单词 applied 和 application 均被认为是 application. 按照字母顺序给出关键字集合为 algebra，application，elementary，linear，matrix，theory，这个集合可看成由关键字组成的字典。

表 1-3　　线性代数书名数据库的阵列表示

关键字	书名						
	B1	B2	B3	B4	B5	B6	B7
algebra	1	1	1	1	1	1	0
application	1	0	1	1	1	1	0
elementary	0	1	1	0	0	0	0
linear	1	1	1	1	1	0	0
matrix	0	0	0	0	0	1	1
theory	0	0	0	0	0	0	1

由表 1-3 可知，该数据库的数据库矩阵为

$$\boldsymbol{A}=\begin{pmatrix}1&1&1&1&1&1&0\\1&0&1&1&1&1&0\\0&1&1&0&0&0&0\\1&1&1&1&1&0&0\\0&0&0&0&0&1&1\\0&0&0&0&0&0&1\end{pmatrix}$$

如果要搜索的关键字是 applied，linear 和 algebra，则搜索向量为

$$\boldsymbol{x}=(1,1,0,1,0,0)^{\mathrm{T}}$$

令 $\boldsymbol{y}=\boldsymbol{A}^{\mathrm{T}}\boldsymbol{x}$，则

$$\boldsymbol{y}=\begin{pmatrix}1&1&0&1&0&0\\1&0&1&1&0&0\\1&1&1&1&0&0\\1&1&0&1&0&0\\1&1&0&1&0&0\\1&1&0&0&1&0\\0&0&0&0&1&1\end{pmatrix}\begin{pmatrix}1\\1\\0\\1\\0\\0\end{pmatrix}=\begin{pmatrix}3\\2\\3\\3\\3\\2\\0\end{pmatrix}$$

$\boldsymbol{y}$ 的第 i 个分量表示第 i 个书名中包含所要搜索的关键字的数量，要搜索的关键字是 3 个，$\boldsymbol{y}$ 的第 1,3,4,5 个分量的值也都是 3，这表明第 1,3,4,5 本书包含要搜索的关键字，因而第 1,3,4,5 本书就是要找的书。

上面介绍的搜索方法称为简单匹配搜索，目前使用的方法还有相对频率搜索、高级搜

索等先进方法。下面再介绍一下相对频率搜索法。

我们找到所有包含搜索关键字的文档后，通常还需要将它们按照相对频率进行排序。此时，数据库矩阵的元素应能反映出关键字在文档中出现的频率。例如，假设数据库所有关键字的字典中第 5 个单词为 algebra、第 9 个单词为 aplied，字典中的单词按照字母顺序排序。如果文档 6 包含关键字字典中的单词的总次数为 100，且单词 algebra 在文档 6 中出现 4 次，而单词 applied 出现 2 次，那么这两个单词的相对频率分别为$\frac{4}{100}$和$\frac{2}{100}$，它们对应的数据库矩阵中的元素分别为

$$a_{56}=0.04 \quad \text{和} \quad a_{96}=0.02$$

取搜索向量 $\boldsymbol{x}$ 的第 5 个分量和第 9 个分量为 1，其余分量为 0，然后计算

$$\boldsymbol{y}=\boldsymbol{A}^{\mathrm{T}}\boldsymbol{x}$$

$\boldsymbol{y}$ 中对应于第 6 个文档的分量为

$$y_6=a_{56}\cdot 1+a_{96}\cdot 1=0.06$$

如果 y_i 是 $\boldsymbol{y}$ 中最大的分量，则数据库中第 i 个文档包含关键字的相对频率最大，它应该就是或最接近我们要查找的文档。

第2章

行列式

行列式是方阵的一个重要的数值特性，在对矩阵和线性方程组等问题的研究中起着非常重要的作用.

本章的学习重点是对行列式性质的理解、使用及行列式的计算.

2.1 行列式的定义

行列式的概念首先是在求解 $n\times n$ 型线性方程组时提出来的. 下面以 2×2 型线性方程组作为例子加以说明.

对于方程组

$$\begin{cases}a_{11}x_1+a_{12}x_2=b_1\\a_{21}x_1+a_{22}x_2=b_2\end{cases}\tag{2-1}$$

当 $a_{11}a_{22}-a_{21}a_{12}\neq 0$ 时，方程组(2-1)的解为

$$x_1=\frac{b_1a_{22}-b_2a_{12}}{a_{11}a_{22}-a_{21}a_{12}},\quad x_2=\frac{a_{11}b_2-a_{21}b_1}{a_{11}a_{22}-a_{21}a_{12}}$$

为了比较容易地记住方程组(2-1)的解的表达式，我们引进二阶行列式的定义.

设 $\boldsymbol{A}=(a_{ij})_{2\times 2}$，把

$$\begin{vmatrix}a_{11}&a_{12}\\a_{21}&a_{22}\end{vmatrix}$$

叫作二阶方阵 $\boldsymbol{A}$ 的行列式(也称为二阶行列式)，记作 $|\boldsymbol{A}|$ 或 $\det(\boldsymbol{A})$，规定

$$\begin{vmatrix}a_{11}&a_{12}\\a_{21}&a_{22}\end{vmatrix}=a_{11}a_{22}-a_{21}a_{12}$$

这时，方程组(2-1)的解可表示成

$$x_1=\frac{\begin{vmatrix}b_1&a_{12}\\b_2&a_{22}\end{vmatrix}}{\begin{vmatrix}a_{11}&a_{12}\\a_{21}&a_{22}\end{vmatrix}}$$

$$x_2=\frac{\begin{vmatrix} a_{11} & b_1 \\ a_{21} & b_2 \end{vmatrix}}{\begin{vmatrix} a_{11} & a_{12} \\ a_{21} & a_{22} \end{vmatrix}}$$

注意　x_1 和 x_2 的分母都是方程组(2-1)的系数阵的行列式，x_1 和 x_2 的分子分别是把系数阵行列式中的第 1 列和第 2 列换成常数向量所得的行列式.

现在再来记方程组(2-1)的解的表达式就比较容易了，并且这个公式可推广到一般的 $n\times n$ 型方程组，它在方程组的研究中曾发挥很重要的作用.

为了给出 n 阶行列式的定义，我们先介绍余子阵的概念.

从方阵 $\mathbf{A}=(a_{ij})_{n\times n}$ 中去掉 a_{ij} 所在的第 i 行和第 j 列所余下的 $n-1$ 阶方阵称为 a_{ij} 的余子阵，记作 $\mathbf{A}(i,j)$.

例如，对于三阶方阵

$$\mathbf{A}=\begin{pmatrix} 1 & 2 & 3 \\ 4 & 5 & 6 \\ 7 & 8 & 9 \end{pmatrix}$$

8 的余子阵为 $\mathbf{A}(3,2)=\begin{pmatrix} 1 & 3 \\ 4 & 6 \end{pmatrix}$.

下面我们来观察二阶行列式具有的特点.

对于一阶方阵 $\mathbf{A}=(a_{11})$，若规定它的行列式为 $\det(\mathbf{A})=a_{11}$，则二阶方阵 $\mathbf{A}=(a_{ij})_{2\times 2}$ 的行列式可表示成

$$\begin{aligned}\det(\mathbf{A})&=a_{11}(-1)^{1+1}a_{22}+a_{21}(-1)^{2+1}a_{12}\\&=a_{11}(-1)^{1+1}\det(\mathbf{A}(1,1))+a_{21}(-1)^{2+1}\det(\mathbf{A}(2,1))\end{aligned}$$

根据二阶行列式的特点，我们按递归方式给出 n 阶行列式的定义.

定义 2-1　设 $\mathbf{A}=(a_{ij})_{n\times n}$，把

$$\begin{vmatrix} a_{11} & a_{12} & \cdots & a_{1n} \\ a_{21} & a_{22} & \cdots & a_{2n} \\ \vdots & \vdots & & \vdots \\ a_{n1} & a_{n2} & \cdots & a_{nn} \end{vmatrix}$$

叫作方阵 $\mathbf{A}$ 的行列式(也叫作 n 阶行列式)，记作 $\det(\mathbf{A})$或$|\mathbf{A}|$. 规定它是按下述运算法则所得到的一个算式：

当 $n=1$ 时，$\mathbf{A}=(a_{11})$，$\det(\mathbf{A})=a_{11}$.

当 $n>1$ 时，$\det(\mathbf{A})=\sum\limits_{k=1}^{n}a_{k1}(-1)^{k+1}\cdot\det(\mathbf{A}(k,1))$.

我们把 a_{ij} 的余子阵 $\mathbf{A}(i,j)$ 的行列式 $\det(\mathbf{A}(i,j))$ 叫作 a_{ij} 的余子式. 把 $(-1)^{i+j}\cdot\det(\mathbf{A}(i,j))$ 叫作 a_{ij} 的代数余子式，记作A_{ij}，即

$$A_{ij}=(-1)^{i+j}\cdot\det(\mathbf{A}(i,j))$$

利用代数余子式的符号，有

$$\det(\mathbf{A})=a_{11}A_{11}+a_{21}A_{21}+\cdots+a_{n1}A_{n1}$$

上式称为 $\det(\boldsymbol{A})$按第 1 列的展开式.

注意 (1)只有方阵才有行列式,行列式的运算结果是一个数.

(2)行列式的两侧是竖线,矩阵的两侧是圆括号.

【例 2-1】 设 $\boldsymbol{A}=(a_{ij})_{3\times3}$,计算 $\det(\boldsymbol{A})$.

解 $$\det(\boldsymbol{A})=\begin{vmatrix} a_{11} & a_{12} & a_{13} \\ a_{21} & a_{22} & a_{23} \\ a_{31} & a_{32} & a_{33} \end{vmatrix}$$

$$=a_{11}(-1)^{1+1}\begin{vmatrix} a_{22} & a_{23} \\ a_{32} & a_{33} \end{vmatrix}+a_{21}(-1)^{2+1}\begin{vmatrix} a_{12} & a_{13} \\ a_{32} & a_{33} \end{vmatrix}+$$

$$a_{31}(-1)^{3+1}\begin{vmatrix} a_{12} & a_{13} \\ a_{22} & a_{23} \end{vmatrix}$$

$$=a_{11}(a_{22}a_{33}-a_{32}a_{23})-a_{21}(a_{12}a_{33}-a_{32}a_{13})+a_{31}(a_{12}a_{23}-a_{22}a_{13})$$

$$=a_{11}a_{22}a_{33}+a_{21}a_{32}a_{13}+a_{31}a_{12}a_{23}-a_{31}a_{22}a_{13}-$$

$$a_{11}a_{32}a_{23}-a_{21}a_{12}a_{33}$$

注意 三阶行列式中共有 6 项,3 项为加,3 项为减.加的 3 项是由主对角线带出的两个三角形构成的,两个三角形的底边与主对角线平行,如图 2-1(a)所示;减的 3 项是由副对角线带出的两个三角形构成的,两个三角形的底边与副对角线平行,如图 2-1(b)所示.

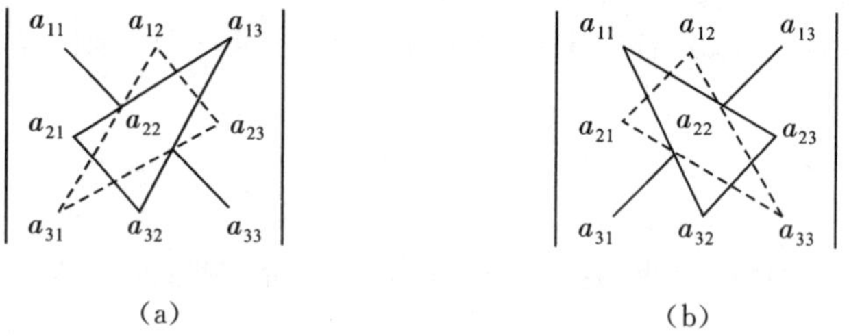

图 2-1

用逆序数给出的行列式的定义

定义行列式的方法有多种,下面我们再用排列的逆序数的方法给出行列式的定义.

排列 $123\cdots n$ 称为标准排列.

在排列 $i_1\cdots i_s\cdots i_t\cdots i_n$ 中,若 $i_s>i_t$,则称 i_s 和 i_t 之间构成一个逆序.对这个排列中的任何两个数都加以考虑,所有逆序的总数叫作这个排列的逆序数.

逆序数的算法有两种:方法一是计算每个数前面比它大的数的个数;方法二是计算每个数后面比它小的数的个数.这些个数的总和就是一个排列的逆序数.

例如,对于排列 4231,4 的前面有 0 个比它大的数,2 的前面有 1 个比它大的数,3 的前面有 1 个比它大的数,1 的前面有 3 个比它大的数,所以该排列的逆序数为 5.

定义 2-2 $\begin{vmatrix} a_{11} & a_{12} & \cdots & a_{1n} \\ a_{21} & a_{22} & \cdots & a_{2n} \\ \vdots & \vdots & & \vdots \\ a_{n1} & a_{n2} & \cdots & a_{nn} \end{vmatrix} = \sum (-1)^{\tau(j_1 j_2 \cdots j_n)} a_{1j_1} a_{2j_2} \cdots a_{nj_n}$

这里将行标排成标准排列，$j_1 j_2 \cdots j_n$ 是 $1,2,\cdots,n$ 的一个排列，$\tau(j_1 j_2 \cdots j_n)$ 表示这个排列的逆序数，上面和式中每一项的列标对应于 $1,2,\cdots,n$ 的一个排列，共有 $n!$ 项.

注意　n 阶行列式等于所有取自不同行不同列的 n 个数乘积的代数和.

习题 2-1

1. 设 $\boldsymbol{A}=\begin{pmatrix} 1 & 2 & 3 \\ 4 & 5 & 6 \\ 7 & 8 & 9 \end{pmatrix}$，求 A_{13}.

2. 用行列式的定义计算下面的行列式.

(1) $\begin{vmatrix} 1 & 0 & 2 & 0 \\ -1 & 0 & 3 & 0 \\ 0 & 2 & 0 & -1 \\ 0 & 1 & 0 & 3 \end{vmatrix}$；　(2) $\begin{vmatrix} 0 & 0 & 0 & 4 \\ 0 & 0 & 4 & 3 \\ 0 & 4 & 3 & 2 \\ 4 & 3 & 2 & 1 \end{vmatrix}$；

(3) $\begin{vmatrix} 1 & 2 & -1 \\ 2 & 3 & 1 \\ 3 & 5 & 2 \end{vmatrix}$；　(4) $\begin{vmatrix} a & -1 & 0 & 0 \\ 1 & b & -1 & 0 \\ 0 & 1 & c & -1 \\ 0 & 0 & 1 & d \end{vmatrix}$.

2.2　行列式的性质

二阶行列式和三阶行列式都有比较简单的公式，对于四阶以上的行列式，也可以给出类似的公式，但是，当阶数 $n \geqslant 4$ 时，项数太多，共有 $n!$ 项，使用不方便. 直接按定义来计算行列式一般也很麻烦. 对于大多数行列式，要先通过行列式的性质对其进行化简，然后再进行计算.

性质 2-1　$|\boldsymbol{A}^{\mathrm{T}}|=|\boldsymbol{A}|$.

这个性质可用数学归纳法证明，由于证明的表述较烦琐，不在此处给出，感兴趣的读者可参阅本节最后的证明.

根据性质 2-1，行列式的行和列是可以相互转换的，所以行列式对列成立的性质对行也成立. 以下我们主要对列的情况讨论行列式的性质.

性质 2-2　行列式 $|\boldsymbol{A}|$ 可按其任一列（行）展开，即

$$|\boldsymbol{A}|=a_{1j}A_{1j}+a_{2j}A_{2j}+\cdots+a_{nj}A_{nj}$$

$$|\boldsymbol{A}|=a_{i1}A_{i1}+a_{i2}A_{i2}+\cdots+a_{in}A_{in}$$

上面两个式子分别称为行列式按第 j 列和第 i 行的展开式.

性质 2-2 的证明与性质 2-1 的证明类似,也可用数学归纳法(参阅本节最后的证明).

由性质 2-2 可得:

推论 2-1 若方阵 $\boldsymbol{A}$ 的某列(行)的元素全为零,则 $|\boldsymbol{A}|=0$.

通过观察可得:

引理 2-1 若方阵 $\boldsymbol{A}$ 和 $\boldsymbol{B}$ 只有第 j 列不同,则 $\boldsymbol{A}$ 和 $\boldsymbol{B}$ 的第 j 列对应元素的代数余子式相同.

性质 2-3 (行列式的线性性质)

(1) $|\boldsymbol{a}_1,\cdots,k\boldsymbol{a}_j,\cdots,\boldsymbol{a}_n|=k|\boldsymbol{a}_1,\cdots,\boldsymbol{a}_j,\cdots,\boldsymbol{a}_n|$;

(2) $|\boldsymbol{a}_1,\cdots,\boldsymbol{a}_j+\boldsymbol{b},\cdots,\boldsymbol{a}_n|=|\boldsymbol{a}_1,\cdots,\boldsymbol{a}_j,\cdots,\boldsymbol{a}_n|+|\boldsymbol{a}_1,\cdots,\boldsymbol{b},\cdots,\boldsymbol{a}_n|$.

注意 这里为按列分块形式,k 为数,$\boldsymbol{a}_1,\boldsymbol{a}_j,\boldsymbol{a}_n,\boldsymbol{b}$ 为 n 元列向量.对于行的情况也有类似的结论.

证明 性质 2-3(1)和(2)出现的 5 个行列式只有第 j 列不同,所以它们的第 j 列对应元素的代数余子式相同.

(1)按第 j 列展开,得

$$\begin{aligned}|\boldsymbol{a}_1,\cdots,k\boldsymbol{a}_j,\cdots,\boldsymbol{a}_n|&=(ka_{1j})A_{1j}+(ka_{2j})A_{2j}+\cdots+(ka_{nj})A_{nj}\\&=k(a_{1j}A_{1j}+a_{2j}A_{2j}+\cdots+a_{nj}A_{nj})\\&=k|\boldsymbol{a}_1,\cdots,\boldsymbol{a}_j,\cdots,\boldsymbol{a}_n|\end{aligned}$$

(2)设 $\boldsymbol{b}=(b_1,b_2,\cdots,b_n)^{\mathrm{T}}$.按第 j 列展开,得

$$\begin{aligned}|\boldsymbol{a}_1,\cdots,\boldsymbol{a}_j+\boldsymbol{b},\cdots,\boldsymbol{a}_n|&=(a_{1j}+b_1)A_{1j}+(a_{2j}+b_2)A_{2j}+\cdots+(a_{nj}+b_n)A_{nj}\\&=(a_{1j}A_{1j}+a_{2j}A_{2j}+\cdots+a_{nj}A_{nj})+(b_1A_{1j}+b_2A_{2j}+\cdots+b_nA_{nj})\\&=|\boldsymbol{a}_1,\cdots,\boldsymbol{a}_j,\cdots,\boldsymbol{a}_n|+|\boldsymbol{a}_1,\cdots,\boldsymbol{b},\cdots,\boldsymbol{a}_n|\end{aligned}$$

注意 行列式的线性性质不同于矩阵的线性运算.

例如,一般情况下,

(1)
$$\begin{pmatrix}5a_{11}&2a_{12}&-a_{13}\\5a_{21}&2a_{22}&-a_{23}\\5a_{31}&2a_{32}&-a_{33}\end{pmatrix}\neq-10\begin{pmatrix}a_{11}&a_{12}&a_{13}\\a_{21}&a_{22}&a_{23}\\a_{31}&a_{32}&a_{33}\end{pmatrix}$$

$$\begin{vmatrix}5a_{11}&2a_{12}&-a_{13}\\5a_{21}&2a_{22}&-a_{23}\\5a_{31}&2a_{32}&-a_{33}\end{vmatrix}=-10\begin{vmatrix}a_{11}&a_{12}&a_{13}\\a_{21}&a_{22}&a_{23}\\a_{31}&a_{32}&a_{33}\end{vmatrix}$$

(2)
$$\begin{pmatrix}a_{11}+b_{11}&a_{12}+b_{12}\\a_{21}+b_{21}&a_{22}+b_{22}\end{pmatrix}=\begin{pmatrix}a_{11}&a_{12}\\a_{21}&a_{22}\end{pmatrix}+\begin{pmatrix}b_{11}&b_{12}\\b_{21}&b_{22}\end{pmatrix}$$

$$\begin{vmatrix}a_{11}+b_{11}&a_{12}+b_{12}\\a_{21}+b_{21}&a_{22}+b_{22}\end{vmatrix}\neq\begin{vmatrix}a_{11}&a_{12}\\a_{21}&a_{22}\end{vmatrix}+\begin{vmatrix}b_{11}&b_{12}\\b_{21}&b_{22}\end{vmatrix}$$

推论 2-2 $|k\boldsymbol{A}|=k^n|\boldsymbol{A}|$(注:$k$ 为数,n 为方阵 $\boldsymbol{A}$ 的阶数).

性质 2-4 若 n 阶方阵 $\boldsymbol{A}$ 中有两列(行)相同,则 $|\boldsymbol{A}|=0$.

证明 用数学归纳法证明.显然,$n=2$ 时结论成立.当 $n\geqslant3$ 时,假设结论对 $n-1$ 阶行列式成立,并设 $\boldsymbol{A}$ 的 i,j 两列相同.

将 $|\boldsymbol{A}|$ 按第 $k(k\neq i,j)$ 列展开，得

$$|\boldsymbol{A}|=a_{1k}A_{1k}+a_{2k}A_{2k}+\cdots+a_{nk}A_{nk}$$

由于 $A_{ik}(i=1,2,\cdots,n)$ 是 $n-1$ 阶行列式，且其中都有两列相同，所以 $A_{ik}=0(i=1,2,\cdots,n)$，故 $|\boldsymbol{A}|=0$.

推论 2-3　若 $|\boldsymbol{A}|$ 有两列(行)成比例，则 $|\boldsymbol{A}|=0$.

推论 2-4　若 $|\boldsymbol{A}|$ 中有一列(行)是另两列(行)之和，则 $|\boldsymbol{A}|=0$.

性质 2-5　若对方阵 $\boldsymbol{A}$ 进行一次倍加列(行)变换得到 $\boldsymbol{B}$，则 $|\boldsymbol{A}|=|\boldsymbol{B}|$，即倍加列(行)变换不改变行列式的值.

证明　设

$$\begin{aligned}\boldsymbol{A}&=(\boldsymbol{a}_1,\cdots,\boldsymbol{a}_i,\cdots,\boldsymbol{a}_j\cdots,\boldsymbol{a}_n)\\&\xrightarrow{c_j+kc_i}(\boldsymbol{a}_1,\cdots,\boldsymbol{a}_i,\cdots,\boldsymbol{a}_j+k\boldsymbol{a}_i,\cdots,\boldsymbol{a}_n)=\boldsymbol{B}\end{aligned}$$

则根据性质 2-3(2)和推论 2-3 可得

$$\begin{aligned}|\boldsymbol{B}|&=|\boldsymbol{a}_1,\cdots,\boldsymbol{a}_i,\cdots,\boldsymbol{a}_j,\cdots,\boldsymbol{a}_n|+|\boldsymbol{a}_1,\cdots,\boldsymbol{a}_i,\cdots,k\boldsymbol{a}_i,\cdots,\boldsymbol{a}_n|\\&=|\boldsymbol{A}|+0=|\boldsymbol{A}|\end{aligned}$$

性质 2-6　若对方阵 $\boldsymbol{A}$ 进行一次对调列(行)变换得到方阵 $\boldsymbol{B}$，则

$$|\boldsymbol{A}|=-|\boldsymbol{B}|$$

证明　设

$$\begin{aligned}\boldsymbol{A}&=(\boldsymbol{a}_1,\cdots,\boldsymbol{a}_i,\cdots,\boldsymbol{a}_j,\cdots,\boldsymbol{a}_n)\\&\xrightarrow{c_i\leftrightarrow c_j}(\boldsymbol{a}_1,\cdots,\boldsymbol{a}_j,\cdots,\boldsymbol{a}_i,\cdots,\boldsymbol{a}_n)=\boldsymbol{B}\end{aligned}$$

则根据性质 2-5 和性质 2-3 可得

$$\begin{aligned}|\boldsymbol{A}|&\xlongequal{c_j+c_i}|\boldsymbol{a}_1,\cdots,\boldsymbol{a}_i,\cdots,\boldsymbol{a}_j+\boldsymbol{a}_i,\cdots,\boldsymbol{a}_n|\\&\xlongequal{c_i-c_j}|\boldsymbol{a}_1,\cdots,-\boldsymbol{a}_j,\cdots,\boldsymbol{a}_j+\boldsymbol{a}_i,\cdots,\boldsymbol{a}_n|\\&\xlongequal{c_j+c_i}|\boldsymbol{a}_1,\cdots,-\boldsymbol{a}_j,\cdots,\boldsymbol{a}_i,\cdots,\boldsymbol{a}_n|\\&\xlongequal{c_i\div(-1)}-|\boldsymbol{B}|\end{aligned}$$

性质 2-7　行列式 $|\boldsymbol{A}|$ 的某一列(行)的元素与另一列(行)对应元素的代数余子式的乘积之和等于零，即

$$a_{1i}A_{1j}+a_{2i}A_{2j}+\cdots+a_{ni}A_{nj}=0\quad(i\neq j)$$
$$a_{i1}A_{j1}+a_{i2}A_{j2}+\cdots+a_{in}A_{jn}=0\quad(i\neq j)$$

证明　设 n 阶方阵 $\boldsymbol{A}$ 的按列分块阵为

$$\boldsymbol{A}=(\boldsymbol{a}_1,\cdots,\boldsymbol{a}_i\cdots,\boldsymbol{a}_j,\cdots,\boldsymbol{a}_n)$$

构造辅助矩阵

$$\boldsymbol{B}=(\boldsymbol{a}_1,\cdots,\boldsymbol{a}_i,\cdots,\boldsymbol{a}_i,\cdots,\boldsymbol{a}_n)$$

由于 $\boldsymbol{A}$ 和 $\boldsymbol{B}$ 只有第 j 列不同，所以它们的第 j 列各元素的代数余子式相同. 将 $|\boldsymbol{B}|$ 按第 j 列展开，得

$$|\boldsymbol{B}|=a_{1i}A_{1j}+a_{2i}A_{2j}+\cdots+a_{ni}A_{nj}$$

又因为 $\boldsymbol{B}$ 的 i,j 两列相同，$|\boldsymbol{B}|=0$，所以

$$a_{1i}A_{1j}+a_{2i}A_{2j}+\cdots+a_{ni}A_{nj}=0$$

性质 2-1 及性质 2-2 的证明

1. 性质 2-1 的证明

以四阶方阵 $\boldsymbol{A}$ 为例，来讲述性质 2-1 的证明思想.

证明 $n=2$ 时，结论显然成立. 假设 $n=3$ 时，结论成立. 我们来证 $n=4$ 时，结论也成立.

$$|\boldsymbol{A}^{\mathrm{T}}|=\begin{vmatrix} a_{11} & a_{21} & a_{31} & a_{41} \\ a_{12} & a_{22} & a_{32} & a_{42} \\ a_{13} & a_{23} & a_{33} & a_{43} \\ a_{14} & a_{24} & a_{34} & a_{44} \end{vmatrix}$$

$$\xlongequal{\text{定义 2-1}} a_{11}(-1)^{1+1}\begin{vmatrix} a_{22} & a_{32} & a_{42} \\ a_{23} & a_{33} & a_{43} \\ a_{24} & a_{34} & a_{44} \end{vmatrix}+$$

$$a_{12}(-1)^{2+1}\begin{vmatrix} a_{21} & a_{31} & a_{41} \\ a_{23} & a_{33} & a_{43} \\ a_{24} & a_{34} & a_{44} \end{vmatrix}+$$

$$a_{13}(-1)^{3+1}\begin{vmatrix} a_{21} & a_{31} & a_{41} \\ a_{22} & a_{32} & a_{42} \\ a_{24} & a_{34} & a_{44} \end{vmatrix}+$$

$$a_{14}(-1)^{4+1}\begin{vmatrix} a_{21} & a_{31} & a_{41} \\ a_{22} & a_{32} & a_{42} \\ a_{23} & a_{33} & a_{43} \end{vmatrix}$$

$$\xlongequal{\text{归纳假设}} a_{11}(-1)^{1+1}\begin{vmatrix} a_{22} & a_{23} & a_{24} \\ a_{32} & a_{33} & a_{34} \\ a_{42} & a_{43} & a_{44} \end{vmatrix}+$$

$$a_{12}(-1)^{2+1}\begin{vmatrix} a_{21} & a_{23} & a_{24} \\ a_{31} & a_{33} & a_{34} \\ a_{41} & a_{43} & a_{44} \end{vmatrix}+$$

$$a_{13}(-1)^{3+1}\begin{vmatrix} a_{21} & a_{22} & a_{24} \\ a_{31} & a_{32} & a_{34} \\ a_{41} & a_{42} & a_{44} \end{vmatrix}+$$

$$a_{14}(-1)^{4+1}\begin{vmatrix} a_{21} & a_{22} & a_{23} \\ a_{31} & a_{32} & a_{33} \\ a_{41} & a_{42} & a_{43} \end{vmatrix}$$

将上式中的后 3 个三阶行列式都按第 1 列展开，并分别把含 a_{21},a_{31},a_{41} 的项进行合

并，得

$$|\boldsymbol{A}^{\mathrm{T}}|=a_{11}A_{11}+a_{21}(-1)^{2+1}\left\{a_{12}(-1)^{1+1}\begin{vmatrix}a_{33}&a_{34}\\a_{43}&a_{44}\end{vmatrix}+a_{13}(-1)^{1+2}\begin{vmatrix}a_{32}&a_{34}\\a_{42}&a_{44}\end{vmatrix}+\right.$$
$$\left.a_{14}(-1)^{1+3}\begin{vmatrix}a_{32}&a_{33}\\a_{42}&a_{43}\end{vmatrix}\right\}+a_{31}(-1)^{3+1}\left\{a_{12}(-1)^{1+1}\begin{vmatrix}a_{23}&a_{24}\\a_{43}&a_{44}\end{vmatrix}+\right.$$
$$\left.a_{13}(-1)^{1+2}\begin{vmatrix}a_{22}&a_{24}\\a_{42}&a_{44}\end{vmatrix}+a_{14}(-1)^{1+3}\begin{vmatrix}a_{22}&a_{23}\\a_{42}&a_{43}\end{vmatrix}\right\}+$$
$$a_{41}(-1)^{4+1}\left\{a_{12}(-1)^{1+1}\begin{vmatrix}a_{23}&a_{24}\\a_{33}&a_{34}\end{vmatrix}+a_{13}(-1)^{1+2}\begin{vmatrix}a_{22}&a_{24}\\a_{32}&a_{34}\end{vmatrix}+\right.$$
$$\left.a_{14}(-1)^{1+3}\begin{vmatrix}a_{22}&a_{23}\\a_{32}&a_{33}\end{vmatrix}\right\}$$
$$=a_{11}A_{11}+a_{21}(-1)^{2+1}\begin{vmatrix}a_{12}&a_{13}&a_{14}\\a_{32}&a_{33}&a_{34}\\a_{42}&a_{43}&a_{44}\end{vmatrix}+a_{31}(-1)^{3+1}\begin{vmatrix}a_{12}&a_{13}&a_{14}\\a_{22}&a_{23}&a_{24}\\a_{42}&a_{43}&a_{44}\end{vmatrix}+$$
$$a_{41}(-1)^{4+1}\begin{vmatrix}a_{12}&a_{13}&a_{14}\\a_{22}&a_{23}&a_{24}\\a_{32}&a_{33}&a_{34}\end{vmatrix}=|\boldsymbol{A}|$$

2. 性质 2-2 的证明

证明　由行列式的定义知，只需证明下式即可：

$$a_{1j}A_{1j}+a_{2j}A_{2j}+\cdots+a_{nj}A_{nj}$$
$$=a_{11}A_{11}+a_{21}A_{21}+\cdots+a_{n1}A_{n1}\quad (j>1)$$

类似于性质 2-1 的证明方法，将 $A_{1j}, A_{2j}, \cdots, A_{nj}$ 中的余子式按第 1 列展开，并分别把含 $a_{11}, a_{21}, \cdots, a_{n1}$ 的项进行合并，即可证明.

思考题 2-2

1. 若对方阵 $\boldsymbol{A}$ 进行一次初等变换得到 $\boldsymbol{B}$，则 $|\boldsymbol{A}|$ 和 $|\boldsymbol{B}|$ 之间是什么关系？

2. 设三阶方阵 $\boldsymbol{A}$ 的按列分块阵为 $\boldsymbol{A}=(\boldsymbol{a}_1, \boldsymbol{a}_2, \boldsymbol{a}_3)$，$\boldsymbol{a}_3=k\boldsymbol{a}_1+l\boldsymbol{a}_2$，其中，$k, l$ 是数，则 $\det(\boldsymbol{A})$ 为何数？

3. 设 $\boldsymbol{A}$ 和 $\boldsymbol{B}$ 为同阶方阵，下列结论是否正确？

(1) $|\boldsymbol{A}+\boldsymbol{B}|=|\boldsymbol{A}|+|\boldsymbol{B}|$；

(2) $|-\boldsymbol{A}|=-|\boldsymbol{A}|$；

(3) 若 $|\boldsymbol{A}|=0$，则 $\boldsymbol{A}=\boldsymbol{O}$.

4. 初等阵的行列式 $|\boldsymbol{E}_{i,j}|$，$|\boldsymbol{E}_i(k)|$，$|\boldsymbol{E}_{i,j}(k)|$ 分别等于多少？

5. 性质 2-2 和性质 2-7 有什么区别？

习题 2-2

1. 设三阶方阵 $\boldsymbol{A}$ 的按列分块阵为 $\boldsymbol{A}=(\boldsymbol{a}_1, \boldsymbol{a}_2, \boldsymbol{a}_3)$，$\det(\boldsymbol{A})=2$，$\boldsymbol{B}=(2\boldsymbol{a}_1, \boldsymbol{a}_1, -4\boldsymbol{a}_3)$，

求 $\det(\boldsymbol{A}+\boldsymbol{B})$.

2. 已知 $|\boldsymbol{a}_1,\boldsymbol{a}_2,\boldsymbol{a}_3|=2$，求 $|3\boldsymbol{a}_1+4\boldsymbol{a}_2+5\boldsymbol{a}_3,2\boldsymbol{a}_2+3\boldsymbol{a}_3,\boldsymbol{a}_3|$.

3. 设 $|\boldsymbol{a}_1,\boldsymbol{a}_2,\boldsymbol{a}_3,\boldsymbol{b}_1|=m$，$|\boldsymbol{a}_1,\boldsymbol{a}_2,\boldsymbol{b}_2,\boldsymbol{a}_3|=n$，求 $|\boldsymbol{a}_3,\boldsymbol{a}_2,\boldsymbol{a}_1,\boldsymbol{b}_1+\boldsymbol{b}_2|$.

4. 证明：

(1) $\begin{vmatrix} a-b & b-c & c-a \\ b-c & c-a & a-b \\ c-a & a-b & b-c \end{vmatrix}=0$；

(2) $\begin{vmatrix} a_1+b_1 & b_1+c_1 & c_1+a_1 \\ a_2+b_2 & b_2+c_2 & c_2+a_2 \\ a_3+b_3 & b_3+c_3 & c_3+a_3 \end{vmatrix}=2\begin{vmatrix} a_1 & b_1 & c_1 \\ a_2 & b_2 & c_2 \\ a_3 & b_3 & c_3 \end{vmatrix}$；

(3)若 $\boldsymbol{A}$ 是奇数阶反对称阵，则 $|\boldsymbol{A}|=0$.

5. 已知 $\boldsymbol{A}=(a_{ij})_{n\times n}$ 的行列式的值为 c，求行列式

$$\begin{vmatrix} a_{11}b_1^2 & a_{12}b_1b_2 & \cdots & a_{1n}b_1b_n \\ a_{21}b_2b_1 & a_{22}b_2^2 & \cdots & a_{2n}b_2b_n \\ \vdots & \vdots & & \vdots \\ a_{n1}b_nb_1 & a_{n2}b_nb_2 & \cdots & a_{nn}b_n^2 \end{vmatrix}$$

的值.

6. 计算下列行列式：

(1) $\begin{vmatrix} -ab & ac & ae \\ bd & -cd & de \\ bf & cf & -ef \end{vmatrix}$；　　(2) $\begin{vmatrix} 103 & 100 & 204 \\ 199 & 200 & 395 \\ 301 & 300 & 600 \end{vmatrix}$.

提高题 2-2

1. 设四阶方阵 $\boldsymbol{A}=(\boldsymbol{\xi},\boldsymbol{\alpha},\boldsymbol{\beta},\boldsymbol{\gamma})$，$\boldsymbol{B}=(\boldsymbol{\eta},\boldsymbol{\beta},\boldsymbol{\gamma},\boldsymbol{\alpha})$，$|\boldsymbol{A}|=1$，$|\boldsymbol{B}|=2$，求 $|\boldsymbol{A}+\boldsymbol{B}|$.

2. 设 $\boldsymbol{A}=(\boldsymbol{\alpha}_1,\boldsymbol{\alpha}_2,\boldsymbol{\alpha}_3)$，$\boldsymbol{B}=(\boldsymbol{\alpha}_1+\boldsymbol{\alpha}_2+\boldsymbol{\alpha}_3,\boldsymbol{\alpha}_1+2\boldsymbol{\alpha}_2+4\boldsymbol{\alpha}_3,\boldsymbol{\alpha}_1+3\boldsymbol{\alpha}_2+9\boldsymbol{\alpha}_3)$，$|\boldsymbol{A}|=1$，求 $|\boldsymbol{B}|$.

3. 已知行列式 $\begin{vmatrix} 1 & 5 & 7 & 8 \\ 1 & 1 & 1 & 1 \\ 2 & 0 & 3 & 6 \\ 1 & -2 & 3 & -4 \end{vmatrix}$，求 $A_{41}+A_{42}+A_{43}+A_{44}$ 和 $A_{41}+2A_{42}+3A_{43}+4A_{44}$.

4. 已知四阶行列式 D 中第三列的元素依次为 $-1,2,0,1$.

(1)如果 D 的第三列元素的余子式依次为 $5,3,-7,4$，求 D；

(2)如果第四列元素的余子式依次为 $5,a,-7,4$，求 a.

5. 设行列式 $D=\begin{vmatrix} 3 & 0 & 4 & 0 \\ 0 & -7 & 0 & 0 \\ 2 & 2 & 2 & 2 \\ 5 & 3 & -2 & 2 \end{vmatrix}$，求第四行各元素的余子式之和.

6. 设行列式 $D=\begin{vmatrix} 1 & 2 & 3 & 4 & 5 \\ 5 & 5 & 5 & 3 & 3 \\ 3 & 2 & 5 & 4 & 2 \\ 2 & 2 & 2 & 1 & 1 \\ 4 & 6 & 5 & 2 & 3 \end{vmatrix}$. 求：

(1)$A_{31}+A_{32}+A_{33}$；　　(2)$A_{34}+A_{35}$.

2.3 行列式的计算

通过这一节的学习，应掌握行列式的一些常规的计算方法以及某些具有特殊结构的行列式的特殊计算方法. 计算行列式时，首先要观察所给行列式结构上具有什么特点，然后根据这些特点对行列式进行化简、计算.

2.3.1 按行(列)展开法

当行列式的某些行(列)中零元素较多时，可通过按行(列)展开的方法来计算.

【例 2-2】 设 $\boldsymbol{A}=(a_{ij})_{n\times n}$ 是上三角阵，证明：

$$\det(\boldsymbol{A})=a_{11}a_{22}\cdots a_{nn}$$

证明　用归纳法. 当 $n=2$ 时，结论显然成立.

假设结论对 $n-1$ 阶上三角阵成立，将 $|\boldsymbol{A}|$ 按第 1 列展开，得

$$\det(\boldsymbol{A})=\begin{vmatrix} a_{11} & a_{12} & \cdots & a_{1n} \\ 0 & a_{22} & \cdots & a_{2n} \\ \vdots & \vdots & & \vdots \\ 0 & 0 & \cdots & a_{nn} \end{vmatrix}=a_{11}\cdot(-1)^{1+1}\begin{vmatrix} a_{22} & \cdots & a_{2n} \\ & \ddots & \vdots \\ & & a_{nn} \end{vmatrix}$$

对角行列式

$$\xlongequal{\text{归纳假设}} a_{11}(a_{22}\cdots a_{nn})$$

$$=a_{11}a_{22}\cdots a_{nn}$$

由于下三角阵的转置是上三角阵，所以三角阵的行列式都等于其对角元的乘积.

【例 2-3】 计算 n 阶行列式

$$\begin{vmatrix} a & 0 & 0 & \cdots & 0 & b \\ b & a & 0 & \cdots & 0 & 0 \\ 0 & b & a & \cdots & 0 & 0 \\ \vdots & \vdots & \vdots & & \vdots & \vdots \\ 0 & 0 & 0 & \cdots & a & 0 \\ 0 & 0 & 0 & \cdots & b & a \end{vmatrix}$$

解　按第一行展开，得

$$原式=a(-1)^{1+1}\begin{vmatrix} a & 0 & \cdots & 0 & 0 \\ b & a & \cdots & 0 & 0 \\ \vdots & \vdots & & \vdots & \vdots \\ 0 & 0 & \cdots & a & 0 \\ 0 & 0 & \cdots & b & a \end{vmatrix}+b(-1)^{1+n}\begin{vmatrix} b & a & \cdots & 0 & 0 \\ 0 & b & \cdots & 0 & 0 \\ \vdots & \vdots & & \vdots & \vdots \\ 0 & 0 & \cdots & b & a \\ 0 & 0 & \cdots & 0 & b \end{vmatrix}$$

$$=a^n+(-1)^{1+n}b^n$$

2.3.2 三角化法

【例 2-4】 计算行列式

$$\begin{vmatrix} 3 & 1 & -1 & 2 \\ -5 & 1 & 3 & -4 \\ 2 & 0 & 1 & -1 \\ 1 & -5 & 3 & -3 \end{vmatrix}$$

解 $$原式\xlongequal{c_1\leftrightarrow c_2}-\begin{vmatrix} 1 & 3 & -1 & 2 \\ 1 & -5 & 3 & -4 \\ 0 & 2 & 1 & -1 \\ -5 & 1 & 3 & -3 \end{vmatrix}\xlongequal[r_4+5r_1]{r_2-r_1}-\begin{vmatrix} 1 & 3 & -1 & 2 \\ 0 & -8 & 4 & -6 \\ 0 & 2 & 1 & -1 \\ 0 & 16 & -2 & 7 \end{vmatrix}$$

$$\xlongequal{r_2\leftrightarrow r_3}\begin{vmatrix} 1 & 3 & -1 & 2 \\ 0 & 2 & 1 & -1 \\ 0 & -8 & 4 & -6 \\ 0 & 16 & -2 & 7 \end{vmatrix}\xlongequal[r_4-8r_2]{r_3+4r_2}\begin{vmatrix} 1 & 3 & -1 & 2 \\ 0 & 2 & 1 & -1 \\ 0 & 0 & 8 & -10 \\ 0 & 0 & -10 & 15 \end{vmatrix}$$

$$\xlongequal{r_4+\frac{5}{4}r_3}\begin{vmatrix} 1 & 3 & -1 & 2 \\ 0 & 2 & 1 & -1 \\ 0 & 0 & 8 & -10 \\ 0 & 0 & 0 & \frac{5}{2} \end{vmatrix}=40$$

2.3.3 先化简再展开

做法是:选取行列式的一行(或一列),利用倍加变换将该行(列)化为只剩下一个数不为零的情形,再按该行(列)展开.

【例 2-5】 计算例 2-4 中的行列式.

解 $$原式\xlongequal[c_4+c_3]{c_1-2c_3}\begin{vmatrix} 5 & 1 & -1 & 1 \\ -11 & 1 & 3 & -1 \\ 0 & 0 & 1 & 0 \\ -5 & -5 & 3 & 0 \end{vmatrix}$$

$$\xlongequal{\text{按第 3 行展开}} 1\cdot(-1)^{3+3}\begin{vmatrix} 5 & 1 & 1 \\ -11 & 1 & -1 \\ -5 & -5 & 0 \end{vmatrix}$$

$$\xlongequal{r_2+r_1}\begin{vmatrix} 5 & 1 & 1 \\ -6 & 2 & 0 \\ -5 & -5 & 0 \end{vmatrix}\xlongequal{\text{按第 3 列展开}}\begin{vmatrix} -6 & 2 \\ -5 & -5 \end{vmatrix}=40$$

2.3.4 范德蒙德行列式

【例 2-6】 n 阶方阵

$$\mathbf{V}_n=\begin{pmatrix} 1 & 1 & \cdots & 1 \\ x_1 & x_2 & \cdots & x_n \\ x_1^2 & x_2^2 & \cdots & x_n^2 \\ \vdots & \vdots & & \vdots \\ x_1^{n-1} & x_2^{n-1} & \cdots & x_n^{n-1} \end{pmatrix}$$

叫作范德蒙德矩阵，$\det(\mathbf{V}_n)$称为范德蒙德行列式. 证明：

$$\det(\mathbf{V}_n)=\prod_{1\leqslant i<j\leqslant n}(x_j-x_i)$$

其中，“$\prod$”为连乘符号.

证明　用归纳法.

当 $n=2$ 时，

$$\det(\mathbf{V}_2)=\begin{vmatrix} 1 & 1 \\ x_1 & x_2 \end{vmatrix}=x_2-x_1=\prod_{1\leqslant i<j\leqslant 2}(x_j-x_i)$$

结论成立.

假设结论对 $n-1$ 阶范德蒙德行列式成立，下面对 n 阶的情况加以证明.

从 $\det(\mathbf{V}_n)$的最后一行开始，每行减去上一行的 x_1 倍，得

$$\det(\mathbf{V}_n)=\begin{vmatrix} 1 & 1 & \cdots & 1 \\ 0 & x_2-x_1 & \cdots & x_n-x_1 \\ 0 & x_2(x_2-x_1) & \cdots & x_n(x_n-x_1) \\ \vdots & \vdots & & \vdots \\ 0 & x_2^{n-2}(x_2-x_1) & \cdots & x_n^{n-2}(x_n-x_1) \end{vmatrix}$$

$$\xlongequal{\text{按第 1 列展开}}\begin{vmatrix} x_2-x_1 & \cdots & x_n-x_1 \\ x_2(x_2-x_1) & \cdots & x_n(x_n-x_1) \\ \vdots & & \vdots \\ x_2^{n-2}(x_2-x_1) & \cdots & x_n^{n-2}(x_n-x_1) \end{vmatrix}$$

$$\xlongequal{\text{提公因式}} \prod_{j=2}^{n}(x_j - x_1)\cdot\begin{vmatrix} 1 & \cdots & 1 \\ x_2 & \cdots & x_n \\ \vdots & & \vdots \\ x_2^{n-2} & \cdots & x_n^{n-2} \end{vmatrix}$$

$$\xlongequal{\text{根据归纳假设}} \prod_{j=2}^{n}(x_j - x_1)\cdot\prod_{2\leqslant i<j\leqslant n}(x_j - x_i)$$

$$= \prod_{1\leqslant i<j\leqslant n}(x_j - x_i)$$

2.3.5 各行(列)元素之和相等的行列式

【例 2-7】 计算 n 阶行列式 $\begin{vmatrix} a & b & \cdots & b \\ b & a & \cdots & b \\ \vdots & \vdots & & \vdots \\ b & b & \cdots & a \end{vmatrix}$.

解　原式 $\xlongequal{c_1+c_2+\cdots+c_n}\begin{vmatrix} a+(n-1)b & b & \cdots & b \\ a+(n-1)b & a & \cdots & b \\ \vdots & \vdots & & \vdots \\ a+(n-1)b & b & \cdots & a \end{vmatrix}$

$$\xlongequal{\text{第 }2\sim n\text{ 行都减第 1 行}}\begin{vmatrix} a+(n-1)b & b & \cdots & b \\ 0 & a-b & \cdots & 0 \\ \vdots & \vdots & & \vdots \\ 0 & 0 & \cdots & a-b \end{vmatrix}$$

$$=[a+(n-1)b](a-b)^{n-1}$$

*2.3.6 箭形行列式

【例 2-8】 计算箭形行列式

$$\begin{vmatrix} x & b_1 & b_2 & \cdots & b_n \\ c_1 & a_1 & 0 & \cdots & 0 \\ c_2 & 0 & a_2 & \cdots & 0 \\ \vdots & \vdots & \vdots & & \vdots \\ c_n & 0 & 0 & \cdots & a_n \end{vmatrix},\quad a_i\neq 0\ (i=1,2,\cdots,n)$$

解　将第 2 列的 $\left(-\frac{c_1}{a_1}\right)$ 倍，第 3 列的 $\left(-\frac{c_2}{a_2}\right)$ 倍，…，第 $n+1$ 列的 $\left(-\frac{c_n}{a_n}\right)$ 倍都加到第 1 列，

$$
\text{原式}=\begin{vmatrix} x-\sum\limits_{i=1}^{n}\dfrac{b_ic_i}{a_i} & b_1 & b_2 & \cdots & b_n \\ 0 & a_1 & 0 & \cdots & 0 \\ 0 & 0 & a_2 & \cdots & 0 \\ \vdots & \vdots & \vdots & & \vdots \\ 0 & 0 & 0 & \cdots & a_n \end{vmatrix}
$$

$$
=a_1a_2\cdots a_n\left(x-\sum_{i=1}^{n}\frac{b_ic_i}{a_i}\right)
$$

例 2-7 和例 2-8 的主要思想都是将行列式化简成上三角形式，但使用的方法不同.

*2.3.7　递推法及三对角行列式

【例 2-9】　计算三对角行列式

$$
D_n=\begin{vmatrix} 5 & 3 & 0 & \cdots & 0 & 0 \\ 2 & 5 & 3 & \cdots & 0 & 0 \\ 0 & 2 & 5 & \cdots & 0 & 0 \\ \vdots & \vdots & \vdots & & \vdots & \vdots \\ 0 & 0 & 0 & \cdots & 5 & 3 \\ 0 & 0 & 0 & \cdots & 2 & 5 \end{vmatrix}
$$

解　按第 1 列展开，得

$$
D_n=5D_{n-1}-2\begin{vmatrix} 3 & 0 & 0 & \cdots & 0 & 0 \\ 2 & 5 & 3 & \cdots & 0 & 0 \\ 0 & 2 & 5 & \cdots & 0 & 0 \\ \vdots & \vdots & \vdots & & \vdots & \vdots \\ 0 & 0 & 0 & \cdots & 5 & 3 \\ 0 & 0 & 0 & \cdots & 2 & 5 \end{vmatrix}
$$

$$
=5D_{n-1}-6D_{n-2}
$$

即有递推关系式

$$
D_n=5D_{n-1}-6D_{n-2}
$$

进一步，可得

$$
\begin{aligned}
D_n-3D_{n-1}&=2(D_{n-1}-3D_{n-2}) \\
&=\cdots=2^{n-2}(D_2-3D_1)=2^n \\
D_n&=3D_{n-1}+2^n=3^2D_{n-2}+3\cdot 2^{n-1}+2^n \\
&=\cdots=3^n+3^{n-1}\cdot 2+\cdots+3\cdot 2^{n-1}+2^n \\
&=\frac{3^{n+1}-2^{n+1}}{3-2}=3^{n+1}-2^{n+1}
\end{aligned}
$$

注意　经常用 D_n 表示 n 阶行列式.

按例 2-9 的做法可证明：

$$\begin{vmatrix} a & b & 0 & \cdots & 0 & 0 \\ c & a & b & \cdots & 0 & 0 \\ 0 & c & a & \cdots & 0 & 0 \\ \vdots & \vdots & \vdots & & \vdots & \vdots \\ 0 & 0 & 0 & \cdots & a & b \\ 0 & 0 & 0 & \cdots & c & a \end{vmatrix} = \begin{cases} (n+1)x_1^n & (x_1=x_2) \\ \dfrac{x_1^{n+1}-x_2^{n+1}}{x_1-x_2} & (x_1\neq x_2) \end{cases}$$

其中，x_1 和 x_2 是方程 $x^2-ax+bc=0$ 的根.

思考题 2-3

1. $\begin{vmatrix} 2 & 3 \\ 1 & 4 \end{vmatrix} \xlongequal{2r_2-r_1} \begin{vmatrix} 2 & 3 \\ 0 & 5 \end{vmatrix}$ 错在什么地方？

2. 对行列式进行初等变换和对矩阵进行初等变换有什么区别？

3. 将 $D_n=aD_{n-1}-bcD_{n-2}$ 整理成 $D_n-kD_{n-1}=l(D_{n-1}-kD_{n-2})$ 的形式时，怎样确定 k 和 l？

习题 2-3

1. 计算下列行列式：

(1) $\begin{vmatrix} 0 & 0 & \cdots & 0 & 1 \\ 0 & 0 & \cdots & 2 & 0 \\ \vdots & \vdots & & \vdots & \vdots \\ 0 & n-1 & \cdots & 0 & 0 \\ n & 0 & \cdots & 0 & 0 \end{vmatrix}$；

(2) $\begin{vmatrix} 0 & 0 & \cdots & 0 & x_1 & 1 \\ 0 & 0 & \cdots & x_2 & 1 & 0 \\ \vdots & \vdots & & \vdots & \vdots & \vdots \\ x_{n-1} & 1 & \cdots & 0 & 0 & 0 \\ 1 & 0 & \cdots & 0 & 0 & 0 \end{vmatrix}$；

(3) $\begin{vmatrix} 0 & 0 & \cdots & 0 & x_1 & 1 \\ 0 & 0 & \cdots & x_2 & 1 & 0 \\ \vdots & \vdots & & \vdots & \vdots & \vdots \\ x_{n-1} & 1 & \cdots & 0 & 0 & 0 \\ 1 & 0 & \cdots & 0 & 0 & x_n \end{vmatrix}$；

(4) $\begin{vmatrix} x & a & b & 0 & c \\ 0 & y & 0 & 0 & d \\ 0 & e & z & 0 & f \\ g & h & k & u & l \\ 0 & 0 & 0 & 0 & v \end{vmatrix}$；

(5) $\begin{vmatrix} a & 0 & 0 & c \\ 0 & c & a & 0 \\ 0 & d & b & 0 \\ b & 0 & 0 & d \end{vmatrix}$；

(6) $\begin{vmatrix} 1 & 2 & 0 & 1 \\ 1 & 3 & 5 & 6 \\ 0 & 1 & 5 & 6 \\ 1 & 2 & 3 & 4 \end{vmatrix}$；

(7) $\begin{vmatrix} 1 & 1 & 1 & 1 \\ 2 & 1 & 1 & -3 \\ 1 & 2 & 2 & 5 \\ 4 & 3 & 2 & 1 \end{vmatrix}$；

(8) $\begin{vmatrix} 0 & 1 & -1 & 0 \\ 5 & 3 & 4 & 2 \\ 1 & 2 & 1 & 1 \\ 2 & -1 & 3 & -2 \end{vmatrix}$；

(9) $\begin{vmatrix} 4 & 3 & 2 & 1 \\ 3 & 3 & 2 & 1 \\ 2 & 2 & 2 & 1 \\ 1 & 1 & 1 & 1 \end{vmatrix}$；　　(10) $\begin{vmatrix} 2 & 3 & 3 & 3 \\ 1 & 2 & 3 & 3 \\ 1 & 1 & 2 & 3 \\ 1 & 1 & 1 & 2 \end{vmatrix}$；

(11) $\begin{vmatrix} a & b & c & d \\ a^2 & b^2 & c^2 & d^2 \\ a^3 & b^3 & c^3 & d^3 \\ 1 & 1 & 1 & 1 \end{vmatrix}$；　　(12) $\begin{vmatrix} 1 & 2 & 2 & 2 \\ 2 & 1 & 2 & 2 \\ 2 & 2 & 1 & 2 \\ 2 & 2 & 2 & 1 \end{vmatrix}$；

(13) $\begin{vmatrix} 0 & -1 & -2 & -3 & -4 \\ 1 & 0 & -5 & -6 & -7 \\ 2 & 5 & 0 & -8 & -9 \\ 3 & 6 & 8 & 0 & -10 \\ 4 & 7 & 9 & 10 & 0 \end{vmatrix}$；(14) $\begin{vmatrix} 0 & a & a & a & a \\ a & b & a & a & a \\ a & a & b & a & a \\ a & a & a & b & a \\ a & a & a & a & b \end{vmatrix}$.

2. 计算下列 n 阶行列式：

(1) $\begin{vmatrix} 0 & 1 & \cdots & 1 & 1 \\ 1 & 0 & \cdots & 1 & 1 \\ \vdots & \vdots & & \vdots & \vdots \\ 1 & 1 & \cdots & 0 & 1 \\ 1 & 1 & \cdots & 1 & 0 \end{vmatrix}$；　　(2) $\begin{vmatrix} 1+a_1 & a_2 & \cdots & a_n \\ a_1 & 1+a_2 & \cdots & a_n \\ \vdots & \vdots & & \vdots \\ a_1 & a_2 & \cdots & 1+a_n \end{vmatrix}$；

(3) $\begin{vmatrix} a & a & \cdots & a & b \\ a & a & \cdots & b & a \\ \vdots & \vdots & & \vdots & \vdots \\ a & b & \cdots & a & a \\ b & a & \cdots & a & a \end{vmatrix}$；　　(4) $\begin{vmatrix} 1 & 1 & \cdots & 1 \\ x_1+1 & x_2+1 & \cdots & x_n+1 \\ x_1^2+x_1 & x_2^2+x_2 & \cdots & x_n^2+x_n \\ \vdots & \vdots & & \vdots \\ x_1^{n-1}+x_1^{n-2} & x_2^{n-1}+x_2^{n-2} & \cdots & x_n^{n-1}+x_n^{n-2} \end{vmatrix}$；

(5) $\begin{vmatrix} 1 & 2 & 2 & \cdots & 2 \\ 2 & 2 & 2 & \cdots & 2 \\ 2 & 2 & 3 & \cdots & 2 \\ \vdots & \vdots & \vdots & & \vdots \\ 2 & 2 & 2 & \cdots & n \end{vmatrix}$；　　(6) $\begin{vmatrix} 1+k & 1 & 1 & \cdots & 1 \\ 2 & 2+k & 2 & \cdots & 2 \\ 3 & 3 & 3+k & \cdots & 3 \\ \vdots & \vdots & \vdots & & \vdots \\ n & n & n & \cdots & n+k \end{vmatrix}$；

(7) $\begin{vmatrix} 2 & 1 & 0 & \cdots & 0 & 0 \\ 1 & 2 & 1 & \cdots & 0 & 0 \\ 0 & 1 & 2 & \cdots & 0 & 0 \\ \vdots & \vdots & \vdots & & \vdots & \vdots \\ 0 & 0 & 0 & \cdots & 2 & 1 \\ 0 & 0 & 0 & \cdots & 1 & 2 \end{vmatrix}$；(8) $\begin{vmatrix} a_1+1 & 1 & 1 & \cdots & 1 \\ 1 & a_2+1 & 1 & \cdots & 1 \\ 1 & 1 & a_3+1 & \cdots & 1 \\ \vdots & \vdots & \vdots & & \vdots \\ 1 & 1 & 1 & \cdots & a_n+1 \end{vmatrix}$.

3. 证明：

(1)若 $\boldsymbol{A}=(a_{ij})_{n\times n}(n>1)$的对角元都是 a，非对角元除 $a_{1n}=a_{n1}=1$ 外都是 0，则

$$\det(\boldsymbol{A})=a^{n-2}(a^2-1)$$

(2) $\begin{vmatrix} a_0 & -1 & 0 & \cdots & 0 & 0 \\ a_1 & x & -1 & \cdots & 0 & 0 \\ \vdots & \vdots & \vdots & & \vdots & \vdots \\ a_{n-2} & 0 & 0 & \cdots & x & -1 \\ a_{n-1} & 0 & 0 & \cdots & 0 & x \end{vmatrix} = a_0x^{n-1}+a_1x^{n-2}+\cdots+a_{n-1}$

提高题 2-3

1. 证明：

(1) $\begin{vmatrix} x_1 & a & \cdots & a & a \\ a & x_2 & \cdots & a & a \\ \vdots & \vdots & & \vdots & \vdots \\ a & a & \cdots & x_{n-1} & a \\ a & a & \cdots & a & x_n \end{vmatrix} = \left(1+\sum_{k=1}^{n}\frac{a}{x_k-a}\right)\prod_{k=1}^{n}(x_k-a)$；

其中，$x_i \neq a, i=1,2,\cdots,n$.

(2) $\begin{vmatrix} a^n & (a-1)^n & \cdots & (a-n)^n \\ a^{n-1} & (a-1)^{n-1} & \cdots & (a-n)^{n-1} \\ \vdots & \vdots & & \vdots \\ a & a-1 & \cdots & a-n \\ 1 & 1 & \cdots & 1 \end{vmatrix} = \prod_{k=1}^{n}k!$.

2. 计算下列行列式：

(1) $\begin{vmatrix} x_1+1 & x_1+2 & \cdots & x_1+n \\ x_2+1 & x_2+2 & \cdots & x_2+n \\ \vdots & \vdots & & \vdots \\ x_n+1 & x_n+2 & \cdots & x_n+n \end{vmatrix}$；

*(2) $\begin{vmatrix} 1 & 1 & \cdots & 1 \\ a_1 & a_2 & \cdots & a_n \\ a_1^2 & a_2^2 & \cdots & a_n^2 \\ \vdots & \vdots & & \vdots \\ a_1^{n-2} & a_2^{n-2} & \cdots & a_n^{n-2} \\ a_1^n & a_2^n & \cdots & a_n^n \end{vmatrix}$；

*(3) $\begin{vmatrix} a+x_1 & a+x_1^2 & \cdots & a+x_1^n \\ a+x_2 & a+x_2^2 & \cdots & a+x_2^n \\ \vdots & \vdots & & \vdots \\ a+x_n & a+x_n^2 & \cdots & a+x_n^n \end{vmatrix}$；

$$
{}^*(4)\begin{vmatrix} 1 & 2 & 3 & \cdots & n-1 & n \\ 2 & 3 & 4 & \cdots & n & 1 \\ 3 & 4 & 5 & \cdots & 1 & 2 \\ \vdots & \vdots & \vdots & & \vdots & \vdots \\ n & 1 & 2 & \cdots & n-2 & n-1 \end{vmatrix}.
$$

2.4　分块三角行列式及矩阵乘积的行列式

分块对角行列式

定理 2-1　设 $\boldsymbol{A}$ 和 $\boldsymbol{B}$ 分别为 m 阶和 n 阶方阵，$\boldsymbol{C}$ 为 $m\times n$ 型矩阵，则

$$
\begin{vmatrix} \boldsymbol{A} & \boldsymbol{C} \\ \boldsymbol{O} & \boldsymbol{B} \end{vmatrix} = |\boldsymbol{A}|\cdot|\boldsymbol{B}|
$$

证明　由定理 1-1 可知，只用倍加行变换可把任一方阵化为上三角阵，因而可设

$$
\boldsymbol{A} \xrightarrow{\text{倍加行变换}} \boldsymbol{S}\text{（上三角阵）}
$$

$$
\boldsymbol{B} \xrightarrow{\text{倍加行变换}} \boldsymbol{T}\text{（上三角阵）}
$$

由于倍加变换不改变行列式的值，所以

$$
|\boldsymbol{A}| = |\boldsymbol{S}| = s_{11}s_{22}\cdots s_{mm}
$$

$$
|\boldsymbol{B}| = |\boldsymbol{T}| = t_{11}t_{22}\cdots t_{nn}
$$

其中，s_{ii}、t_{jj} $(i=1,2,\cdots,m;j=1,2,\cdots,n)$ 分别为 $\boldsymbol{S}$、$\boldsymbol{T}$ 的对角元.

对分块上三角阵 $\begin{pmatrix} \boldsymbol{A} & \boldsymbol{C} \\ \boldsymbol{O} & \boldsymbol{B} \end{pmatrix}$ 做类同于上面的倍加行变换也可将它化为上三角阵，设对 $\boldsymbol{C}$ 做与 $\boldsymbol{A}$ 同样的倍加行变换后化为 $\boldsymbol{H}$，则有

$$
\begin{pmatrix} \boldsymbol{A} & \boldsymbol{C} \\ \boldsymbol{O} & \boldsymbol{B} \end{pmatrix} \xrightarrow{\text{类同于上面的倍加行变换}} \begin{pmatrix} \boldsymbol{S} & \boldsymbol{H} \\ \boldsymbol{O} & \boldsymbol{T} \end{pmatrix}\text{（上三角阵）}
$$

于是，有

$$
\begin{vmatrix} \boldsymbol{A} & \boldsymbol{C} \\ \boldsymbol{O} & \boldsymbol{B} \end{vmatrix} = \begin{vmatrix} \boldsymbol{S} & \boldsymbol{H} \\ \boldsymbol{O} & \boldsymbol{T} \end{vmatrix} = s_{11}\cdots s_{mm}t_{11}\cdots t_{nn}
$$

所以

$$
\begin{vmatrix} \boldsymbol{A} & \boldsymbol{C} \\ \boldsymbol{O} & \boldsymbol{B} \end{vmatrix} = |\boldsymbol{A}|\cdot|\boldsymbol{B}|
$$

设下面公式中的 $\boldsymbol{C}$ 为 $n\times m$ 型矩阵，由行列式的性质 2-1 和定理 2-1 可知

$$
\begin{vmatrix} \boldsymbol{A} & \boldsymbol{O} \\ \boldsymbol{C} & \boldsymbol{B} \end{vmatrix} = |\boldsymbol{A}|\cdot|\boldsymbol{B}|
$$

特别地，有

$$
\begin{vmatrix} \boldsymbol{A} & \boldsymbol{O} \\ \boldsymbol{O} & \boldsymbol{B} \end{vmatrix} = |\boldsymbol{A}|\cdot|\boldsymbol{B}|
$$

定理 2-2　设 $\boldsymbol{A}$ 和 $\boldsymbol{B}$ 都是 n 阶方阵，则

$$
|\boldsymbol{AB}| = |\boldsymbol{A}|\cdot|\boldsymbol{B}|
$$

证明 由定理 1-1 可知，只用倍加行变换可把 $\boldsymbol{A}$ 化为上三角阵，只用倍加列变换也可把 $\boldsymbol{B}$ 化为上三角阵，因此存在倍加阵 $\boldsymbol{P}_i(i=1,2,\cdots,k)$ 和 $\boldsymbol{Q}_j(j=1,2,\cdots,l)$ 以及上三角阵 $\boldsymbol{S}=(s_{ij})_{n\times n}$ 和 $\boldsymbol{T}=(t_{ij})_{n\times n}$，使得

$$\boldsymbol{P}_k\cdots\boldsymbol{P}_2\boldsymbol{P}_1\boldsymbol{A}=\boldsymbol{S},\quad \boldsymbol{B}\boldsymbol{Q}_1\boldsymbol{Q}_2\cdots\boldsymbol{Q}_l=\boldsymbol{T}$$

由性质 2-5(倍加变换不改变行列式的值)及例 2-2(上三角行列式等于对角元的乘积)可得

$$|\boldsymbol{A}|=|\boldsymbol{S}|=s_{11}s_{22}\cdots s_{nn},\quad |\boldsymbol{B}|=|\boldsymbol{T}|=t_{11}t_{22}\cdots t_{nn}$$

其中，s_{ii}、$t_{jj}(i=1,2,\cdots,n;j=1,2,\cdots,n)$ 分别为 $\boldsymbol{S}$、$\boldsymbol{T}$ 的对角元.

由性质 2-5 及例 1-5(上三角阵的乘积仍为上三角阵)，得

$$\begin{aligned}|\boldsymbol{AB}|&=|\boldsymbol{P}_k\cdots\boldsymbol{P}_2\boldsymbol{P}_1\boldsymbol{AB}\boldsymbol{Q}_1\boldsymbol{Q}_2\cdots\boldsymbol{Q}_l|\\&=|\boldsymbol{ST}|=s_{11}t_{11}s_{22}t_{22}\cdots s_{nn}t_{nn}\end{aligned}$$

所以

$$|\boldsymbol{AB}|=|\boldsymbol{A}|\cdot|\boldsymbol{B}|$$

推论 2-5 设 $\boldsymbol{A}$ 为 n 阶方阵，k 为正整数，则

$$|\boldsymbol{A}^k|=|\boldsymbol{A}|^k$$

拉普拉斯定理简介

拉普拉斯定理可以看成行列式按行(列)展开公式的推广.

定义 2-3 在一个 n 阶行列式 D 中任意选定 k 行 k 列 $(k\leqslant n)$，位于这 k 行和 k 列相交处的 k^2 个元素按照原来的相对位置所组成的 k 阶行列式 N，称为 D 的一个 k 阶子式. 在 D 中划去 N 所在的 k 行 k 列，余下的元素按原来的相对位置组成一个 $n-k$ 阶行列式 M，称为 N 的余子式. 若 N 所在的行标和列标分别为 $i_1,i_2,\cdots,i_k$ 和 $j_1,j_2,\cdots,j_k$，则 $(-1)^{i_1+i_2+\cdots+i_k+j_1+j_2+\cdots j_k}M$ 称为 N 的代数余子式.

定理 2-3 (拉普拉斯定理)在一个 n 阶行列式 D 中任意选定 k 行(列)，由这 k 行(列)中的元素所组成的一切 k 阶子式与它们的代数余子式的乘积之和等于行列式 D.

例如

$$\begin{vmatrix}1&2&3&4\\5&6&7&8\\-1&0&1&3\\0&1&4&-1\end{vmatrix}\xlongequal{\text{按第 3,4 两行展开}}\begin{vmatrix}-1&0\\0&1\end{vmatrix}\cdot(-1)^{3+4+1+2}\begin{vmatrix}3&4\\7&8\end{vmatrix}+$$

$$\begin{vmatrix}-1&1\\0&4\end{vmatrix}\cdot(-1)^{3+4+1+3}\begin{vmatrix}2&4\\6&8\end{vmatrix}+\begin{vmatrix}-1&3\\0&-1\end{vmatrix}\cdot$$

$$(-1)^{3+4+1+4}\begin{vmatrix}2&3\\6&7\end{vmatrix}+\begin{vmatrix}0&1\\1&4\end{vmatrix}\cdot(-1)^{3+4+2+3}\begin{vmatrix}1&4\\5&8\end{vmatrix}+$$

$$\begin{vmatrix}0&3\\1&-1\end{vmatrix}\cdot(-1)^{3+4+2+4}\begin{vmatrix}1&3\\5&7\end{vmatrix}+\begin{vmatrix}1&3\\4&-1\end{vmatrix}\cdot(-1)^{3+4+3+4}\begin{vmatrix}1&2\\5&6\end{vmatrix}$$

$$=4-32-4+12-24+52=8$$

注意　定理 2-1 可看成拉普拉斯定理的推论.

思考题 2-4

1. 当 $\boldsymbol{A}$、$\boldsymbol{B}$ 为同阶方阵时，$|\boldsymbol{AB}|=|\boldsymbol{BA}|$ 是否正确？为什么？

2. 能否构造出使 $|\boldsymbol{AB}|\neq|\boldsymbol{BA}|$ 的矩阵 $\boldsymbol{A}$ 和 $\boldsymbol{B}$？

3. 能否构造出 $\begin{vmatrix}\boldsymbol{A} & \boldsymbol{B}\\ \boldsymbol{C} & \boldsymbol{D}\end{vmatrix}\neq|\boldsymbol{A}|\cdot|\boldsymbol{D}|-|\boldsymbol{B}|\cdot|\boldsymbol{C}|$ 的方阵 $\boldsymbol{A},\boldsymbol{B},\boldsymbol{C},\boldsymbol{D}$？

习题 2-4

1. 计算：

(1) $\begin{vmatrix}4 & 3 & 0 & 0\\ 2 & 1 & 0 & 0\\ 0 & 0 & 6 & 5\\ 0 & 0 & 8 & 7\end{vmatrix}$；　　(2) $\begin{vmatrix}1 & 0 & 0 & 3\\ 0 & 3 & 2 & 0\\ 0 & 6 & 5 & 0\\ 4 & 0 & 0 & 9\end{vmatrix}$；

(3) $\begin{vmatrix}a_{11} & a_{12} & a_{13} & a_{14} & a_{15}\\ a_{21} & a_{22} & a_{23} & a_{24} & a_{25}\\ 0 & 0 & 0 & a_{34} & a_{35}\\ 0 & 0 & 0 & a_{44} & a_{45}\\ 0 & 0 & 0 & a_{54} & a_{55}\end{vmatrix}$；　　(4) $\begin{vmatrix}1 & 2 & 0 & 3 & 0\\ 0 & 1 & 0 & 4 & 0\\ 0 & 0 & 0 & 5 & 0\\ 7 & 11 & 6 & 5 & 7\\ -1 & 8 & 1 & 8 & 1\end{vmatrix}$.

2. 设 $\boldsymbol{A}$ 和 $\boldsymbol{B}$ 分别为 m 阶和 n 阶方阵，$\boldsymbol{C}$ 和 $\boldsymbol{D}$ 分别为 $m\times n$ 型和 $n\times m$ 型矩阵，$|\boldsymbol{A}|=2$，$|\boldsymbol{B}|=3$，试计算 $\begin{vmatrix}\boldsymbol{O} & \boldsymbol{B}\\ \boldsymbol{A} & \boldsymbol{O}\end{vmatrix}$，$\begin{vmatrix}\boldsymbol{O} & \boldsymbol{B}\\ \boldsymbol{A} & \boldsymbol{C}\end{vmatrix}$ 和 $\begin{vmatrix}\boldsymbol{D} & \boldsymbol{B}\\ \boldsymbol{A} & \boldsymbol{O}\end{vmatrix}$.

提高题 2-4

1. 设 $\boldsymbol{A}$、$\boldsymbol{B}$ 和 $\boldsymbol{C}$ 分别为 m 阶、n 阶和 k 阶方阵，$|\boldsymbol{A}|=2$，$|\boldsymbol{B}|=5$，$|\boldsymbol{C}|=6$，试计算

$$\begin{vmatrix}\boldsymbol{O} & \boldsymbol{O} & \boldsymbol{C}\\ \boldsymbol{O} & \boldsymbol{B} & \boldsymbol{O}\\ \boldsymbol{A} & \boldsymbol{O} & \boldsymbol{O}\end{vmatrix}$$

2. 设三阶方阵 $\boldsymbol{A}$ 的按列分块阵为 $\boldsymbol{A}=(\boldsymbol{a}_1,\boldsymbol{a}_2,\boldsymbol{a}_3)$，$|\boldsymbol{A}|=2$，$\boldsymbol{B}=(\boldsymbol{a}_1+2\boldsymbol{a}_2+3\boldsymbol{a}_3,2\boldsymbol{a}_1+2\boldsymbol{a}_2+5\boldsymbol{a}_3,\boldsymbol{a}_1-\boldsymbol{a}_2+2\boldsymbol{a}_3)$.

(1) 求三阶方阵 $\boldsymbol{P}$，使得 $\boldsymbol{B}=\boldsymbol{AP}$.

(2) 计算 $|\boldsymbol{B}|$.

3. 设 $\boldsymbol{A}$ 是 n 阶矩阵，且 $\boldsymbol{AA}^{\mathrm{T}}=\boldsymbol{E}$，$|\boldsymbol{A}|<0$，证明：$|\boldsymbol{E}+\boldsymbol{A}|=0$.

4. 设 $\boldsymbol{A}$ 和 $\boldsymbol{B}$ 都是 n 阶方阵，证明：

$$\begin{vmatrix} \boldsymbol{A} & \boldsymbol{B} \\ \boldsymbol{B} & \boldsymbol{A} \end{vmatrix} = |\boldsymbol{A}+\boldsymbol{B}| \cdot |\boldsymbol{A}-\boldsymbol{B}|$$

*2.5 应用举例

行列式在方程组、向量组的线性相关性、矩阵的秩及特征值等问题的研究中起着非常重要的作用，在后面我们将会学到. 下面给出几个行列式在空间解析几何中的应用例子.

向量 $\boldsymbol{a}=(a_1,a_2,a_3)$ 与 $\boldsymbol{b}=(b_1,b_2,b_3)$ 的向量积为

$$\boldsymbol{a}\times\boldsymbol{b}=\begin{vmatrix} \boldsymbol{i} & \boldsymbol{j} & \boldsymbol{k} \\ a_1 & a_2 & a_3 \\ b_1 & b_2 & b_3 \end{vmatrix}$$

其中，$\boldsymbol{i},\boldsymbol{j},\boldsymbol{k}$ 表示空间直角坐标系中与三个坐标轴同方向的单位向量.

【例 2-10】 证明：(1)向量 $\boldsymbol{a}=(a_1,a_2,a_3)$，$\boldsymbol{b}=(b_1,b_2,b_3)$，$\boldsymbol{c}=(c_1,c_2,c_3)$ 的混合积为

$$(\boldsymbol{a}\times\boldsymbol{b})\cdot\boldsymbol{c}=\begin{vmatrix} a_1 & a_2 & a_3 \\ b_1 & b_2 & b_3 \\ c_1 & c_2 & c_3 \end{vmatrix}$$

(2)若 $\boldsymbol{a},\boldsymbol{b},\boldsymbol{c}$ 不共面，则以 $\boldsymbol{a},\boldsymbol{b},\boldsymbol{c}$ 为棱的平行六面体的体积为上面三阶行列式的绝对值.

证明 (1)由

$$\boldsymbol{a}\times\boldsymbol{b}=\begin{vmatrix} a_2 & a_3 \\ b_2 & b_3 \end{vmatrix}\boldsymbol{i}-\begin{vmatrix} a_1 & a_3 \\ b_1 & b_3 \end{vmatrix}\boldsymbol{j}+\begin{vmatrix} a_1 & a_2 \\ b_1 & b_2 \end{vmatrix}\boldsymbol{k}$$

可得

$$(\boldsymbol{a}\times\boldsymbol{b})\cdot\boldsymbol{c}=\begin{vmatrix} a_2 & a_3 \\ b_2 & b_3 \end{vmatrix}c_1-\begin{vmatrix} a_1 & a_3 \\ b_1 & b_3 \end{vmatrix}c_2+\begin{vmatrix} a_1 & a_2 \\ b_1 & b_2 \end{vmatrix}c_3$$

该式为题中三阶行列式按照第三行的展开式，故结论正确.

(2)由混合积的几何意义可知，此结论正确.

【例 2-11】 设向量 $\boldsymbol{a}=(a_1,a_2,a_3)$ 与 $\boldsymbol{b}=(b_1,b_2,b_3)$ 不平行，证明：经过点 $\boldsymbol{P}_0(x_0,y_0,z_0)$ 且平行于向量 $\boldsymbol{a}$ 和 $\boldsymbol{b}$ 的平面 Π 的方程为

$$\begin{vmatrix} x-x_0 & y-y_0 & z-z_0 \\ a_1 & a_2 & a_3 \\ b_1 & b_2 & b_3 \end{vmatrix}=0$$

证明 设 $\boldsymbol{P}(x,y,z)$ 为平面 Π 上的任一点，则向量 $\boldsymbol{P}_0\boldsymbol{P},\boldsymbol{a},\boldsymbol{b}$ 都在平面 Π 上，因而 $\boldsymbol{a}\times\boldsymbol{b}$ 垂直于 $\boldsymbol{P}_0\boldsymbol{P}$，即 $(\boldsymbol{a}\times\boldsymbol{b})\cdot\boldsymbol{P}_0\boldsymbol{P}=0$. 由例 2-10 及行列式的性质可知结论正确.

【例 2-12】 证明：不共线三点 $\boldsymbol{P}_1(x_1,y_1,z_1)$，$\boldsymbol{P}_2(x_2,y_2,z_2)$，$\boldsymbol{P}_3(x_3,y_3,z_3)$ 所确定的平面 Π 的方程为

$$\begin{vmatrix} x & y & z & 1 \\ x_1 & y_1 & z_1 & 1 \\ x_2 & y_2 & z_2 & 1 \\ x_3 & y_3 & z_3 & 1 \end{vmatrix} = 0$$

证明

$$\begin{vmatrix} x & y & z & 1 \\ x_1 & y_1 & z_1 & 1 \\ x_2 & y_2 & z_2 & 1 \\ x_3 & y_3 & z_3 & 1 \end{vmatrix} \xlongequal[\substack{r_3-r_2 \\ r_4-r_2}]{r_1-r_2} \begin{vmatrix} x-x_1 & y-y_1 & z-z_1 & 0 \\ x_1 & y_1 & z_1 & 1 \\ x_2-x_1 & y_2-y_1 & z_2-z_1 & 0 \\ x_3-x_1 & y_3-y_1 & z_3-z_1 & 0 \end{vmatrix}$$

$$\xlongequal{\text{按第 4 列展开}} \begin{vmatrix} x-x_1 & y-y_1 & z-z_1 \\ x_2-x_1 & y_2-y_1 & z_2-z_1 \\ x_3-x_1 & y_3-y_1 & z_3-z_1 \end{vmatrix}$$

平面 $\boldsymbol{\Pi}$ 可看作经过点 $\boldsymbol{P}$，且平行于向量 $\boldsymbol{P}_1\boldsymbol{P}_2$ 和 $\boldsymbol{P}_1\boldsymbol{P}_3$ 的平面，根据例 2-11 可知，结论正确.

【例 2-13】 证明直线 $l_1:\dfrac{x-x_1}{a_1}=\dfrac{y-y_1}{a_2}=\dfrac{z-z_1}{a_3}$ 和直线 $l_2:\dfrac{x-x_2}{b_1}=\dfrac{y-y_2}{b_2}=\dfrac{z-z_2}{b_3}$ 共面的充要条件为

$$\begin{vmatrix} x_2-x_1 & y_2-y_1 & z_2-z_1 \\ a_1 & a_2 & a_3 \\ b_1 & b_2 & b_3 \end{vmatrix} = 0$$

证明 由题意可知，直线 l_1 经过点 $\boldsymbol{P}_1(x_1,y_1,z_1)$，方向向量为 $\boldsymbol{a}=(a_1,a_2,a_3)$；直线 l_2 经过点 $\boldsymbol{P}_2(x_2,y_2,z_2)$，方向向量为 $\boldsymbol{b}=(b_1,b_2,b_3)$. 于是

$$\begin{aligned} \text{直线 } l_1 \text{ 与 } l_2 \text{ 共面} &\Leftrightarrow \text{向量 } \boldsymbol{P}_1\boldsymbol{P}_2,\boldsymbol{a},\boldsymbol{b} \text{ 共面} \\ &\Leftrightarrow \boldsymbol{a}\times\boldsymbol{b} \text{ 垂直于 } \boldsymbol{P}_1\boldsymbol{P}_2 \\ &\Leftrightarrow (\boldsymbol{a}\times\boldsymbol{b})\cdot\boldsymbol{P}_1\boldsymbol{P}_2=0 \end{aligned}$$

根据例 2-10 可知，结论正确.

第3章

可逆阵及 $n\times n$ 型线性方程组

本章将对可逆阵和 n×n 型线性方程组进行研究.关于可逆阵,将研究矩阵可逆的条件及求逆阵的方法;关于 n×n 型线性方程组,将研究它有唯一解的充要条件及其解法.

3.1 可逆阵

可逆阵是一类很重要的方阵,在对矩阵的研究及计算中起着非常重要的作用.

3.1.1 可逆阵的定义

对于一个非零的数 a,a 和其倒数(或称逆数)a^{-1} 满足

$$aa^{-1}=a^{-1}a=1$$

把数的这个性质加以推广,我们可给出可逆阵的定义.

定义 3-1 对于方阵 $\boldsymbol{A}$,若存在方阵 $\boldsymbol{B}$,使得

$$\boldsymbol{AB}=\boldsymbol{BA}=\boldsymbol{E}$$

则 $\boldsymbol{A}$ 叫作可逆阵(或称 $\boldsymbol{A}$ 可逆),$\boldsymbol{B}$ 叫作 $\boldsymbol{A}$ 的逆阵.否则,称 $\boldsymbol{A}$ 不可逆.

由定义 3-1 可知,可逆阵及其逆阵都是方阵.在这里提醒大家注意,线性代数中有些概念和结论只对方阵才成立,比如,三角阵、对称阵、行列式、可逆阵等.因此,在以后的学习中大家一定要注意所讨论问题中的矩阵是何种矩阵.

定理 3-1 若 $\boldsymbol{A}$ 可逆,则 $\boldsymbol{A}$ 的逆阵是唯一的.

证明 设 $\boldsymbol{B}$ 和 $\boldsymbol{C}$ 都是 $\boldsymbol{A}$ 的逆阵,则

$$\boldsymbol{AB}=\boldsymbol{BA}=\boldsymbol{E},\quad \boldsymbol{AC}=\boldsymbol{CA}=\boldsymbol{E}$$

由

$$\boldsymbol{B}=\boldsymbol{EB}=(\boldsymbol{CA})\boldsymbol{B}=\boldsymbol{C}(\boldsymbol{AB})=\boldsymbol{CE}=\boldsymbol{C}$$

可知 $\boldsymbol{A}$ 的逆阵是唯一的.证毕.

我们把 $\boldsymbol{A}$ 的逆阵记作 $\boldsymbol{A}^{-1}$,读作"$\boldsymbol{A}$ 的逆".注意,不能把 $\boldsymbol{A}^{-1}$ 写成 $\dfrac{1}{\boldsymbol{A}}$.

当 $\boldsymbol{A}$ 可逆时,$\boldsymbol{A}^{-1}$ 总满足

$$AA^{-1}=A^{-1}A=E$$

按理说，有了逆阵的定义以后就可以给出矩阵除法的定义，因为对于数 a 和 $b(b\neq 0)$，$a\div b$ 的本质就是 $a\times b^{-1}$，但是我们现在不能这样做，原因是矩阵的乘法不满足交换律，一般 $\boldsymbol{AB}^{-1}\neq\boldsymbol{B}^{-1}\boldsymbol{A}$. 不过，有时我们可以按除法的方式来思考问题. 例如，若 $\boldsymbol{AX}=\boldsymbol{B}$，$\boldsymbol{A}$ 可逆，则 $\boldsymbol{X}=\boldsymbol{A}^{-1}\boldsymbol{B}$.

在前面我们讲过 $\boldsymbol{A}\neq\boldsymbol{O}$ 时，矩阵的乘法不满足消去律. 但是当 $\boldsymbol{A}$ 可逆时，消去律是成立的. 例如，当 $\boldsymbol{A}$ 可逆时，由 $\boldsymbol{AX}=\boldsymbol{AY}$ 可消去 $\boldsymbol{A}$，得到 $\boldsymbol{X}=\boldsymbol{Y}$. 消去的过程为在等式两端同时左乘 $\boldsymbol{A}^{-1}$，即 $\boldsymbol{A}^{-1}\boldsymbol{AX}=\boldsymbol{A}^{-1}\boldsymbol{AY}$. 当 $\boldsymbol{A}$ 可逆时，由 $\boldsymbol{AB}=\boldsymbol{O}$ 可消去 $\boldsymbol{A}$，得到 $\boldsymbol{B}=\boldsymbol{O}$.

由定义 3-1 可以验证，当 $k_1,k_2,\cdots,k_n$ 都不为零时，

$$\begin{pmatrix} k_1 & & & \\ & k_2 & & \\ & & \ddots & \\ & & & k_n \end{pmatrix}^{-1}=\begin{pmatrix} k_1^{-1} & & & \\ & k_2^{-1} & & \\ & & \ddots & \\ & & & k_n^{-1} \end{pmatrix}$$

$$\begin{pmatrix} & & & k_n \\ & & \iddots & \\ & k_2 & & \\ k_1 & & & \end{pmatrix}^{-1}=\begin{pmatrix} & & & k_1^{-1} \\ & & k_2^{-1} & \\ & \iddots & & \\ k_n^{-1} & & & \end{pmatrix}$$

3.1.2　伴随阵及矩阵可逆的条件

定义 3-2　设 $n>1$，$\boldsymbol{A}=(a_{ij})_{n\times n}$，把矩阵

$$\boldsymbol{A}^*=\begin{pmatrix} A_{11} & A_{21} & \cdots & A_{n1} \\ A_{12} & A_{22} & \cdots & A_{n2} \\ \vdots & \vdots & & \vdots \\ A_{1n} & A_{2n} & \cdots & A_{nn} \end{pmatrix}$$

叫作 $\boldsymbol{A}$ 的伴随阵.

注意　$\boldsymbol{A}^*$ 是 $\boldsymbol{A}$ 的伴随阵的专用记号，$\boldsymbol{A}^*$ 的第 i 列的元素是 $\boldsymbol{A}$ 中第 i 行相应各元素的代数余子式.

$\boldsymbol{A}$ 和 $\boldsymbol{A}^*$ 之间具有下面的关系.

定理 3-2　设 $\boldsymbol{A}$ 是 n 阶方阵，$n>1$，则

$$\boldsymbol{AA}^*=\boldsymbol{A}^*\boldsymbol{A}=|\boldsymbol{A}|\boldsymbol{E}$$

证明　根据行列式的性质 2-2 和性质 2-7，可得

$$\boldsymbol{AA}^*=\begin{pmatrix} a_{11} & a_{12} & \cdots & a_{1n} \\ a_{21} & a_{22} & \cdots & a_{2n} \\ \vdots & \vdots & & \vdots \\ a_{n1} & a_{n2} & \cdots & a_{nn} \end{pmatrix}\begin{pmatrix} A_{11} & A_{21} & \cdots & A_{n1} \\ A_{12} & A_{22} & \cdots & A_{n2} \\ \vdots & \vdots & & \vdots \\ A_{1n} & A_{2n} & \cdots & A_{nn} \end{pmatrix}$$

$$=\begin{pmatrix} |\boldsymbol{A}| & 0 & \cdots & 0 \\ 0 & |\boldsymbol{A}| & \cdots & 0 \\ \vdots & \vdots & & \vdots \\ 0 & 0 & \cdots & |\boldsymbol{A}| \end{pmatrix}=|\boldsymbol{A}|\boldsymbol{E}$$

同理可证

$$\boldsymbol{A}^*\boldsymbol{A}=|\boldsymbol{A}|\boldsymbol{E}$$

定理 3-3 方阵 $\boldsymbol{A}$ 可逆的充要条件是 $|\boldsymbol{A}|\neq 0$. 并且当 $\boldsymbol{A}$ 可逆时,

$$|\boldsymbol{A}^{-1}|=\frac{1}{|\boldsymbol{A}|}, \qquad \boldsymbol{A}^{-1}=\frac{\boldsymbol{A}^*}{|\boldsymbol{A}|}$$

证明 必要性 由 $\boldsymbol{A}$ 可逆可知, $\boldsymbol{A}^{-1}$ 存在, 且满足 $\boldsymbol{A}\boldsymbol{A}^{-1}=\boldsymbol{E}$. 故

$$|\boldsymbol{A}\boldsymbol{A}^{-1}|=|\boldsymbol{E}|$$

$$|\boldsymbol{A}|\cdot|\boldsymbol{A}^{-1}|=1$$

所以 $|\boldsymbol{A}|\neq 0$, 且 $|\boldsymbol{A}^{-1}|=\dfrac{1}{|\boldsymbol{A}|}$.

充分性 由定理 3-2 知

$$\boldsymbol{A}\boldsymbol{A}^*=\boldsymbol{A}^*\boldsymbol{A}=|\boldsymbol{A}|\boldsymbol{E}$$

因 $|\boldsymbol{A}|\neq 0$, 故有

$$\boldsymbol{A}\frac{\boldsymbol{A}^*}{|\boldsymbol{A}|}=\frac{\boldsymbol{A}^*}{|\boldsymbol{A}|}\boldsymbol{A}=\boldsymbol{E}$$

由可逆阵的定义可知, $\boldsymbol{A}$ 可逆且 $\boldsymbol{A}^{-1}=\dfrac{\boldsymbol{A}^*}{|\boldsymbol{A}|}$.

定义 3-3 对于方阵 $\boldsymbol{A}$, 当 $|\boldsymbol{A}|=0$ 时, 称 $\boldsymbol{A}$ 为奇异阵; 当 $|\boldsymbol{A}|\neq 0$ 时, 称 $\boldsymbol{A}$ 为非奇异阵.

由定理 3-3 和定义 3-3 可知, 可逆阵就是非奇异阵.

推论 3-1 若方阵 $\boldsymbol{A}$ 和 $\boldsymbol{B}$ 满足 $\boldsymbol{A}\boldsymbol{B}=\boldsymbol{E}$, 则 $\boldsymbol{A}$ 和 $\boldsymbol{B}$ 都可逆, 且

$$\boldsymbol{A}^{-1}=\boldsymbol{B}, \quad \boldsymbol{B}^{-1}=\boldsymbol{A}$$

证明 由

$$|\boldsymbol{A}|\cdot|\boldsymbol{B}|=|\boldsymbol{A}\boldsymbol{B}|=|\boldsymbol{E}|=1$$

可知

$$|\boldsymbol{A}|\neq 0, \quad |\boldsymbol{B}|\neq 0$$

所以 $\boldsymbol{A}$ 和 $\boldsymbol{B}$ 都可逆, 并且

$$\boldsymbol{A}^{-1}=\boldsymbol{A}^{-1}\boldsymbol{E}=\boldsymbol{A}^{-1}(\boldsymbol{A}\boldsymbol{B})=(\boldsymbol{A}^{-1}\boldsymbol{A})\boldsymbol{B}=\boldsymbol{E}\boldsymbol{B}=\boldsymbol{B}$$

$$\boldsymbol{B}^{-1}=\boldsymbol{E}\boldsymbol{B}^{-1}=(\boldsymbol{A}\boldsymbol{B})\boldsymbol{B}^{-1}=\boldsymbol{A}(\boldsymbol{B}\boldsymbol{B}^{-1})=\boldsymbol{A}\boldsymbol{E}=\boldsymbol{A}$$

【例 3-1】 试确定二阶方阵 $\boldsymbol{A}=\begin{pmatrix} a & b \\ c & d \end{pmatrix}$ 可逆的条件, 并求 $\boldsymbol{A}^{-1}$.

解 当 $|\boldsymbol{A}|=ad-bc\neq 0$ 时, $\boldsymbol{A}$ 可逆.

由于 $\boldsymbol{A}^*=\begin{pmatrix} d & -b \\ -c & a \end{pmatrix}$, 所以

$$\boldsymbol{A}^{-1}=\frac{\boldsymbol{A}^*}{|\boldsymbol{A}|}=\frac{1}{ad-bc}\begin{pmatrix} d & -b \\ -c & a \end{pmatrix}$$

【例 3-2】 求方阵

$$\boldsymbol{A}=\begin{pmatrix} 1 & 2 & 0 \\ 2 & 0 & 3 \\ 0 & -1 & 1 \end{pmatrix}$$

的逆阵.

解

$$|A|=-4+3=-1$$

$$A_{11}=(-1)^{1+1}\begin{vmatrix} 0 & 3 \\ -1 & 1 \end{vmatrix}=3,\quad A_{12}=(-1)^{1+2}\begin{vmatrix} 2 & 3 \\ 0 & 1 \end{vmatrix}=-2$$

$$A_{13}=(-1)^{1+3}\begin{vmatrix} 2 & 0 \\ 0 & -1 \end{vmatrix}=-2$$

类似地可算出

$$A_{21}=-2,\quad A_{22}=1,\quad A_{23}=1$$

$$A_{31}=6,\quad A_{32}=-3,\quad A_{33}=-4$$

$$\boldsymbol{A}^*=\begin{pmatrix} 3 & -2 & 6 \\ -2 & 1 & -3 \\ -2 & 1 & -4 \end{pmatrix}$$

$$\boldsymbol{A}^{-1}=\frac{\boldsymbol{A}^*}{|\boldsymbol{A}|}=\begin{pmatrix} -3 & 2 & -6 \\ 2 & -1 & 3 \\ 2 & -1 & 4 \end{pmatrix}$$

注意　求 $\boldsymbol{A}^{-1}$ 时应通过 $\boldsymbol{A}\boldsymbol{A}^{-1}=\boldsymbol{E}$ 检验所求结果是否正确.

【例 3-3】 设 $\boldsymbol{A}$ 为 n 阶方阵,证明

$$|\boldsymbol{A}^*|=|\boldsymbol{A}|^{n-1}$$

证明　分成 3 种情况加以证明.

(1)设 $|\boldsymbol{A}|\neq 0$,则 $\boldsymbol{A}$ 可逆.

由 $\boldsymbol{A}^{-1}=\dfrac{\boldsymbol{A}^*}{|\boldsymbol{A}|}$ 可得

$$\boldsymbol{A}^*=|\boldsymbol{A}|\boldsymbol{A}^{-1}$$

$$|\boldsymbol{A}^*|=||\boldsymbol{A}|\boldsymbol{A}^{-1}|=|\boldsymbol{A}|^n|\boldsymbol{A}^{-1}|=|\boldsymbol{A}|^{n-1}$$

(2)设 $\boldsymbol{A}=\boldsymbol{O}$,则 $\boldsymbol{A}^*=\boldsymbol{O}$. 这时 $|\boldsymbol{A}^*|=|\boldsymbol{A}|=0$,所以结论成立.

(3)设 $\boldsymbol{A}\neq\boldsymbol{O}$, $|\boldsymbol{A}|=0$,则

$$\boldsymbol{A}\boldsymbol{A}^*=\boldsymbol{A}^*\boldsymbol{A}=\boldsymbol{O} \qquad ①$$

下面用反证法证明 $|\boldsymbol{A}^*|=0$.

假设 $|\boldsymbol{A}^*|\neq 0$,则由定理 3-3 可知,$\boldsymbol{A}^*$ 可逆.

从式①消去 $\boldsymbol{A}^*$,得 $\boldsymbol{A}=\boldsymbol{O}$,这与 $\boldsymbol{A}\neq\boldsymbol{O}$ 矛盾,所以 $|\boldsymbol{A}^*|=0$,结论成立.

注意　公式 $\boldsymbol{A}\boldsymbol{A}^*=\boldsymbol{A}^*\boldsymbol{A}=|\boldsymbol{A}|\boldsymbol{E}$, $\boldsymbol{A}^*=|\boldsymbol{A}|\boldsymbol{A}^{-1}$ 和 $|\boldsymbol{A}^*|=|\boldsymbol{A}|^{n-1}$ 在讨论有关 $\boldsymbol{A}^*$ 的问

题时经常用到.

可逆阵与后面所讲的很多问题有联系，证明一个方阵 $\boldsymbol{A}$ 可逆有很多种方法. 在本节中，应掌握下面两种方法：

方法 1 通过证明 $|\boldsymbol{A}|\neq 0$ 来证明 $\boldsymbol{A}$ 可逆.

方法 2 找出方阵 $\boldsymbol{B}$，证明 $\boldsymbol{AB}=\boldsymbol{E}$.

伴随阵的性质

注意 证明 $\boldsymbol{A}$ 不可逆或证明 $|\boldsymbol{A}|=0$ 时经常用反证法.

【例 3-4】 设方阵 $\boldsymbol{A}$ 满足 $\boldsymbol{A}^2-\boldsymbol{A}-2\boldsymbol{E}=\boldsymbol{O}$，证明 $\boldsymbol{A}+3\boldsymbol{E}$ 可逆，并求出 $(\boldsymbol{A}+3\boldsymbol{E})^{-1}$ 的表达式.

证明 由 $\boldsymbol{A}^2-\boldsymbol{A}-2\boldsymbol{E}=\boldsymbol{O}$，得

$$(\boldsymbol{A}+3\boldsymbol{E})(\boldsymbol{A}-4\boldsymbol{E})=-10\boldsymbol{E}$$

即

$$(\boldsymbol{A}+3\boldsymbol{E})\cdot\frac{1}{10}(4\boldsymbol{E}-\boldsymbol{A})=\boldsymbol{E}$$

由推论 3-1 可知 $\boldsymbol{A}+3\boldsymbol{E}$ 可逆，并且

$$(\boldsymbol{A}+3\boldsymbol{E})^{-1}=\frac{1}{10}(4\boldsymbol{E}-\boldsymbol{A})$$

根据推论 3-1 可以证明，可逆阵 $\boldsymbol{A}$ 具有下列性质：

(1) $\boldsymbol{A}^{-1}$ 也可逆，且 $(\boldsymbol{A}^{-1})^{-1}=\boldsymbol{A}$；

(2) $\boldsymbol{A}^{\mathrm{T}}$ 也可逆，且 $(\boldsymbol{A}^{\mathrm{T}})^{-1}=(\boldsymbol{A}^{-1})^{\mathrm{T}}$；

(3) 若数 $k\neq 0$，则 $k\boldsymbol{A}$ 也可逆，且 $(k\boldsymbol{A})^{-1}=k^{-1}\boldsymbol{A}^{-1}$；

(4) 若 $\boldsymbol{A}$ 和 $\boldsymbol{B}$ 是同阶可逆阵，则 $\boldsymbol{AB}$ 也可逆，且

$$(\boldsymbol{AB})^{-1}=\boldsymbol{B}^{-1}\boldsymbol{A}^{-1}$$

根据(4)还可用归纳法证明：若 $\boldsymbol{A}_1,\boldsymbol{A}_2,\cdots,\boldsymbol{A}_k$ 为同阶可逆方阵，则 $\boldsymbol{A}_1\boldsymbol{A}_2\cdots\boldsymbol{A}_k$ 也可逆，且

$$(\boldsymbol{A}_1\boldsymbol{A}_2\cdots\boldsymbol{A}_k)^{-1}=\boldsymbol{A}_k^{-1}\cdots\boldsymbol{A}_2^{-1}\boldsymbol{A}_1^{-1}$$

特别地，若 $\boldsymbol{A}$ 可逆，则 $\boldsymbol{A}^k$ 也可逆，且

$$(\boldsymbol{A}^k)^{-1}=(\boldsymbol{A}^{-1})^k$$

注意 当 $\boldsymbol{A}$ 和 $\boldsymbol{B}$ 都可逆时，$\boldsymbol{A}\pm\boldsymbol{B}$ 不一定可逆. 即使 $\boldsymbol{A}\pm\boldsymbol{B}$ 可逆，$(\boldsymbol{A}\pm\boldsymbol{B})^{-1}$ 也不一定等于 $\boldsymbol{A}^{-1}\pm\boldsymbol{B}^{-1}$.

【例 3-5】 设 $\boldsymbol{A}$、$\boldsymbol{B}$ 和 $\boldsymbol{AB}-\boldsymbol{E}$ 都可逆，证明：

(1) $\boldsymbol{A}-\boldsymbol{B}^{-1}$ 可逆.

(2) $(\boldsymbol{A}-\boldsymbol{B}^{-1})^{-1}-\boldsymbol{A}^{-1}$ 可逆，并求其逆阵.

证明 (1) $\boldsymbol{A}-\boldsymbol{B}^{-1}=(\boldsymbol{AB}-\boldsymbol{E})\boldsymbol{B}^{-1}$

因为 $\boldsymbol{AB}-\boldsymbol{E}$ 和 $\boldsymbol{B}^{-1}$ 都可逆，所以 $\boldsymbol{A}-\boldsymbol{B}^{-1}$ 可逆.

$$\begin{aligned}(2)\ (\boldsymbol{A}-\boldsymbol{B}^{-1})^{-1}-\boldsymbol{A}^{-1}&=(\boldsymbol{A}-\boldsymbol{B}^{-1})^{-1}-\boldsymbol{A}^{-1}(\boldsymbol{A}-\boldsymbol{B}^{-1})(\boldsymbol{A}-\boldsymbol{B}^{-1})^{-1}\\&=[\boldsymbol{E}-\boldsymbol{A}^{-1}(\boldsymbol{A}-\boldsymbol{B}^{-1})](\boldsymbol{A}-\boldsymbol{B}^{-1})^{-1}\\&=\boldsymbol{A}^{-1}\boldsymbol{B}^{-1}(\boldsymbol{A}-\boldsymbol{B}^{-1})^{-1}\end{aligned}$$

根据可逆阵的性质可知，$(\boldsymbol{A}-\boldsymbol{B}^{-1})^{-1}-\boldsymbol{A}^{-1}$ 可逆，且

$$[(\boldsymbol{A}-\boldsymbol{B}^{-1})^{-1}-\boldsymbol{A}^{-1}]^{-1}=[\boldsymbol{A}^{-1}\boldsymbol{B}^{-1}(\boldsymbol{A}-\boldsymbol{B}^{-1})^{-1}]^{-1}=(\boldsymbol{A}-\boldsymbol{B}^{-1})\boldsymbol{B}\boldsymbol{A}=\boldsymbol{A}\boldsymbol{B}\boldsymbol{A}-\boldsymbol{A}$$

3.1.3　求逆阵的初等变换法

在前面我们讲过，可以按照公式 $\boldsymbol{A}^{-1}=\dfrac{\boldsymbol{A}^*}{|\boldsymbol{A}|}$ 来求 $\boldsymbol{A}^{-1}$. 但是，当 A 的阶数较大时，计算量太大，因此这个公式主要用于理论推导和求低阶方阵以及特殊方阵的逆阵. 下面我们来介绍求逆阵的另一种方法——初等变换法.

在 1.3 节初等阵的性质 1-3 中我们讲过，当 $k\neq 0$ 时，

$$\boldsymbol{E}_{i,j}\boldsymbol{E}_{i,j}=\boldsymbol{E},\quad \boldsymbol{E}_i(k)\boldsymbol{E}_i(k^{-1})=\boldsymbol{E},\quad \boldsymbol{E}_{i,j}(k)\boldsymbol{E}_{i,j}(-k)=\boldsymbol{E}$$

由推论 3-1 可知，三种初等阵都是可逆阵，并且其逆阵还是同类的初等阵：

$$\boldsymbol{E}_{i,j}^{-1}=\boldsymbol{E}_{i,j},\quad \boldsymbol{E}_i^{-1}(k)=\boldsymbol{E}_i(k^{-1}),\quad \boldsymbol{E}_{i,j}^{-1}(k)=\boldsymbol{E}_{i,j}(-k)$$

定理 3-4　方阵 $\boldsymbol{A}$ 可逆的充要条件是 $\boldsymbol{A}$ 能表示成有限个初等阵的乘积.

证明　**充分性**　由初等阵都可逆以及有限个可逆阵的乘积仍可逆可知，$\boldsymbol{A}$ 可逆.

必要性　由定理 1-2 可知，存在初等阵 $\boldsymbol{P}_i(i=1,2,\cdots,k)$ 和 $\boldsymbol{Q}_j(j=1,2,\cdots,l)$，使得

$$\boldsymbol{P}_k\cdots\boldsymbol{P}_2\boldsymbol{P}_1\boldsymbol{A}\boldsymbol{Q}_1\boldsymbol{Q}_2\cdots\boldsymbol{Q}_l=\boldsymbol{F}$$

其中

$$\boldsymbol{F}=\begin{pmatrix}\boldsymbol{E}_s & \boldsymbol{O}\\ \boldsymbol{O} & \boldsymbol{O}\end{pmatrix}$$

因为初等阵都可逆，$\boldsymbol{A}$ 也可逆，所以它们的乘积 $\boldsymbol{F}$ 可逆. 于是，$s=n$（n 为 $\boldsymbol{A}$ 的阶数），即 $\boldsymbol{F}=\boldsymbol{E}$. 因此

$$\boldsymbol{P}_k\cdots\boldsymbol{P}_2\boldsymbol{P}_1\boldsymbol{A}\boldsymbol{Q}_1\boldsymbol{Q}_2\cdots\boldsymbol{Q}_l=\boldsymbol{E}$$

$$\boldsymbol{A}=\boldsymbol{P}_1^{-1}\boldsymbol{P}_2^{-1}\cdots\boldsymbol{P}_k^{-1}\boldsymbol{Q}_l^{-1}\cdots\boldsymbol{Q}_2^{-1}\boldsymbol{Q}_1^{-1}$$

由于初等阵的逆阵还是初等阵，所以 $\boldsymbol{A}$ 能表示成有限个初等阵的乘积. 证毕.

上述证明显示，可逆阵的等价标准形是单位阵.

推论 3-2　方阵 $\boldsymbol{A}$ 可逆的充要条件是 $\boldsymbol{A}$ 与 $\boldsymbol{E}$ 等价.

推论 3-3　在矩阵 $\boldsymbol{A}$ 的左（右）端乘以可逆阵⇔对 $\boldsymbol{A}$ 进行有限次初等行（列）变换.

推论 3-4　矩阵 $\boldsymbol{A}$ 与 $\boldsymbol{B}$ 等价的充要条件是存在可逆阵 $\boldsymbol{P}$ 和 $\boldsymbol{Q}$，使得 $\boldsymbol{PAQ}=\boldsymbol{B}$.

下面我们来研究求逆阵的初等行变换法.

对于可逆阵 $\boldsymbol{A}$，$\boldsymbol{A}^{-1}$ 也可逆，由 $\boldsymbol{A}^{-1}(\boldsymbol{A},\boldsymbol{E})=(\boldsymbol{E},\boldsymbol{A}^{-1})$ 可知，用有限次初等行变换一定能把 $(\boldsymbol{A},\boldsymbol{E})$ 化为 $(\boldsymbol{E},\boldsymbol{A}^{-1})$.

若用有限次初等行变换能把 $(\boldsymbol{A},\boldsymbol{E})$ 化为 $(\boldsymbol{E},\boldsymbol{B})$，则存在可逆阵 $\boldsymbol{P}$，使得

$$\boldsymbol{P}(\boldsymbol{A},\boldsymbol{E})=(\boldsymbol{E},\boldsymbol{B})$$

由上式可得 $\boldsymbol{PA}=\boldsymbol{E}$，$\boldsymbol{PE}=\boldsymbol{B}$，所以 $\boldsymbol{P}=\boldsymbol{A}^{-1}$，$\boldsymbol{B}=\boldsymbol{A}^{-1}$. 这说明只要能用初等行变换把 $(\boldsymbol{A},\boldsymbol{E})$ 化为 $(\boldsymbol{E},\boldsymbol{B})$ 的形式，$\boldsymbol{B}$ 一定是 $\boldsymbol{A}^{-1}$.

因此，可用初等行变换求可逆阵 $\boldsymbol{A}$ 的逆阵. 方法是：对 $(\boldsymbol{A},\boldsymbol{E})$ 做初等行变换，目标是把 $\boldsymbol{A}$ 化为 $\boldsymbol{E}$，当把 $\boldsymbol{A}$ 化为 $\boldsymbol{E}$ 时，$(\boldsymbol{A},\boldsymbol{E})$ 中的 $\boldsymbol{E}$ 就化为了 $\boldsymbol{A}^{-1}$.

【例 3-6】　用初等行变换求例 3-2 中方阵 $\boldsymbol{A}$ 的逆阵.

解　因为

$$(\boldsymbol{A},\boldsymbol{E})=\begin{pmatrix}1&2&0&1&0&0\\2&0&3&0&1&0\\0&-1&1&0&0&1\end{pmatrix}\xrightarrow{r_2-2r_1}\begin{pmatrix}1&2&0&1&0&0\\0&-4&3&-2&1&0\\0&-1&1&0&0&1\end{pmatrix}$$

$$\xrightarrow{r_2\leftrightarrow r_3}\begin{pmatrix}1&2&0&1&0&0\\0&-1&1&0&0&1\\0&-4&3&-2&1&0\end{pmatrix}\xrightarrow[r_3-4r_2]{r_1+2r_2}\begin{pmatrix}1&0&2&1&0&2\\0&-1&1&0&0&1\\0&0&-1&-2&1&-4\end{pmatrix}$$

$$\xrightarrow[r_2+r_3]{r_1+2r_3}\begin{pmatrix}1&0&0&-3&2&-6\\0&-1&0&-2&1&-3\\0&0&-1&-2&1&-4\end{pmatrix}\xrightarrow[r_3\div(-1)]{r_2\div(-1)}\begin{pmatrix}1&0&0&-3&2&-6\\0&1&0&2&-1&3\\0&0&1&2&-1&4\end{pmatrix}$$

所以

$$\boldsymbol{A}^{-1}=\begin{pmatrix}-3&2&-6\\2&-1&3\\2&-1&4\end{pmatrix}$$

注意　(1)当 $\boldsymbol{A}$ 的阶数 $n\geqslant 3$ 时，用初等行变换的方法求 $\boldsymbol{A}^{-1}$ 一般比用伴随阵的方法求 $\boldsymbol{A}^{-1}$ 方便. 同时希望大家注意，初等行变换的方法便于用计算机进行运算.

(2)也可用初等列变换求 $\boldsymbol{A}^{-1}$，方法是：

$$\begin{pmatrix}\boldsymbol{A}\\\boldsymbol{E}\end{pmatrix}\xrightarrow{\text{列变换}}\begin{pmatrix}\boldsymbol{E}\\\boldsymbol{A}^{-1}\end{pmatrix}$$

【例 3-7】　设 $\boldsymbol{A}$ 和 $\boldsymbol{B}$ 都是可逆阵，证明：分块上三角阵 $\begin{pmatrix}\boldsymbol{A}&\boldsymbol{C}\\\boldsymbol{O}&\boldsymbol{B}\end{pmatrix}$ 可逆，并求其逆阵.

证明　由 $\boldsymbol{A}$ 和 $\boldsymbol{B}$ 都是可逆阵可知

$$|\boldsymbol{A}|\neq 0,\quad |\boldsymbol{B}|\neq 0$$

于是，有

$$\begin{vmatrix}\boldsymbol{A}&\boldsymbol{C}\\\boldsymbol{O}&\boldsymbol{B}\end{vmatrix}=|\boldsymbol{A}|\cdot|\boldsymbol{B}|\neq 0$$

故 $\begin{pmatrix}\boldsymbol{A}&\boldsymbol{C}\\\boldsymbol{O}&\boldsymbol{B}\end{pmatrix}$ 可逆.

设 $\begin{pmatrix}\boldsymbol{A}&\boldsymbol{C}\\\boldsymbol{O}&\boldsymbol{B}\end{pmatrix}$ 的逆阵为 $\begin{pmatrix}\boldsymbol{X}_1&\boldsymbol{X}_2\\\boldsymbol{X}_3&\boldsymbol{X}_4\end{pmatrix}$，则

$$\begin{pmatrix}\boldsymbol{A}&\boldsymbol{C}\\\boldsymbol{O}&\boldsymbol{B}\end{pmatrix}\begin{pmatrix}\boldsymbol{X}_1&\boldsymbol{X}_2\\\boldsymbol{X}_3&\boldsymbol{X}_4\end{pmatrix}=\begin{pmatrix}\boldsymbol{E}&\boldsymbol{O}\\\boldsymbol{O}&\boldsymbol{E}\end{pmatrix}$$

即

$$\begin{pmatrix}\boldsymbol{A}\boldsymbol{X}_1+\boldsymbol{C}\boldsymbol{X}_3&\boldsymbol{A}\boldsymbol{X}_2+\boldsymbol{C}\boldsymbol{X}_4\\\boldsymbol{B}\boldsymbol{X}_3&\boldsymbol{B}\boldsymbol{X}_4\end{pmatrix}=\begin{pmatrix}\boldsymbol{E}&\boldsymbol{O}\\\boldsymbol{O}&\boldsymbol{E}\end{pmatrix}$$

于是，有

$$\begin{cases}\boldsymbol{AX}_1+\boldsymbol{CX}_3=\boldsymbol{E}\\ \boldsymbol{AX}_2+\boldsymbol{CX}_4=\boldsymbol{O}\\ \boldsymbol{BX}_3=\boldsymbol{O}\\ \boldsymbol{BX}_4=\boldsymbol{E}\end{cases}$$

解得

$$\begin{cases}\boldsymbol{X}_1=\boldsymbol{A}^{-1}\\ \boldsymbol{X}_2=-\boldsymbol{A}^{-1}\boldsymbol{CB}^{-1}\\ \boldsymbol{X}_3=\boldsymbol{O}\\ \boldsymbol{X}_4=\boldsymbol{B}^{-1}\end{cases}$$

故

$$\begin{pmatrix}\boldsymbol{A} & \boldsymbol{C}\\ \boldsymbol{O} & \boldsymbol{B}\end{pmatrix}^{-1}=\begin{pmatrix}\boldsymbol{A}^{-1} & -\boldsymbol{A}^{-1}\boldsymbol{CB}^{-1}\\ \boldsymbol{O} & \boldsymbol{B}^{-1}\end{pmatrix}$$

类似地，可得

$$\begin{pmatrix}\boldsymbol{A} & \boldsymbol{O}\\ \boldsymbol{O} & \boldsymbol{B}\end{pmatrix}^{-1}=\begin{pmatrix}\boldsymbol{A}^{-1} & \boldsymbol{O}\\ \boldsymbol{O} & \boldsymbol{B}^{-1}\end{pmatrix}$$

$$\begin{pmatrix}\boldsymbol{A} & \boldsymbol{O}\\ \boldsymbol{C} & \boldsymbol{B}\end{pmatrix}^{-1}=\begin{pmatrix}\boldsymbol{A}^{-1} & \boldsymbol{O}\\ -\boldsymbol{B}^{-1}\boldsymbol{CA}^{-1} & \boldsymbol{B}^{-1}\end{pmatrix}$$

3.1.4　矩阵方程

矩阵方程的标准形式为 $AX=C$，$YB=C$ 和 $AZB=C$，其中，A 和 B 可逆. 它们的解依次为 $X=A^{-1}C$，$Y=CB^{-1}$ 和 $Z=A^{-1}CB^{-1}$，求出 A^{-1} 和 B^{-1} 就可求得矩阵方程的解.

类似于用初等行交换求 A^{-1} 的讨论，对于 $AX=C$ 和 $YB=C$，也可用初等变换来求它们的解. 做法是：

$$(A,C)\xrightarrow{\text{初等行变换}}(E,X)$$

$$\begin{pmatrix}B\\ C\end{pmatrix}\xrightarrow{\text{初等列变换}}\begin{pmatrix}E\\ Y\end{pmatrix}$$

注意　解矩阵方程时，首先要对所给矩阵方程进行整理. 若所给矩阵方程不能整理成上面所讲的三种形式之一，或者能，但 $\boldsymbol{A}$ 和 $\boldsymbol{B}$ 不可逆，则需转化为方程组的形式进行求解.

【例 3-8】　已知矩阵 $\boldsymbol{A}=\begin{pmatrix}2 & 1 & 1\\ 1 & 2 & 0\\ 1 & 0 & 1\end{pmatrix}$，$\boldsymbol{AX}=2\boldsymbol{X}+\boldsymbol{A}$，求矩阵 $\boldsymbol{X}$.

解　由 $\boldsymbol{AX}=2\boldsymbol{X}+\boldsymbol{A}$，得

$$(\boldsymbol{A}-2\boldsymbol{E})\boldsymbol{X}=\boldsymbol{A}$$

因为 $|\boldsymbol{A}-2\boldsymbol{E}|=\begin{vmatrix}0 & 1 & 1\\ 1 & 0 & 0\\ 1 & 0 & -1\end{vmatrix}=1\neq 0$，所以 $\boldsymbol{A}-2\boldsymbol{E}$ 可逆.

下面用初等行变换求 **X**. 因为

$$(\boldsymbol{A}-2\boldsymbol{E},\boldsymbol{A})=\begin{pmatrix}0&1&1&2&1&1\\1&0&0&1&2&0\\1&0&-1&1&0&1\end{pmatrix}\xrightarrow{r_1\leftrightarrow r_2}\begin{pmatrix}1&0&0&1&2&0\\0&1&1&2&1&1\\1&0&-1&1&0&1\end{pmatrix}$$

$$\xrightarrow{r_3-r_1}\begin{pmatrix}1&0&0&1&2&0\\0&1&1&2&1&1\\0&0&-1&0&-2&1\end{pmatrix}\xrightarrow{r_2+r_3}\begin{pmatrix}1&0&0&1&2&0\\0&1&0&2&-1&2\\0&0&-1&0&-2&1\end{pmatrix}$$

$$\xrightarrow{r_3\div(-1)}\begin{pmatrix}1&0&0&1&2&0\\0&1&0&2&-1&2\\0&0&1&0&2&-1\end{pmatrix}$$

所以

$$\boldsymbol{X}=\begin{pmatrix}1&2&0\\2&-1&2\\0&2&-1\end{pmatrix}$$

【*例 3-9】 解方程

$$\begin{pmatrix}2&1\\3&2\end{pmatrix}\boldsymbol{X}=\boldsymbol{X}\begin{pmatrix}1&2\\0&1\end{pmatrix}+\begin{pmatrix}1&7\\-1&3\end{pmatrix}$$

注意 该矩阵方程不能整理成 $\boldsymbol{AX}=\boldsymbol{C},\boldsymbol{YB}=\boldsymbol{C},\boldsymbol{AZB}=\boldsymbol{C}$ 的形式.

解 设 $\boldsymbol{X}=\begin{pmatrix}x_1&x_2\\x_3&x_4\end{pmatrix}$,则有

$$\begin{pmatrix}2&1\\3&2\end{pmatrix}\begin{pmatrix}x_1&x_2\\x_3&x_4\end{pmatrix}=\begin{pmatrix}x_1&x_2\\x_3&x_4\end{pmatrix}\begin{pmatrix}1&2\\0&1\end{pmatrix}+\begin{pmatrix}1&7\\-1&3\end{pmatrix}$$

即

$$\begin{pmatrix}2x_1+x_3&2x_2+x_4\\3x_1+2x_3&3x_2+2x_4\end{pmatrix}=\begin{pmatrix}x_1&2x_1+x_2\\x_3&2x_3+x_4\end{pmatrix}+\begin{pmatrix}1&7\\-1&3\end{pmatrix}$$

根据矩阵相等的定义,得

$$\begin{cases}2x_1+x_3=x_1+1\\2x_2+x_4=2x_1+x_2+7\\3x_1+2x_3=x_3-1\\3x_2+2x_4=2x_3+x_4+3\end{cases}$$

即

$$\begin{cases}x_1+x_3=1\\-2x_1+x_2+x_4=7\\3x_1+x_3=-1\\3x_2-2x_3+x_4=3\end{cases}$$

解得

$$\begin{cases} x_1=-1 \\ x_2=1 \\ x_3=2 \\ x_4=4 \end{cases}$$

故

$$\boldsymbol{X}=\begin{pmatrix} -1 & 1 \\ 2 & 4 \end{pmatrix}$$

对于矩阵方程 $\boldsymbol{AX}=\boldsymbol{C}$，将 $\boldsymbol{X}$ 和 $\boldsymbol{C}$ 写成按列分块阵，得 $\boldsymbol{A}(\boldsymbol{x}_1,\boldsymbol{x}_2,\cdots,\boldsymbol{x}_s)=(\boldsymbol{c}_1,\boldsymbol{c}_2,\cdots,\boldsymbol{c}_s)$，$\boldsymbol{Ax}_i=\boldsymbol{c}_i(i=1,2,\cdots,s)$．因此，当 $\boldsymbol{A}$ 不可逆时，求解矩阵方程 $\boldsymbol{AX}=\boldsymbol{C}$ 可转化为求解 s 个具有相同系数阵的方程组 $\boldsymbol{Ax}_i=\boldsymbol{c}_i(i=1,2,\cdots,s)$．

特殊矩阵方程

思考题 3-1

判断对错．对的说明理由，错的补充条件使其成立或加以改正．

1. 若 3 个矩阵 $\boldsymbol{A},\boldsymbol{B},\boldsymbol{C}$ 满足 $\boldsymbol{AB}=\boldsymbol{CA}=\boldsymbol{E}$，则 $\boldsymbol{B}=\boldsymbol{C}$．

2. 若 $\boldsymbol{AB}=\boldsymbol{O}$，且 $\boldsymbol{A}$ 可逆，则 $\boldsymbol{B}=\boldsymbol{O}$．

3. 当 $\boldsymbol{A}$ 可逆时，由 $\boldsymbol{AX}=\boldsymbol{YA}$ 可得 $\boldsymbol{X}=\boldsymbol{Y}$．

4. 若 $\boldsymbol{A}$ 可逆，$\boldsymbol{XA}=\boldsymbol{C}$，则 $\boldsymbol{X}=\boldsymbol{A}^{-1}\boldsymbol{C}$．

5. 若 $\boldsymbol{AB}$ 可逆，则 $\boldsymbol{A}$ 和 $\boldsymbol{B}$ 都可逆．

6. 若 $\boldsymbol{AB}$ 可逆，则 $\boldsymbol{BA}$ 也可逆．

7. 若 $\boldsymbol{A}^{\mathrm{T}}\boldsymbol{A}$ 可逆，则 $\boldsymbol{AA}^{\mathrm{T}}$ 也可逆．

8. 若对称阵 $\boldsymbol{A}$ 可逆，则 $\boldsymbol{A}^{-1}$ 也是对称阵．

9. 若 $\boldsymbol{A}^*=\boldsymbol{O}$，则 $\boldsymbol{A}=\boldsymbol{O}$．

10. 若 n 阶方阵 $\boldsymbol{A}$ 是非奇异阵，则在 $\boldsymbol{A}$ 的 n^2 个元素中至少有一个元素的余子阵是非奇异阵．

11. $\boldsymbol{A}$ 与 $\boldsymbol{A}^*$，$\boldsymbol{A}$ 与 $\boldsymbol{A}^{-1}$ 均可交换．

12. 若方阵 $\boldsymbol{A},\boldsymbol{B},\boldsymbol{C}$ 满足 $\boldsymbol{ABC}=\boldsymbol{E}$，则 $\boldsymbol{BAC}=\boldsymbol{E}$，$\boldsymbol{BCA}=\boldsymbol{E}$．

13. 对方阵 $\boldsymbol{A}$ 进行初等变换不改变其奇异性(可逆性)．

习题 3-1

1. 设 $\boldsymbol{A}=\begin{pmatrix} 5 & 1 & 1 \\ 1 & 5 & 1 \\ 1 & 1 & 5 \end{pmatrix}$，$\lambda\boldsymbol{E}-\boldsymbol{A}$ 是奇异阵，求 λ 的值．

2. 求下列方阵的逆阵：

(1) $\boldsymbol{A}=\begin{pmatrix} 1 & -1 & -1 \\ 2 & -1 & 0 \\ 1 & 0 & 2 \end{pmatrix}$；　　(2) $\boldsymbol{B}=\begin{pmatrix} 1 & 1 & -1 \\ 2 & 3 & -2 \\ 2 & 1 & -3 \end{pmatrix}$；

(3)$\boldsymbol{C}=\begin{pmatrix}-1 & -3 & 0 & 0\\ 3 & 5 & 0 & 0\\ 0 & 0 & -2 & 3\\ 0 & 0 & -1 & 1\end{pmatrix}$;　(4)$\boldsymbol{D}=\begin{pmatrix}1 & 1 & 1 & 1\\ 1 & 1 & -1 & -1\\ 1 & -1 & 1 & -1\\ 1 & -1 & -1 & 1\end{pmatrix}$.

3. 设 $\boldsymbol{A},\boldsymbol{B}$ 为三阶方阵,$|\boldsymbol{A}|=2$,$|\boldsymbol{B}|=-3$,计算:

(1)$|2(\boldsymbol{A}^*\boldsymbol{B}^{-1})^2\boldsymbol{A}^{\mathrm{T}}|$;(2)$|2\boldsymbol{A}^*+3\boldsymbol{A}^{-1}|$;(3)$|(4\boldsymbol{A})^{-1}-\boldsymbol{A}^*|$;(4)$\begin{vmatrix}\boldsymbol{O} & -\boldsymbol{B}\\ (2\boldsymbol{A})^{-1} & \boldsymbol{O}\end{vmatrix}$.

4. 设 $\boldsymbol{A}=\begin{pmatrix}2 & 1 & 0\\ 1 & 2 & 0\\ 0 & 0 & 1\end{pmatrix}$,$\boldsymbol{ABA}^*=2\boldsymbol{BA}^*+\boldsymbol{E}$,求$|\boldsymbol{B}|$.

5. 证明:

(1)若 $\boldsymbol{A}$ 为 n 阶方阵且 $\boldsymbol{A}^k=\boldsymbol{O}$($k$ 为正整数),则 $\boldsymbol{E}-\boldsymbol{A}$ 可逆,且

$$(\boldsymbol{E}-\boldsymbol{A})^{-1}=\boldsymbol{E}+\boldsymbol{A}+\boldsymbol{A}^2+\cdots+\boldsymbol{A}^{k-1}.$$

(2)若 $\boldsymbol{A}$ 是 $m\times n$ 型矩阵且 $\boldsymbol{A}^{\mathrm{T}}\boldsymbol{A}$ 可逆,则 $\boldsymbol{A}(\boldsymbol{A}^{\mathrm{T}}\boldsymbol{A})^{-1}\boldsymbol{A}^{\mathrm{T}}$ 是对称阵.

(3)若 $\boldsymbol{A}$ 和 $\boldsymbol{B}$ 为同阶可逆阵,则$(\boldsymbol{AB})^{-1}=\boldsymbol{A}^{-1}\boldsymbol{B}^{-1}\Leftrightarrow\boldsymbol{AB}=\boldsymbol{BA}$.

(4)若 $\boldsymbol{A}^2=\boldsymbol{E}$ 且 $\boldsymbol{A}\neq\boldsymbol{E}$,则 $\det(\boldsymbol{A}+\boldsymbol{E})=0$.

(5)若 $\boldsymbol{A}$ 和 $\boldsymbol{B}$ 都是非零的 n 阶方阵且 $\boldsymbol{AB}=\boldsymbol{O}$,则 $\boldsymbol{A}$ 和 $\boldsymbol{B}$ 都不可逆.

(6)若 $\boldsymbol{A}$ 可逆且 $\boldsymbol{A}^2+\boldsymbol{AB}+\boldsymbol{B}^2=\boldsymbol{O}$,则 $\boldsymbol{B}$,$\boldsymbol{A}+\boldsymbol{B}$ 和 $\boldsymbol{AB}$ 都可逆.

(7)若 $\boldsymbol{A}^2-\boldsymbol{A}+\boldsymbol{E}=\boldsymbol{O}$,则方阵 $\boldsymbol{A}$ 和 $\boldsymbol{A}+\boldsymbol{E}$ 都可逆,并写出 $\boldsymbol{A}^{-1}$ 和$(\boldsymbol{A}+\boldsymbol{E})^{-1}$的表达式.

(8)设 $\boldsymbol{B}$ 满足 $\boldsymbol{B}^2=\boldsymbol{B}$,$\boldsymbol{A}=\boldsymbol{B}+\boldsymbol{E}$,则 $\boldsymbol{A}$ 可逆,并求 $\boldsymbol{A}$ 的逆.

(9)若 $\boldsymbol{C}$ 可逆且 $\boldsymbol{C}^{-1}=(\boldsymbol{C}^{-1}\boldsymbol{B}+\boldsymbol{E})\boldsymbol{A}^{\mathrm{T}}$,则 $\boldsymbol{A}$ 可逆且 $\boldsymbol{A}^{-1}=(\boldsymbol{B}+\boldsymbol{C})^{\mathrm{T}}$.

(10)若 $\boldsymbol{A},\boldsymbol{B},\boldsymbol{A}+\boldsymbol{B}$ 均可逆,则 $\boldsymbol{A}^{-1}+\boldsymbol{B}^{-1}$可逆,并求其逆阵.

(11)若 $\boldsymbol{A}$ 为 n 阶方阵,$\boldsymbol{A}^k=2\boldsymbol{E}$($k$ 为正整数),则$(\boldsymbol{A}^*)^k=2^{n-1}\boldsymbol{E}$.

(12)若 $\boldsymbol{A}$ 可逆,则 $\boldsymbol{A}^*$ 也可逆,且$(\boldsymbol{A}^*)^{-1}=(\boldsymbol{A}^{-1})^*$.

(13)若 $\boldsymbol{A}$ 和 $\boldsymbol{B}$ 是同阶可逆阵,则$(\boldsymbol{AB})^*=\boldsymbol{B}^*\boldsymbol{A}^*$.

(14)若 $\boldsymbol{A}$ 为 n 阶方阵,则$(k\boldsymbol{A})^*=k^{n-1}\boldsymbol{A}^*$.

(15)若 $\boldsymbol{A}$ 可逆,则$(\boldsymbol{A}^{\mathrm{T}})^*=(\boldsymbol{A}^*)^{\mathrm{T}}$.

(16)若方阵 $\boldsymbol{A}$ 满足 $\boldsymbol{AA}^{\mathrm{T}}=\boldsymbol{E}$,则 $\boldsymbol{A}^*(\boldsymbol{A}^*)^{\mathrm{T}}=\boldsymbol{E}$.

6. 设矩阵 $\boldsymbol{A}$ 和 $\boldsymbol{B}$ 满足 $\boldsymbol{AB}=\boldsymbol{A}+\boldsymbol{B}$,证明:

(1)若 $\boldsymbol{A}$ 和 $\boldsymbol{B}$ 都可逆,则 $\boldsymbol{A}^{-1}+\boldsymbol{B}^{-1}=\boldsymbol{E}$;

(2)$\boldsymbol{A}-\boldsymbol{E}$ 和 $\boldsymbol{B}-\boldsymbol{E}$ 都可逆;

(3)$\boldsymbol{AB}=\boldsymbol{BA}$.

7. 解下列矩阵方程:

(1)$\begin{pmatrix}-1 & 1\\ -2 & 1\end{pmatrix}\boldsymbol{X}\begin{pmatrix}2 & 0\\ 2 & 1\end{pmatrix}=\begin{pmatrix}4 & -1\\ 0 & -1\end{pmatrix}$;

(2)$\begin{pmatrix}1 & 0 & 0\\ 0 & 1 & 0\\ 3 & 0 & 1\end{pmatrix}\boldsymbol{X}\begin{pmatrix}1 & 0 & 0\\ 0 & 0 & 1\\ 0 & 1 & 0\end{pmatrix}=\begin{pmatrix}1 & 2 & 3\\ 4 & 5 & 6\\ 7 & 8 & 9\end{pmatrix}$;

(3) $X=\begin{pmatrix}1&-1&0\\-1&1&-1\\-1&0&2\end{pmatrix}X+\begin{pmatrix}2&1\\1&2\\3&0\end{pmatrix}$；

(4) $\begin{pmatrix}1&-1&-1\\2&-1&-3\\3&-2&-5\end{pmatrix}X=\begin{pmatrix}2&1\\1&4\\0&5\end{pmatrix}$.

8. 已知矩阵

$$A=\begin{pmatrix}1&0&0\\1&1&0\\1&1&1\end{pmatrix},\quad B=\begin{pmatrix}0&1&1\\1&0&1\\1&1&0\end{pmatrix}$$

(1)设 $C(E-A^{-1}B)^{\mathrm{T}}A^{\mathrm{T}}=E$，求 C.

(2)设 $AXA+BXB=AXB+BXA+E$，求 X.

(3)设 $AXA^{*}=2XA^{*}+E$，求 X.

(4)设 C 是三阶可逆阵，计算 $(CB^{\mathrm{T}}-E)^{\mathrm{T}}(AC^{-1})^{\mathrm{T}}+[(CA^{-1})^{\mathrm{T}}]^{-1}$.

9. 设

$$A=\begin{pmatrix}\frac{1}{2}&&\\&\frac{1}{4}&\\&&\frac{1}{7}\end{pmatrix}$$

(1)若 $B=(E+A)^{-1}(E-A)$，求 $E+B$；

(2)若 $ABA^{-1}=BA^{-1}+3E$，求 B.

10. (1)设 A 和 B 可逆，证明：

$$\begin{pmatrix}O&B\\A&O\end{pmatrix}^{-1}=\begin{pmatrix}O&A^{-1}\\B^{-1}&O\end{pmatrix}$$

(2)设 A 和 B 可逆，证明：

$$\begin{pmatrix}A&O\\O&B\end{pmatrix}^{*}=\begin{pmatrix}|B|A^{*}&O\\O&|A|B^{*}\end{pmatrix}$$

(3)若上(下)三角阵可逆，则其逆阵仍为上(下)三角阵.

11. 求下列方阵的逆阵：

(1) $\begin{pmatrix}0&0&1&1\\0&0&3&4\\2&4&0&0\\3&5&0&0\end{pmatrix}$；　　(2) $\begin{pmatrix}0&a_1&0&\cdots&0\\0&0&a_2&\cdots&0\\\vdots&\vdots&\vdots&&\vdots\\0&0&0&\cdots&a_{n-1}\\a_n&0&0&\cdots&0\end{pmatrix}$，$\prod\limits_{i=1}^{n}a_i\neq 0$.

12. 设 P,A,B,Q 为同阶方阵，且 $PAQ=B$，B 可逆，证明：A 与 B 等价.

提高题 3-1

1. 设 $\boldsymbol{A}=(a_{ij})_{3\times 3}$，$\boldsymbol{A}^*=\boldsymbol{A}^{\mathrm{T}}$，$a_{11}$，$a_{12}$，$a_{13}$ 为相等的正数，求 a_{11}.

2. 设 $\boldsymbol{A}$ 为 $n(n\geqslant 2)$ 阶可逆阵，对调 $\boldsymbol{A}$ 的第 1 行与第 2 行得 $\boldsymbol{B}$，证明：对调 $\boldsymbol{A}^*$ 的第 1 列与第 2 列得 $-\boldsymbol{B}^*$.

3. 设方阵 $\boldsymbol{A}$ 满足 $\boldsymbol{A}^2+2\boldsymbol{A}-3\boldsymbol{E}=\boldsymbol{O}$，问 m 取何值时，$\boldsymbol{A}+m\boldsymbol{E}$ 可逆？并求其逆.

4. 设 $\boldsymbol{E}-\boldsymbol{AB}$ 可逆，证明：$\boldsymbol{E}-\boldsymbol{BA}$ 也可逆，且 $(\boldsymbol{E}-\boldsymbol{BA})^{-1}=\boldsymbol{E}+\boldsymbol{B}(\boldsymbol{E}-\boldsymbol{AB})^{-1}\boldsymbol{A}$.

5. 设 $\boldsymbol{A}^2=\boldsymbol{B}^2=\boldsymbol{E}$，且 $|\boldsymbol{A}|+|\boldsymbol{B}|=0$，证明：$\boldsymbol{A}+\boldsymbol{B}$ 不可逆.

6. 设 $\boldsymbol{A}$ 为 n 阶非奇异阵，$\boldsymbol{\alpha}$ 为 n 元列向量，b 为常数.

$$\boldsymbol{P}=\begin{pmatrix}\boldsymbol{E} & \boldsymbol{0}\\ -\boldsymbol{\alpha}^{\mathrm{T}}\boldsymbol{A}^* & |\boldsymbol{A}|\end{pmatrix},\quad \boldsymbol{Q}=\begin{pmatrix}\boldsymbol{A} & \boldsymbol{\alpha}\\ \boldsymbol{\alpha}^{\mathrm{T}} & b\end{pmatrix}$$

(1)计算 $\boldsymbol{PQ}$.

(2)证明：$\boldsymbol{Q}$ 可逆$\Leftrightarrow\boldsymbol{\alpha}^{\mathrm{T}}\boldsymbol{A}^{-1}\boldsymbol{\alpha}\neq b$.

7. 设 $\boldsymbol{A}$，$\boldsymbol{B}$，$\boldsymbol{C}$ 为同阶方阵，$\boldsymbol{B}=\boldsymbol{E}+\boldsymbol{AB}$，$\boldsymbol{C}=\boldsymbol{A}+\boldsymbol{CA}$，求 $\boldsymbol{B}-\boldsymbol{C}$.

3.2 $n\times n$ 型线性方程组

本节主要研究 $n\times n$ 型线性方程组有唯一解的充要条件及其解法，其他情形将在第 5 章加以解决.

3.2.1 $n\times n$ 型齐次线性方程组

齐次线性方程组 $\boldsymbol{Ax}=\boldsymbol{0}$ 一定有解，因为 $\boldsymbol{x}=\boldsymbol{0}$ 总是它的解，把这个解称为 $\boldsymbol{Ax}=\boldsymbol{0}$ 的零解. 若$\boldsymbol{u}\neq\boldsymbol{0}$也是 $\boldsymbol{Ax}=\boldsymbol{0}$ 的解，则称 $\boldsymbol{u}$ 是 $\boldsymbol{Ax}=\boldsymbol{0}$ 的非零解.

齐次线性方程组的解只有两种情况：(1)只有零解；(2)有非零解. 下面我们针对 $n\times n$ 型齐次线性方程组给出其有何种解的判别方法.

定理 3-5 $n\times n$ 型齐次线性方程组 $\boldsymbol{Ax}=0$ 只有零解(有非零解)的充要条件是 $|\boldsymbol{A}|\neq 0$ ($|\boldsymbol{A}|=0$).

注意 $|\boldsymbol{A}|\neq 0\Leftrightarrow\boldsymbol{A}$ 可逆，$|\boldsymbol{A}|=0\Leftrightarrow\boldsymbol{A}$ 不可逆.

证明 充分性 因为 $|\boldsymbol{A}|\neq 0$，所以 $\boldsymbol{A}$ 可逆. 在 $\boldsymbol{Ax}=\boldsymbol{0}$ 的两端同时左乘 $\boldsymbol{A}^{-1}$ 得 $\boldsymbol{x}=\boldsymbol{0}$，因此 $\boldsymbol{Ax}=\boldsymbol{0}$ 只有零解.

必要性 用反证法证明.

设 $|\boldsymbol{A}|=0$，由定理 1-2 和推论 3-3 可知，存在可逆阵 $\boldsymbol{P}$ 和 $\boldsymbol{Q}$，使得

$$\boldsymbol{PAQ}=\begin{pmatrix}\boldsymbol{E}_s & \boldsymbol{O}\\ \boldsymbol{O} & \boldsymbol{O}\end{pmatrix}$$

由 $|\boldsymbol{A}|=0$ 可知，$|\boldsymbol{PAQ}|=0$，$s<n$，$\boldsymbol{PAQ}$ 的最后一列一定为零向量. 于是，有

$$(\boldsymbol{PAQ})\boldsymbol{e}_n=\boldsymbol{0}$$

消去 $\boldsymbol{P}$，得 $\boldsymbol{A}(\boldsymbol{Q}\boldsymbol{e}_n)=\boldsymbol{0}$.

由 $\boldsymbol{Q}$ 可逆可知，$\boldsymbol{Q}$ 的第 n 列 $\boldsymbol{Q}\boldsymbol{e}_n\neq 0$. 因此，$\boldsymbol{Ax}=\boldsymbol{0}$ 有非零解 $\boldsymbol{Q}\boldsymbol{e}_n$，这与 $\boldsymbol{Ax}=\boldsymbol{0}$ 只有零解矛盾，所以 $|\boldsymbol{A}|\neq 0$.

【例 3-10】 k 满足什么条件时，方程组

$$\begin{cases} kx_1+x_2+x_3=0 \\ x_1+kx_2+x_3=0 \\ x_1+x_2+kx_3=0 \end{cases}$$

(1)只有零解？(2)有非零解？

解　设该方程组的系数阵为 $\boldsymbol{A}$.

$$|\boldsymbol{A}|=\begin{vmatrix} k & 1 & 1 \\ 1 & k & 1 \\ 1 & 1 & k \end{vmatrix} \xlongequal{c_1+c_2+c_3} \begin{vmatrix} k+2 & 1 & 1 \\ k+2 & k & 1 \\ k+2 & 1 & k \end{vmatrix}$$

$$\xlongequal[r_3-r_1]{r_2-r_1} \begin{vmatrix} k+2 & 1 & 1 \\ 0 & k-1 & 0 \\ 0 & 0 & k-1 \end{vmatrix}=(k+2)(k-1)^2$$

由定理 3-5 可得：

(1)当 $k\neq -2$ 且 $k\neq 1$ 时，$|\boldsymbol{A}|\neq 0$，该方程组只有零解.

(2)当 $k=-2$ 或 $k=1$ 时，$|\boldsymbol{A}|=0$，该方程组有非零解.

3.2.2　$n\times n$ 型非齐次线性方程组

定理 3-6　$n\times n$ 型非齐次线性方程组 $\boldsymbol{Ax}=\boldsymbol{b}$ 有唯一解的充要条件是 $|\boldsymbol{A}|\neq 0$($\boldsymbol{A}$ 可逆)，其解为 $\boldsymbol{x}=\boldsymbol{A}^{-1}\boldsymbol{b}$.

证明　充分性　因为 $|\boldsymbol{A}|\neq 0$，所以 $\boldsymbol{A}^{-1}$ 存在. 由

$$\boldsymbol{A}(\boldsymbol{A}^{-1}\boldsymbol{b})=(\boldsymbol{A}\boldsymbol{A}^{-1})\boldsymbol{b}=\boldsymbol{b}$$

可知，$\boldsymbol{x}=\boldsymbol{A}^{-1}\boldsymbol{b}$ 是 $\boldsymbol{Ax}=\boldsymbol{b}$ 的解.

设 $\boldsymbol{u}$ 为 $\boldsymbol{Ax}=\boldsymbol{b}$ 的任一解，则有 $\boldsymbol{Au}=\boldsymbol{b}$，在 $\boldsymbol{Au}=\boldsymbol{b}$ 的两端左乘 $\boldsymbol{A}^{-1}$，得 $\boldsymbol{u}=\boldsymbol{A}^{-1}\boldsymbol{b}$，故 $\boldsymbol{x}=\boldsymbol{A}^{-1}\boldsymbol{b}$ 是 $\boldsymbol{Ax}=\boldsymbol{b}$ 的唯一解.

必要性　设 $\boldsymbol{Ax}=\boldsymbol{b}$ 有唯一解 $\boldsymbol{u}_1$，即 $\boldsymbol{Au}_1=\boldsymbol{b}$. 下面用反证法证明 $|\boldsymbol{A}|\neq 0$.

假设 $|\boldsymbol{A}|=0$，则由定理 3-5 可知，$\boldsymbol{Ax}=\boldsymbol{0}$ 有非零解. 设 $\boldsymbol{u}_2\neq\boldsymbol{0}$ 为 $\boldsymbol{Ax}=\boldsymbol{0}$ 的非零解，即 $\boldsymbol{Au}_2=\boldsymbol{0}$，则有

$$\boldsymbol{A}(\boldsymbol{u}_1+\boldsymbol{u}_2)=\boldsymbol{Au}_1+\boldsymbol{Au}_2=\boldsymbol{b}$$

这说明 $\boldsymbol{u}_1+\boldsymbol{u}_2$ 也是 $\boldsymbol{Ax}=\boldsymbol{b}$ 的解，与题设矛盾. 所以 $|\boldsymbol{A}|\neq 0$.

注意　当 $|\boldsymbol{A}|=0$ 时，非齐次方程组 $\boldsymbol{Ax}=\boldsymbol{b}$ 有可能有无穷多个解，也可能没有解.

定理 3-7　(Cramer 法则)当 $|\boldsymbol{A}|\neq 0$ 时，$n\times n$ 型非齐次线性方程组 $\boldsymbol{Ax}=\boldsymbol{b}$ 有唯一解

$$\boldsymbol{x}_i=\frac{|\boldsymbol{B}_i|}{|\boldsymbol{A}|}\quad (i=1,2,\cdots,n)$$

其中，$\boldsymbol{B}_i$ 是把 $\boldsymbol{A}$ 的第 i 列 $\boldsymbol{a}_i$ 换为 $\boldsymbol{b}$ 所得的矩阵.

证明 由定理 3-6 可知，当$|\boldsymbol{A}|\neq 0$时，方程组$\boldsymbol{Ax}=\boldsymbol{b}$有唯一解$\boldsymbol{x}=\boldsymbol{A}^{-1}\boldsymbol{b}$.

由$\boldsymbol{A}=(\boldsymbol{a}_1,\cdots,\boldsymbol{a}_i,\cdots,\boldsymbol{a}_n)$，$\boldsymbol{B}_i=(\boldsymbol{a}_1,\cdots,\boldsymbol{b},\cdots,\boldsymbol{a}_n)$可知，$\boldsymbol{A}$和$\boldsymbol{B}_i$只有第$i$列可能不同，所以$\boldsymbol{A}$和$\boldsymbol{B}_i$的第$i$列的对应元素有相同的代数余子式，设$\boldsymbol{b}=(b_1,b_2,\cdots,b_n)^{\mathrm{T}}$，则有

$$|\boldsymbol{B}_i|=b_1A_{1i}+b_2A_{2i}+\cdots+b_nA_{ni}$$

$$x_i=\boldsymbol{e}_i^{\mathrm{T}}\boldsymbol{x}=\boldsymbol{e}_i^{\mathrm{T}}\boldsymbol{A}^{-1}\boldsymbol{b}=\frac{\boldsymbol{e}_i^{\mathrm{T}}\boldsymbol{A}^*\boldsymbol{b}}{|\boldsymbol{A}|}=\frac{1}{|\boldsymbol{A}|}(A_{1i},A_{2i},\cdots,A_{ni})\boldsymbol{b}=\frac{|\boldsymbol{B}_i|}{|\boldsymbol{A}|}\quad(i=1,2,\cdots,n)$$

【例 3-11】 用 Cramer 法则解线性方程组

$$\begin{cases}2x_1+x_2=0\\3x_1-x_2+2x_3=1\\2x_1+x_2-2x_3=2\end{cases}$$

解 因为

$$|\boldsymbol{A}|=\begin{vmatrix}2&1&0\\3&-1&2\\2&1&-2\end{vmatrix}=10,\qquad |\boldsymbol{B}_1|=\begin{vmatrix}0&1&0\\1&-1&2\\2&1&-2\end{vmatrix}=6$$

$$|\boldsymbol{B}_2|=\begin{vmatrix}2&0&0\\3&1&2\\2&2&-2\end{vmatrix}=-12,\qquad |\boldsymbol{B}_3|=\begin{vmatrix}2&1&0\\3&-1&1\\2&1&2\end{vmatrix}=-10$$

所以该方程组的解为$x_1=\dfrac{3}{5}$，$x_2=-\dfrac{6}{5}$，$x_3=-1$.

注意 解系数阵为可逆阵的线性方程组共有 3 种方法：初等行变换法、求逆矩阵法和 Cramer 法则，这 3 种方法的计算量是依次递增的.

习题 3-2

1. 当k为何值时，下列方程组有非零解？只有零解？

(1)$\begin{cases}x_1+2x_2+x_3=0\\2x_1+3x_2+(k+2)x_3=0\\x_1+kx_2-2x_3=0\end{cases}$；　(2)$\begin{cases}kx_1-kx_3=0\\x_1+x_2+x_3=0\\-x_1+3kx_2=0\end{cases}$.

2. 分别用初等行变换法、求逆矩阵法和 Cramer 法则解下面的线性方程组：

$$\begin{cases}x_1-x_2+x_3=0\\2x_2+x_3=1\\x_1+x_2-x_3=4\end{cases}$$

3. 已知方程组

$$\begin{cases}ax_1+bx_2+bx_3+\cdots+bx_n=0\\bx_1+ax_2+bx_3+\cdots+bx_n=0\\\quad\vdots\\bx_1+bx_2+bx_3+\cdots+ax_n=0\end{cases}$$

有非零解，试写出a，b应满足的条件.

4. 设$\boldsymbol{A}$是n阶方阵，证明$|\boldsymbol{A}|=0\Leftrightarrow$存在$n$阶方阵$\boldsymbol{B}\neq\boldsymbol{O}$，使得$\boldsymbol{AB}=\boldsymbol{O}$.

5. 设 $\boldsymbol{\alpha}=(a_1,a_2,\cdots,a_n)^{\mathrm{T}}$，且 $\boldsymbol{\alpha}^{\mathrm{T}}\boldsymbol{\alpha}=1$，证明 $|\boldsymbol{E}-\boldsymbol{\alpha}\boldsymbol{\alpha}^{\mathrm{T}}|=0$.

提高题 3-2

1. 设 a_1,a_2,a_3,a_4 互不相等，证明：方程组

$$\begin{cases} x_1+\ \ x_2+\ \ x_3+\ \ x_4=1 \\ a_1x_1+a_2x_2+a_3x_3+a_4x_4=b \\ a_1^2x_1+a_2^2x_2+a_3^2x_3+a_4^2x_4=b^2 \\ a_1^3x_1+a_2^3x_2+a_3^3x_3+a_4^3x_4=b^3 \end{cases}$$

有唯一解，并求其解.

2. 设 $a_1,a_2,\cdots,a_n$ 是互不相同的 n 个数，$b_1,b_2,\cdots,b_n$ 是任意的 n 个数. 证明：存在唯一的多项式 $f(x)=c_{n-1}x^{n-1}+c_{n-2}x^{n-2}+\cdots+c_1x+c_0$，使 $f(a_i)=b_i(i=1,2,\cdots,n)$.

3. 求一个二次多项式 $f(x)$，使 $f(1)=9,f(-1)=3,f(0)=4$.

*3.3　分块阵的初等变换

分块阵的初等变换是研究分块阵的有力工具，它和普通矩阵的初等变换类似.

定义 3-4　下面的三种变换统称为分块初等变换.

(1) 对调变换：对调分块阵的两行或两列.

(2) 倍乘变换：将分块阵的某一行左乘一个可逆阵，或将分块阵的某一列右乘一个可逆阵.

(3) 倍加变换：将分块阵的某一行左乘一个矩阵后加到另一行上去，或将分块阵的某一列右乘一个矩阵后加到另一列上去.

定义 3-5　将单位阵的行和列作同样的分块所得到的分块阵称为分块单位阵.

定义 3-6　对分块单位阵进行一次分块初等变换所得到的矩阵叫作分块初等阵.

例如，对 $\boldsymbol{E}=\begin{bmatrix}\boldsymbol{E}_m & \boldsymbol{O}\\ \boldsymbol{O} & \boldsymbol{E}_n\end{bmatrix}$ 进行一次分块初等变换得到如下的分块初等阵：

(1) $\begin{bmatrix}\boldsymbol{O} & \boldsymbol{E}_n\\ \boldsymbol{E}_m & \boldsymbol{O}\end{bmatrix}$ 或 $\begin{bmatrix}\boldsymbol{O} & \boldsymbol{E}_m\\ \boldsymbol{E}_n & \boldsymbol{O}\end{bmatrix}$；

(2) $\begin{pmatrix}\boldsymbol{P} & \boldsymbol{O}\\ \boldsymbol{O} & \boldsymbol{E}_n\end{pmatrix}$ 或 $\begin{pmatrix}\boldsymbol{E}_m & \boldsymbol{O}\\ \boldsymbol{O} & \boldsymbol{Q}\end{pmatrix}$，其中，$\boldsymbol{P}$ 和 $\boldsymbol{Q}$ 分别为 m 阶和 n 阶可逆阵；

(3) $\begin{bmatrix}\boldsymbol{E}_m & \boldsymbol{O}\\ \boldsymbol{K} & \boldsymbol{E}_n\end{bmatrix}$ 或 $\begin{bmatrix}\boldsymbol{E}_m & \boldsymbol{L}\\ \boldsymbol{O} & \boldsymbol{E}_n\end{bmatrix}$，其中，$\boldsymbol{K}$ 和 $\boldsymbol{L}$ 分别为 $n\times m$ 型和 $m\times n$ 型矩阵.

分块初等变换与分块初等阵有着和普通的初等变换与初等阵类似的结论.

定理 3-8　对一个分块阵 M 进行一次分块初等行(列)变换相当于用一个对应的分块初等阵左乘(右乘)分块阵 M.

定理 3-9　设分块阵 $\boldsymbol{M}=\begin{pmatrix}\boldsymbol{A}\\ \boldsymbol{B}\end{pmatrix}$，$\boldsymbol{A}$ 为 $m\times s$ 型矩阵，$\boldsymbol{B}$ 为 $n\times s$ 型矩阵，且 $m+n=s$. 对

$\boldsymbol{M}$ 进行分块初等行变换，则具有下列结论.

(1)若 $\boldsymbol{M}\xrightarrow{r_1\leftrightarrow r_2}\boldsymbol{N}$，即 $\begin{pmatrix}\boldsymbol{A}\\ \boldsymbol{B}\end{pmatrix}\to\begin{pmatrix}\boldsymbol{B}\\ \boldsymbol{A}\end{pmatrix}$，则 $|\boldsymbol{M}|=(-1)^{mn}|\boldsymbol{N}|$；

(2)若 $\boldsymbol{M}\xrightarrow{\boldsymbol{P}r_1}\boldsymbol{N}$，即 $\begin{pmatrix}\boldsymbol{A}\\ \boldsymbol{B}\end{pmatrix}\to\begin{pmatrix}\boldsymbol{PA}\\ \boldsymbol{B}\end{pmatrix}$，其中，$\boldsymbol{P}$ 为 m 阶可逆阵，则 $|\boldsymbol{M}|=\dfrac{|\boldsymbol{N}|}{|\boldsymbol{P}|}$；

(3)若 $\boldsymbol{M}\xrightarrow{r_2+\boldsymbol{K}r_1}\boldsymbol{N}$，即 $\begin{pmatrix}\boldsymbol{A}\\ \boldsymbol{B}\end{pmatrix}\to\begin{pmatrix}\boldsymbol{A}\\ \boldsymbol{B}+\boldsymbol{KA}\end{pmatrix}$，其中，$\boldsymbol{K}$ 为 $n\times m$ 型矩阵，则 $|\boldsymbol{M}|=|\boldsymbol{N}|$.

证明 [只给出(2)的证明过程]

根据定理 3-8，可得

$$\begin{pmatrix}\boldsymbol{P} & \boldsymbol{O}\\ \boldsymbol{O} & \boldsymbol{E}_n\end{pmatrix}\boldsymbol{M}=\boldsymbol{N}$$

对应的行列式为

$$\begin{vmatrix}\boldsymbol{P} & \boldsymbol{O}\\ \boldsymbol{O} & \boldsymbol{E}_n\end{vmatrix}\cdot|\boldsymbol{M}|=|\boldsymbol{N}|$$

即

$$|\boldsymbol{P}|\cdot|\boldsymbol{M}|=|\boldsymbol{N}|$$

所以

$$|\boldsymbol{M}|=\frac{|\boldsymbol{N}|}{|\boldsymbol{P}|}$$

注意 对分块阵进行分块初等列变换，其行列式也有类似结论.

定理 3-10 设 $\boldsymbol{A},\boldsymbol{D}$ 分别为 m 阶和 n 阶方阵，若

$$\left(\begin{array}{cc:cc}\boldsymbol{A} & \boldsymbol{B} & \boldsymbol{E}_m & \boldsymbol{O}\\ \boldsymbol{C} & \boldsymbol{D} & \boldsymbol{O} & \boldsymbol{E}_n\end{array}\right)\xrightarrow{\text{分块初等行变换}}\left(\begin{array}{cc:cc}\boldsymbol{E}_m & \boldsymbol{O} & \boldsymbol{A}_1 & \boldsymbol{B}_1\\ \boldsymbol{O} & \boldsymbol{E}_n & \boldsymbol{C}_1 & \boldsymbol{D}_1\end{array}\right)$$

则

$$\begin{pmatrix}\boldsymbol{A} & \boldsymbol{B}\\ \boldsymbol{C} & \boldsymbol{D}\end{pmatrix}^{-1}=\begin{pmatrix}\boldsymbol{A}_1 & \boldsymbol{B}_1\\ \boldsymbol{C}_1 & \boldsymbol{D}_1\end{pmatrix}$$

【例 3-12】 试证行列式乘法公式：

$$|\boldsymbol{AB}|=|\boldsymbol{A}|\cdot|\boldsymbol{B}|$$

其中，$\boldsymbol{A},\boldsymbol{B}$ 都是 n 阶方阵.

证明

$$|\boldsymbol{AB}|=\begin{vmatrix}\boldsymbol{AB} & \boldsymbol{O}\\ \boldsymbol{B} & \boldsymbol{E}_n\end{vmatrix}\xlongequal{r_1-\boldsymbol{A}r_2}\begin{vmatrix}\boldsymbol{O} & -\boldsymbol{A}\\ \boldsymbol{B} & \boldsymbol{E}_n\end{vmatrix}$$

$$\xlongequal{c_1\leftrightarrow c_2}(-1)^{n^2}\begin{vmatrix}-\boldsymbol{A} & \boldsymbol{O}\\ \boldsymbol{E}_n & \boldsymbol{B}\end{vmatrix}=(-1)^{n^2}|-\boldsymbol{A}|\cdot|\boldsymbol{B}|$$

$$=(-1)^{n^2+n}|\boldsymbol{A}|\cdot|\boldsymbol{B}|=|\boldsymbol{A}|\cdot|\boldsymbol{B}|$$

【例 3-13】 设 $\boldsymbol{A}$ 和 $\boldsymbol{B}$ 都是 n 阶方阵，证明：

$$\begin{vmatrix}\boldsymbol{A} & \boldsymbol{B}\\ \boldsymbol{B} & \boldsymbol{A}\end{vmatrix}=|\boldsymbol{A}+\boldsymbol{B}|\cdot|\boldsymbol{A}-\boldsymbol{B}|$$

证明

$$\begin{vmatrix} A & B \\ B & A \end{vmatrix} \xlongequal{r_2+r_1} \begin{vmatrix} A & B \\ A+B & A+B \end{vmatrix} \xlongequal{c_1-c_2} \begin{vmatrix} A-B & B \\ O & A+B \end{vmatrix} = |A+B||A-B|$$

【例 3-14】 设 A 和 B 分别为 $m\times n$ 型和 $n\times m$ 型矩阵,证明:

$$\begin{vmatrix} E_n & B \\ A & E_m \end{vmatrix} = |E_m - AB| = |E_n - BA|$$

证明

$$\begin{vmatrix} E_n & B \\ A & E_m \end{vmatrix} \xlongequal{r_2-Ar_1} \begin{vmatrix} E_n & B \\ O & E_m-AB \end{vmatrix} = |E_n| \cdot |E_m-AB| = |E_m-AB|$$

$$\begin{vmatrix} E_n & B \\ A & E_m \end{vmatrix} \xlongequal{r_1-Br_2} \begin{vmatrix} E_n-BA & O \\ A & E_m \end{vmatrix} = |E_n-BA| \cdot |E_m| = |E_n-BA|$$

所以结论成立.

注意　计算分块阵的行列式时主要是利用分块三角阵的行列式公式,所以计算时要想办法使用分块初等变换将其化为分块三角行列式的形式.

【例 3-15】 设 A 和 B 分别为 m 阶和 n 阶可逆阵,C 为 $n\times m$ 型矩阵,证明:

$$\begin{pmatrix} A & O \\ C & B \end{pmatrix}^{-1} = \begin{pmatrix} A^{-1} & O \\ -B^{-1}CA^{-1} & B^{-1} \end{pmatrix}$$

证明　因为

$$\begin{pmatrix} A & O & E_m & O \\ C & B & O & E_n \end{pmatrix} \xrightarrow[B^{-1}r_2]{A^{-1}r_1} \begin{pmatrix} E_m & O & A^{-1} & O \\ B^{-1}C & E_n & O & B^{-1} \end{pmatrix} \xrightarrow{r_2-B^{-1}Cr_1} \begin{pmatrix} E_m & O & A^{-1} & O \\ O & E_n & -B^{-1}CA^{-1} & B^{-1} \end{pmatrix}$$

所以

$$\begin{pmatrix} A & O \\ C & B \end{pmatrix}^{-1} = \begin{pmatrix} A^{-1} & O \\ -B^{-1}CA^{-1} & B^{-1} \end{pmatrix}$$

思考题 3-3

1. 作分块阵的倍乘行变换和倍加行变换时,所乘矩阵的位置与作分块阵的倍乘列变换和倍加列变换时所乘矩阵的位置有什么不同?

2. 设 A 和 B 同型,$(A,B)\xrightarrow{c_2+c_1Q}N$,试用 A,B,Q 表示 N. 若用 (A,B) 和分块初等阵表示 N,又是什么形式?

习题 3-3

1. 设 A,B,C,D 都是 n 阶方阵,$|A|\neq 0$,$AC=CA$,证明:

$$\begin{vmatrix} A & B \\ C & D \end{vmatrix} = |AD-CB|$$

2. 设 $\boldsymbol{A},\boldsymbol{B},\boldsymbol{C},\boldsymbol{D}$ 都是 n 阶方阵，$\boldsymbol{D}$ 可逆，$\boldsymbol{H}=\begin{pmatrix}\boldsymbol{A} & \boldsymbol{B}\\ \boldsymbol{C} & \boldsymbol{D}\end{pmatrix}$，试证明 $\boldsymbol{H}$ 可逆$\Leftrightarrow \boldsymbol{A}-\boldsymbol{B}\boldsymbol{D}^{-1}\boldsymbol{C}$ 可逆.

3. 设 $\boldsymbol{\alpha}$ 为 n 元列向量，$\boldsymbol{\alpha}^T\boldsymbol{\alpha}=1$，试根据例 3-14 的结论证明 $|\boldsymbol{E}_n-\boldsymbol{\alpha}\boldsymbol{\alpha}^T|=0$.

*3.4 应用举例

逆矩阵可用来对需传输的信息加密.

【例 3-16】 表 3-1 给出了一种编码方式.

表 3-1

字母	a	b	c	d	e	f	g	h	i	j	k	l	m	n	o	p	q	r	s	t	u	v	w	x	y	z	空格
代码	1	2	3	4	5	6	7	8	9	10	11	12	13	14	15	16	17	18	19	20	21	22	23	24	25	26	0

为传输信息

go tomorrow

可把对应的编码按列写成 3×4 型矩阵

$$\boldsymbol{B}=\begin{pmatrix}7 & 20 & 15 & 15\\ 15 & 15 & 18 & 23\\ 0 & 13 & 18 & 0\end{pmatrix}$$

如果直接发送矩阵 $\boldsymbol{B}$，这是没有加密的信息，容易被破译，无论军事还是商业上均不可行. 为此，如果选取一个元素均为整数，且行列式为±1 的三阶矩阵 $\boldsymbol{A}$ 作为密钥矩阵，则由 $\boldsymbol{A}^{-1}=\dfrac{\boldsymbol{A}^*}{|\boldsymbol{A}|}$ 可知，$\boldsymbol{A}^{-1}$ 的元素均为整数. 令

$$\boldsymbol{C}=\boldsymbol{A}\boldsymbol{B}$$

则 $\boldsymbol{C}$ 是 3×4 型矩阵，其元素也均为整数. 若发送加密后的信息构成的矩阵 $\boldsymbol{C}$，己方接收者只需用 $\boldsymbol{A}^{-1}$ 进行解密，即通过 $\boldsymbol{B}=\boldsymbol{A}^{-1}\boldsymbol{C}$ 就能得到所发送的信息.

例如，取

$$\boldsymbol{A}=\begin{pmatrix}1 & 2 & 1\\ 0 & 2 & 1\\ 1 & 1 & 1\end{pmatrix}$$

则 $|\boldsymbol{A}|=1$，且

$$\boldsymbol{A}^{-1}=\begin{pmatrix}1 & -1 & 0\\ 1 & 0 & -1\\ -2 & 1 & 2\end{pmatrix}$$

将矩阵 $\boldsymbol{B}$ 加密后可得矩阵

$$\boldsymbol{C}=\boldsymbol{A}\boldsymbol{B}=\begin{pmatrix}1 & 2 & 1\\ 0 & 2 & 1\\ 1 & 1 & 1\end{pmatrix}\begin{pmatrix}7 & 20 & 15 & 15\\ 15 & 15 & 18 & 23\\ 0 & 13 & 18 & 0\end{pmatrix}$$

$$=\begin{pmatrix}37&63&69&61\\30&43&54&46\\22&48&51&38\end{pmatrix}=\begin{pmatrix}10&9&15&7\\3&16&0&19\\22&21&24&11\end{pmatrix}\quad(\text{模 }27)$$

矩阵 $\boldsymbol{C}$ 对应的信息为"jcvipuo xgsk"，接收者收到该信息后，可再将其转换成矩阵 $\boldsymbol{C}$. 用 $\boldsymbol{A}^{-1}$ 解密，得

$$\boldsymbol{B}=\boldsymbol{A}^{-1}\boldsymbol{C}=\begin{pmatrix}1&-1&0\\1&0&-1\\-2&1&2\end{pmatrix}\begin{pmatrix}10&9&15&7\\3&16&0&19\\22&21&24&11\end{pmatrix}$$

$$=\begin{pmatrix}7&-7&15&-12\\-12&-12&-9&-4\\27&40&18&27\end{pmatrix}=\begin{pmatrix}7&20&15&15\\15&15&18&23\\0&13&18&0\end{pmatrix}\quad(\text{模 }27)$$

即可获得信息

go　tomorrow

这里所述仅是信息加密的原理，实际应用中，密钥矩阵 $\boldsymbol{A}$ 的阶数可能很大，其构造也十分复杂. 第二次世界大战期间，一些优秀的数学家，包括著名数学家 A. M. Turing 等都从事过对己方信息的加密和对敌方信息的破译工作.

为了构造密钥矩阵 $\boldsymbol{A}$，我们可以从单位阵 $\boldsymbol{E}$ 开始，有限次地使用整数倍的倍加变换和对调变换，即可得到理想的密钥矩阵 $\boldsymbol{A}$.

第4章

向量组的线性相关性与矩阵的秩

本章研究向量组的线性相关性、向量组的秩、极大无关组及矩阵的秩. 它们是线性代数中非常重要的基本概念，也是研究线性方程组和向量空间等问题的理论基础.

学习本章要掌握向量组与矩阵的关系：一方面是用向量组的线性相关性及其秩的基本知识来研究矩阵的秩；另一方面是将向量组写成矩阵形式，通过矩阵来研究向量组的问题.

4.1 向量组的线性相关性和秩

线性代数中很多重要的概念产生于对线性方程组研究的需要，例如，矩阵、行列式及初等变换的概念都是由于研究线性方程组的需要而产生的. 本章要介绍的一些主要概念也都与线性方程组的研究有着密切的联系.

对于一般的线性方程组，我们需要解决这样一些问题：何时有解？有解时是有唯一解还是有无穷多个解？当有无穷多个解时，怎样求出和表达方程组的全部解？

为此，我们先介绍线性方程组的向量形式.

$m\times n$ 型线性方程组的矩阵形式为 $\boldsymbol{Ax}=\boldsymbol{b}$. 将 $\boldsymbol{A}$ 按列分块为 $\boldsymbol{A}=(\boldsymbol{a}_1,\boldsymbol{a}_2,\cdots,\boldsymbol{a}_n)$，由

$$\boldsymbol{Ax}=(\boldsymbol{a}_1,\boldsymbol{a}_2,\cdots,\boldsymbol{a}_n)\begin{pmatrix}x_1\\x_2\\\vdots\\x_n\end{pmatrix}=\boldsymbol{a}_1x_1+\boldsymbol{a}_2x_2+\cdots+\boldsymbol{a}_nx_n$$

可知，线性方程组 $\boldsymbol{Ax}=\boldsymbol{b}$ 又可以写成向量形式：

$$\boldsymbol{a}_1x_1+\boldsymbol{a}_2x_2+\cdots+\boldsymbol{a}_nx_n=\boldsymbol{b}$$

由方程组的向量形式可知，方程组 $\boldsymbol{Ax}=\boldsymbol{b}$ 有解的充要条件是存在 n 个数 $k_1,k_2,\cdots,k_n$，使得

$$k_1\boldsymbol{a}_1+k_2\boldsymbol{a}_2+\cdots+k_n\boldsymbol{a}_n=\boldsymbol{b}$$

由此想到，有必要给出下面的定义.

定义 4-1　对于向量组 $\boldsymbol{a}_1,\boldsymbol{a}_2,\cdots,\boldsymbol{a}_n,\boldsymbol{b}$，若存在 n 个数 $k_1,k_2,\cdots,k_n$，使得

$$\boldsymbol{b}=k_1\boldsymbol{a}_1+k_2\boldsymbol{a}_2+\cdots+k_n\boldsymbol{a}_n$$

则称向量 $\boldsymbol{b}$ 是向量 $\boldsymbol{a}_1,\boldsymbol{a}_2,\cdots,\boldsymbol{a}_n$ 的线性组合，或称向量 $\boldsymbol{b}$ 能由 $\boldsymbol{a}_1,\boldsymbol{a}_2,\cdots,\boldsymbol{a}_n$ 线性表示.

由定义 4-1 及上面的讨论可得下面的定理.

定理 4-1　设 $\boldsymbol{Ax}=\boldsymbol{b}$ 是 $m\times n$ 型线性方程组.

(1)$\boldsymbol{Ax}=\boldsymbol{b}$ 有解$\Leftrightarrow$向量 $\boldsymbol{b}$ 能由 $\boldsymbol{A}$ 的列向量组 $\boldsymbol{a}_1,\boldsymbol{a}_2,\cdots,\boldsymbol{a}_n$ 线性表示.

(2)$\boldsymbol{Ax}=\boldsymbol{b}$ 有唯一解$\Leftrightarrow$向量 $\boldsymbol{b}$ 能由 $\boldsymbol{A}$ 的列向量组 $\boldsymbol{a}_1,\boldsymbol{a}_2,\cdots,\boldsymbol{a}_n$ 线性表示且表达式唯一.

由定理 4-1 可知，方程组 $\boldsymbol{Ax}=\boldsymbol{b}$ 是否有解，就在于向量 $\boldsymbol{b}$ 能否由 $\boldsymbol{A}$ 的列向量 $\boldsymbol{a}_1,\boldsymbol{a}_2,\cdots,\boldsymbol{a}_n$线性表示，因而我们需要对向量之间的线性关系进行深入的研究.

4.1.1　向量组的线性相关性

我们对齐次线性方程组有非零解的条件加以分析，引出向量组线性相关的概念. 由齐次线性方程组的向量形式可知：

$m\times n$ 型齐次线性方程组 $\boldsymbol{Ax}=\boldsymbol{0}$ 有非零解

$\Leftrightarrow\boldsymbol{a}_1x_1+\boldsymbol{a}_2x_2+\cdots+\boldsymbol{a}_nx_n=\boldsymbol{0}$ 有非零解

$\Leftrightarrow$存在 n 个不全为零的数 $k_1,k_2,\cdots,k_n$，使得

$k_1\boldsymbol{a}_1+k_2\boldsymbol{a}_2+\cdots+k_n\boldsymbol{a}_n=\boldsymbol{0}$

针对上面的结论，我们给出下面的定义.

定义 4-2　对于向量组 $\boldsymbol{a}_1,\boldsymbol{a}_2,\cdots,\boldsymbol{a}_n$，

(1)若存在 n 个不全为零的数 $k_1,k_2,\cdots,k_n$，使得

$$k_1\boldsymbol{a}_1+k_2\boldsymbol{a}_2+\cdots+k_n\boldsymbol{a}_n=\boldsymbol{0}$$

则称该向量组线性相关.

(2)若仅当 $x_1,x_2,\cdots,x_n$ 全为零时，才使

$$x_1\boldsymbol{a}_1+x_2\boldsymbol{a}_2+\cdots+x_n\boldsymbol{a}_n=\boldsymbol{0}$$

则称该向量组线性无关.

注意　向量组 $\boldsymbol{a}_1,\boldsymbol{a}_2,\cdots,\boldsymbol{a}_n$ 是线性相关还是线性无关，取决于线性表达式 $x_1\boldsymbol{a}_1+x_2\boldsymbol{a}_2+\cdots+x_n\boldsymbol{a}_n=\boldsymbol{0}$ 成立时，其系数的取值情况：可以不全为零还是必须全为零.

由上面的讨论及第 3 章定理 3-5 可得定理 4-2.

定理 4-2　设 $\boldsymbol{A}=(\boldsymbol{a}_1,\boldsymbol{a}_2,\cdots,\boldsymbol{a}_n)$.

(1)向量组 $\boldsymbol{a}_1,\boldsymbol{a}_2,\cdots,\boldsymbol{a}_n$ 线性相关(无关)$\Leftrightarrow$齐次线性方程组 $\boldsymbol{Ax}=\boldsymbol{0}$ 有非零解(只有零解).

(2)当 $\boldsymbol{A}$ 为方阵时，向量组 $\boldsymbol{a}_1,\boldsymbol{a}_2,\cdots,\boldsymbol{a}_n$ 线性相关(无关)$\Leftrightarrow|\boldsymbol{A}|=0(|\boldsymbol{A}|\neq 0)$.

(3)可逆阵的列向量组一定线性无关.

【例 4-1】　证明：单个向量 $\boldsymbol{a}$ 线性相关(无关)$\Leftrightarrow\boldsymbol{a}=\boldsymbol{0}(\boldsymbol{a}\neq\boldsymbol{0})$.

证明　(只对线性相关的情形给出证明)

充分性　由 $\boldsymbol{a}=\boldsymbol{0}$ 知，存在不为零的数 1，使得 $1\boldsymbol{a}=\boldsymbol{0}$，所以 $\boldsymbol{a}$ 线性相关.

必要性 由 $\boldsymbol{a}$ 线性相关知，存在不为零的数 k，使得 $k\boldsymbol{a}=\boldsymbol{0}$，所以 $\boldsymbol{a}=\boldsymbol{0}$.

【例 4-2】 证明：含有零向量的向量组一定线性相关.

证明 设向量组 $\boldsymbol{a}_1,\boldsymbol{a}_2,\cdots,\boldsymbol{a}_n$ 中有一个向量 $\boldsymbol{a}_1=\boldsymbol{0}$，则有

$$1\boldsymbol{a}_1+0\boldsymbol{a}_2+\cdots+0\boldsymbol{a}_n=\boldsymbol{0}$$

因为上式中的系数不全为零，所以该向量组线性相关.

【例 4-3】 当 k 为何值时，向量组 $\boldsymbol{a}_1=(1,2,3)^{\mathrm{T}},\boldsymbol{a}_2=(2,2,4)^{\mathrm{T}},\boldsymbol{a}_3=(2,1,k)^{\mathrm{T}}$ 线性相关？

解 根据定理 4-2，由

$$|\boldsymbol{a}_1,\boldsymbol{a}_2,\boldsymbol{a}_3|=\begin{vmatrix}1&2&2\\2&2&1\\3&4&k\end{vmatrix}=6-2k$$

可知，当 $6-2k=0$，即 $k=3$ 时，向量组 $\boldsymbol{a}_1,\boldsymbol{a}_2,\boldsymbol{a}_3$ 线性相关.

对于能组成方阵的向量组，可通过行列式来讨论其线性相关性. 对于不能组成方阵的向量组，可通过秩或其他方法来讨论，我们将在后面的章节加以介绍.

下面给出线性相关的一个重要结论.

定理 4-3 向量组 $\boldsymbol{a}_1,\boldsymbol{a}_2,\cdots,\boldsymbol{a}_n(n\geqslant 2)$ 线性相关的充要条件是该向量组中至少有一个向量可由其余的 $n-1$ 个向量线性表示.

证明 **充分性** 不妨设 $\boldsymbol{a}_n$ 可由 $\boldsymbol{a}_1,\boldsymbol{a}_2,\cdots,\boldsymbol{a}_{n-1}$ 线性表示，并设

$$\boldsymbol{a}_n=k_1\boldsymbol{a}_1+k_2\boldsymbol{a}_2+\cdots+k_{n-1}\boldsymbol{a}_{n-1}$$

则有

$$k_1\boldsymbol{a}_1+k_2\boldsymbol{a}_2+\cdots+k_{n-1}\boldsymbol{a}_{n-1}+(-1)\boldsymbol{a}_n=\boldsymbol{0}$$

因为上式成立时系数不全为零，所以 $\boldsymbol{a}_1,\boldsymbol{a}_2,\cdots,\boldsymbol{a}_n$ 线性相关.

必要性 因为 $\boldsymbol{a}_1,\boldsymbol{a}_2,\cdots,\boldsymbol{a}_n$ 线性相关，所以存在不全为零的数 $l_1,l_2,\cdots,l_n$，使得

$$l_1\boldsymbol{a}_1+l_2\boldsymbol{a}_2+\cdots+l_n\boldsymbol{a}_n=\boldsymbol{0}$$

不妨设 $l_1\neq 0$，则有

$$\boldsymbol{a}_1=\left(-\frac{l_2}{l_1}\right)\boldsymbol{a}_2+\left(-\frac{l_3}{l_1}\right)\boldsymbol{a}_3+\cdots+\left(-\frac{l_n}{l_1}\right)\boldsymbol{a}_n$$

即 $\boldsymbol{a}_1$ 可由其余 $n-1$ 个向量线性表示. 证毕.

用反证法可证明：向量组 $\boldsymbol{a}_1,\boldsymbol{a}_2,\cdots,\boldsymbol{a}_n$ 线性无关的充要条件是该向量组中任何一个向量都不能由其余 $n-1$ 个向量线性表示.

定理 4-3 揭示了线性相关与线性表示之间的关系，从上面讨论中可以看到，线性相关的向量之间有线性表示关系，线性无关的向量之间没有线性表示关系，这正反映了线性相关的含义.

由定理 4-3 可知，两个向量 $\boldsymbol{a}_1,\boldsymbol{a}_2$ 线性相关 $\Leftrightarrow \boldsymbol{a}_1$ 和 $\boldsymbol{a}_2$ 成倍数关系.

在使用定理 4-3 证明问题时要注意：当一个向量组线性相关时，其中一定有一个向量能由其余向量线性表示，但到底是哪一个向量有时无法确定，这时要用“不妨设”的方式来表达. 下面介绍一种可以确定的情况.

定理 4-4 若向量组 $\boldsymbol{a}_1,\boldsymbol{a}_2,\cdots,\boldsymbol{a}_m$ 线性无关，而向量组 $\boldsymbol{a}_1,\boldsymbol{a}_2,\cdots,\boldsymbol{a}_m,\boldsymbol{b}$ 线性相关，则

向量 $\boldsymbol{b}$ 可由 $\boldsymbol{a}_1,\boldsymbol{a}_2,\cdots,\boldsymbol{a}_m$ 线性表示且表达式唯一.

证明　由向量组 $\boldsymbol{a}_1,\boldsymbol{a}_2,\cdots,\boldsymbol{a}_m,\boldsymbol{b}$ 线性相关可知,存在不全为零的数 $k_1,k_2,\cdots,k_m,k$,使得

$$k_1\boldsymbol{a}_1+k_2\boldsymbol{a}_2+\cdots+k_m\boldsymbol{a}_m+k\boldsymbol{b}=\boldsymbol{0}$$

我们用反证法来证明 $k\neq 0$.

设 $k=0$,则 $k_1,k_2,\cdots,k_m$ 不全为零,且

$$k_1\boldsymbol{a}_1+k_2\boldsymbol{a}_2+\cdots+k_m\boldsymbol{a}_m=\boldsymbol{0}$$

这与向量组 $\boldsymbol{a}_1,\boldsymbol{a}_2,\cdots,\boldsymbol{a}_m$ 线性无关矛盾,故 $k\neq 0$. 于是

$$\boldsymbol{b}=\left(-\frac{k_1}{k}\right)\boldsymbol{a}_1+\left(-\frac{k_2}{k}\right)\boldsymbol{a}_2+\cdots+\left(-\frac{k_m}{k}\right)\boldsymbol{a}_m$$

即向量 $\boldsymbol{b}$ 可由 $\boldsymbol{a}_1,\boldsymbol{a}_2,\cdots,\boldsymbol{a}_m$ 线性表示.

下面证明表达式唯一.

设

$$\boldsymbol{b}=l_1\boldsymbol{a}_1+l_2\boldsymbol{a}_2+\cdots+l_m\boldsymbol{a}_m$$
$$\boldsymbol{b}=s_1\boldsymbol{a}_1+s_2\boldsymbol{a}_2+\cdots+s_m\boldsymbol{a}_m$$

两式相减,得

$$(l_1-s_1)\boldsymbol{a}_1+(l_2-s_2)\boldsymbol{a}_2+\cdots+(l_m-s_m)\boldsymbol{a}_m=\boldsymbol{0}$$

由于向量组 $\boldsymbol{a}_1,\boldsymbol{a}_2,\cdots,\boldsymbol{a}_m$ 线性无关,因此

$$l_i-s_i=0,\quad 即\ l_i=s_i\quad (i=1,2,\cdots,m)$$

故向量 $\boldsymbol{b}$ 可由 $\boldsymbol{a}_1,\boldsymbol{a}_2,\cdots,\boldsymbol{a}_m$ 唯一地线性表示.

推论 4-1　若向量组 $\boldsymbol{a}_1,\boldsymbol{a}_2,\cdots,\boldsymbol{a}_m$ 线性无关,而向量 $\boldsymbol{a}_{m+1}$ 不能由 $\boldsymbol{a}_1,\boldsymbol{a}_2,\cdots,\boldsymbol{a}_m$ 线性表示,则向量组 $\boldsymbol{a}_1,\boldsymbol{a}_2,\cdots,\boldsymbol{a}_m,\boldsymbol{a}_{m+1}$ 线性无关.

证明　用反证法.

设向量组 $\boldsymbol{a}_1,\boldsymbol{a}_2,\cdots,\boldsymbol{a}_m,\boldsymbol{a}_{m+1}$ 线性相关,由于向量组 $\boldsymbol{a}_1,\boldsymbol{a}_2,\cdots,\boldsymbol{a}_m$ 线性无关,根据定理 4-4 可知,向量 $\boldsymbol{a}_{m+1}$ 可由 $\boldsymbol{a}_1,\boldsymbol{a}_2,\cdots,\boldsymbol{a}_m$ 线性表示,这与已知条件矛盾. 故向量组 $\boldsymbol{a}_1,\boldsymbol{a}_2,\cdots,\boldsymbol{a}_m,\boldsymbol{a}_{m+1}$ 线性无关.

推论 4-2　设向量 $\boldsymbol{b}$ 可由向量 $\boldsymbol{a}_1,\boldsymbol{a}_2,\cdots,\boldsymbol{a}_m$ 线性表示,则表达式唯一$\Leftrightarrow$向量组 $\boldsymbol{a}_1,\boldsymbol{a}_2,\cdots,\boldsymbol{a}_m$ 线性无关.

证明　充分性已由定理 4-4 证明.

必要性　用反证法.

设向量组 $\boldsymbol{a}_1,\boldsymbol{a}_2,\cdots,\boldsymbol{a}_m$ 线性相关,则存在不全为零的数 $k_1,k_2,\cdots,k_m$,使得

$$k_1\boldsymbol{a}_1+k_2\boldsymbol{a}_2+\cdots+k_m\boldsymbol{a}_m=\boldsymbol{0} \tag{①}$$

由于向量 $\boldsymbol{b}$ 可由向量 $\boldsymbol{a}_1,\boldsymbol{a}_2,\cdots,\boldsymbol{a}_m$ 线性表示,所以可设

$$\boldsymbol{b}=l_1\boldsymbol{a}_1+l_2\boldsymbol{a}_2+\cdots+l_m\boldsymbol{a}_m \tag{②}$$

将式①与式②相加,得

$$\boldsymbol{b}=(k_1+l_1)\boldsymbol{a}_1+(k_2+l_2)\boldsymbol{a}_2+\cdots+(k_m+l_m)\boldsymbol{a}_m \tag{③}$$

由 $k_1,k_2,\cdots,k_m$ 不全为零可知,式②与式③不相同,这与表达式唯一矛盾,所以向量组 $\boldsymbol{a}_1,\boldsymbol{a}_2,\cdots,\boldsymbol{a}_m$ 线性无关. 证毕.

当两个或三个向量组之间有某种联系时，其线性相关性也有一定联系，下面来讨论这样的情况.

定理 4-5 若向量组Ⅰ：$\boldsymbol{a}_1,\boldsymbol{a}_2,\cdots,\boldsymbol{a}_t$ 线性相关，则向量组Ⅱ：$\boldsymbol{a}_1,\boldsymbol{a}_2,\cdots,\boldsymbol{a}_t,\boldsymbol{a}_{t+1},\cdots,\boldsymbol{a}_m$ 也线性相关.

证明 由向量组Ⅰ线性相关可知，存在不全为零的数 $k_1,k_2,\cdots,k_t$，使得

$$k_1\boldsymbol{a}_1+k_2\boldsymbol{a}_2+\cdots+k_t\boldsymbol{a}_t=\boldsymbol{0}$$

进一步，可得

$$k_1\boldsymbol{a}_1+k_2\boldsymbol{a}_2+\cdots+k_t\boldsymbol{a}_t+0\boldsymbol{a}_{t+1}+\cdots+0\boldsymbol{a}_m=\boldsymbol{0}$$

由于上式中的系数仍然不全为零，所以向量组Ⅱ也线性相关. 证毕.

用反证法可证明：若向量组Ⅱ线性无关，则向量组Ⅰ也线性无关.

向量组Ⅰ可看成向量组Ⅱ的一部分，因此上面的结论也可概述为“部分相关整体也相关，整体无关部分也无关”.

定理 4-6 设 r 元向量组Ⅰ为 $\boldsymbol{a}_1,\boldsymbol{a}_2,\cdots,\boldsymbol{a}_m$；$s$ 元向量组Ⅱ为 $\boldsymbol{b}_1,\boldsymbol{b}_2,\cdots,\boldsymbol{b}_m$；$(r+s)$元向量组Ⅲ为 $\boldsymbol{c}_1,\boldsymbol{c}_2,\cdots,\boldsymbol{c}_m$，其中

$$\boldsymbol{c}_i=\begin{pmatrix}\boldsymbol{a}_i\\\boldsymbol{b}_i\end{pmatrix}\quad(i=1,2,\cdots,m)$$

(1)若向量组Ⅰ和Ⅱ中有一个线性无关，则向量组Ⅲ也线性无关.

(2)若向量组Ⅲ线性相关，则向量组Ⅰ和Ⅱ都线性相关.

证明 [(2)是(1)的逆否命题，故只需证(1)]

不妨设向量组Ⅰ线性无关. 另设

$$x_1\boldsymbol{c}_1+x_2\boldsymbol{c}_2+\cdots+x_m\boldsymbol{c}_m=\boldsymbol{0}$$

即

$$x_1\begin{pmatrix}\boldsymbol{a}_1\\\boldsymbol{b}_1\end{pmatrix}+x_2\begin{pmatrix}\boldsymbol{a}_2\\\boldsymbol{b}_2\end{pmatrix}+\cdots+x_m\begin{pmatrix}\boldsymbol{a}_m\\\boldsymbol{b}_m\end{pmatrix}=\begin{pmatrix}\boldsymbol{0}_r\\\boldsymbol{0}_s\end{pmatrix}$$

由上式可得

$$x_1\boldsymbol{a}_1+x_2\boldsymbol{a}_2+\cdots+x_m\boldsymbol{a}_m=\boldsymbol{0}_r$$

由于向量组Ⅰ线性无关，所以 $x_1,x_2,\cdots,x_m$ 必须全为零，由线性无关的定义可知，向量组Ⅲ线性无关. 证毕.

为了方便记忆，定理 4-6 可概述为“线性无关的向量组在相同位置添加分量后仍线性无关，线性相关的向量组在相同位置删去分量后仍线性相关”.

4.1.2 向量组的秩和极大无关组

向量组线性相关性的判别与应用

方程组与其增广阵是一一对应的，增广阵的每个行向量对应于方程组中的一个方程，我们可以将向量组的线性表示、线性相关和线性无关的概念推广到方程组. 当增广阵的行向量组线性相关时，其中至少有一个行向量可由其余的行向量线性表示，这意味着方程组中能找到一个方程可由其余的方程线性表示，通过消元法可将这个方程消掉，即这个方程是“多余”的. 我们研究方程组时，希望去掉“多余”的方程，只保留“最

大个数”的线性无关的那些方程，对于增广阵就是要保留“最大个数”的线性无关的行向量.

定义 4-3　在向量组 V 中，若有含 r 个向量的子向量组线性无关，并且 V 中任何含 $r+1$ 个向量的子向量组（当 V 中的向量多于 r 个时）都线性相关，则把 r 叫作向量组 V 的秩.

若向量组 V 的秩为 r，则 V 中含 r 个向量的线性无关的子向量组叫作 V 的极大（线性）无关组（或称最大无关组）.

注意　向量组 V 的秩反映的是向量组 V 中所含线性无关向量的最大个数.

由定义 4-3 可知，向量组 V 线性无关（相关）$\Leftrightarrow$ 向量组 V 的秩等于（小于）其所含向量的个数. 根据这一结论，求出向量组的秩即可知其线性相关性.

只含零向量的向量组的秩规定为零，它没有极大无关组.

对于非零的向量组，它的秩存在且唯一，它的极大无关组存在，但一般不唯一.

由定义 4-3 及定理 4-4 可得下面的定理.

定理 4-7　向量组 V 中的每个向量都可由其极大无关组唯一地线性表示.

根据定理 4-7，当一个方程组有无穷多个解时，找到该方程组的所有解向量所构成集合的一个极大线性无关组，就可用它将该方程组的所有解表示出来，这样我们就找到了表达方程组解的方法.

向量组的线性相关、线性无关、秩和极大无关组的概念对于行向量组和列向量组都适合，可重点掌握列向量组的情况，对于行向量组可进行类似讨论，或通过转置化为列向量组来讨论.

【例 4-4】　分别求列向量组 Ⅰ：$\boldsymbol{a}_1=(1,1,0)^{\mathrm{T}}$，$\boldsymbol{a}_2=(0,1,2)^{\mathrm{T}}$，$\boldsymbol{a}_3=(1,2,2)^{\mathrm{T}}$，$\boldsymbol{a}_4=(1,3,4)^{\mathrm{T}}$ 和行向量组 Ⅱ：$\boldsymbol{b}_1^{\mathrm{T}}=(1,0,1,1)$，$\boldsymbol{b}_2^{\mathrm{T}}=(1,1,2,3)$，$\boldsymbol{b}_3^{\mathrm{T}}=(0,2,2,4)$ 的秩和一个极大无关组.

解　向量组 $\boldsymbol{a}_1,\boldsymbol{a}_2$ 线性无关. 由 $\boldsymbol{a}_3=\boldsymbol{a}_1+\boldsymbol{a}_2$，$\boldsymbol{a}_4=\boldsymbol{a}_1+2\boldsymbol{a}_2$，$\boldsymbol{a}_4=2\boldsymbol{a}_3-\boldsymbol{a}_1$，$\boldsymbol{a}_4=\boldsymbol{a}_2+\boldsymbol{a}_3$ 及定理 4-3 可知向量组 Ⅰ 中任何含 3 个向量的子向量组都线性相关，所以它的秩为 2；$\boldsymbol{a}_1$，$\boldsymbol{a}_2$ 为它的一个极大无关组.

另外，因为向量组 Ⅰ 中任何两个向量都线性无关，所以任何两个向量都可作为向量组 Ⅰ 的一个极大无关组.

$\boldsymbol{b}_1^{\mathrm{T}}$，$\boldsymbol{b}_2^{\mathrm{T}}$ 线性无关. 由 $\boldsymbol{b}_3^{\mathrm{T}}=2\boldsymbol{b}_2^{\mathrm{T}}-2\boldsymbol{b}_1^{\mathrm{T}}$ 及定理 4-3 可知，$\boldsymbol{b}_1^{\mathrm{T}}$，$\boldsymbol{b}_2^{\mathrm{T}}$，$\boldsymbol{b}_3^{\mathrm{T}}$ 线性相关，所以向量组 Ⅱ 的秩为 2；$\boldsymbol{b}_1^{\mathrm{T}}$，$\boldsymbol{b}_2^{\mathrm{T}}$ 为它的一个极大无关组.

一般来说，根据定义 4-3 来求向量组的秩和极大无关组很麻烦，我们将在 4.3 节中给出一个简便的求法.

思考题 4-1

1. 写出向量 $\boldsymbol{a}_1$ 和 $\mathbf{0}$ 由向量 $\boldsymbol{a}_1,\boldsymbol{a}_2,\boldsymbol{a}_3$ 线性表示的表达式.

2. 若向量组 $\boldsymbol{a}_1,\boldsymbol{a}_2,\boldsymbol{a}_3$ 中任何两个向量都线性无关，是否一定有 $\boldsymbol{a}_1,\boldsymbol{a}_2,\boldsymbol{a}_3$ 线性无关？

3. 若 $\boldsymbol{a}_1,\boldsymbol{a}_2,\boldsymbol{a}_3$ 线性相关，则 $\boldsymbol{a}_1$ 能否由 $\boldsymbol{a}_2,\boldsymbol{a}_3$ 线性表示？

习题 4-1

1. 判断下列向量组的线性相关性：

(1)$\boldsymbol{a}_1=(1,0,-1)^{\mathrm{T}},\boldsymbol{a}_2=(2,0,1)^{\mathrm{T}},\boldsymbol{a}_3=(2,1,3)^{\mathrm{T}}$；

(2)$\boldsymbol{a}_1^{\mathrm{T}}=(1,-1,1,-1),\boldsymbol{a}_2^{\mathrm{T}}=(-1,1,1,2),\boldsymbol{a}_3^{\mathrm{T}}=(-2,2,0,3),\boldsymbol{a}_4^{\mathrm{T}}=(0,1,1,3)$.

2. 当 k 满足什么条件时，向量组

$$\boldsymbol{a}_1=(1,k,0,0)^{\mathrm{T}},\boldsymbol{a}_2=(0,1,1,0)^{\mathrm{T}},\boldsymbol{a}_3=(0,0,k,1)^{\mathrm{T}},\boldsymbol{a}_4=(1,0,0,k)^{\mathrm{T}}$$

(1)线性相关；(2)线性无关.

3. 证明：$\boldsymbol{e}_1,\boldsymbol{e}_2,\cdots,\boldsymbol{e}_n\in\mathbf{R}^n$ 线性无关，并且任意向量 $\boldsymbol{a}\in\mathbf{R}^n$ 都能由 $\boldsymbol{e}_1,\boldsymbol{e}_2,\cdots,\boldsymbol{e}_n$ 线性表示.

4. 设 n 阶可逆阵 $\boldsymbol{A}$ 的列向量组为 $\boldsymbol{a}_1,\boldsymbol{a}_2,\cdots,\boldsymbol{a}_n$，证明：对于任意 n 元向量 $\boldsymbol{b}$，向量组 $\boldsymbol{a}_1,\boldsymbol{a}_2,\cdots,\boldsymbol{a}_n,\boldsymbol{b}$ 都线性相关.

5. 设矩阵 $\boldsymbol{A}$、$\boldsymbol{B}$、$\boldsymbol{P}$ 满足 $\boldsymbol{B}=\boldsymbol{PA}$，证明：

(1)若 $\boldsymbol{A}$ 的列向量组线性相关，则 $\boldsymbol{B}$ 的列向量组也线性相关；

(2)若 $\boldsymbol{P}$ 可逆，则 $\boldsymbol{A}$ 和 $\boldsymbol{B}$ 的列向量组具有相同的线性相关性.

6. 设向量组 $\boldsymbol{a}_1,\boldsymbol{a}_2,\boldsymbol{a}_3$ 线性无关，向量组 $\boldsymbol{a}_2,\boldsymbol{a}_3,\boldsymbol{a}_4$ 线性相关，证明：

(1)$\boldsymbol{a}_4$ 能由 $\boldsymbol{a}_2$ 和 $\boldsymbol{a}_3$ 线性表示；

(2)$\boldsymbol{a}_1$ 不能由 $\boldsymbol{a}_3$ 和 $\boldsymbol{a}_4$ 线性表示.

7. 设向量 $\boldsymbol{b}$ 能由向量 $\boldsymbol{a}_1,\boldsymbol{a}_2,\boldsymbol{a}_3$ 线性表示，但不能由其中任何两个向量线性表示，证明向量组 $\boldsymbol{a}_1,\boldsymbol{a}_2,\boldsymbol{a}_3$ 线性无关.

8. 设 $\boldsymbol{A}$ 为 n 阶方阵，$\boldsymbol{\alpha}$ 为 n 元列向量，k 为正整数，$\boldsymbol{A}^{k-1}\boldsymbol{\alpha}\neq\boldsymbol{0}$，而 $\boldsymbol{A}^k\boldsymbol{\alpha}=\boldsymbol{0}$，证明 $\boldsymbol{\alpha},\boldsymbol{A\alpha},\boldsymbol{A}^2\boldsymbol{\alpha},\cdots,\boldsymbol{A}^{k-1}\boldsymbol{\alpha}$ 线性无关.

9. 设 $\boldsymbol{a}_1,\boldsymbol{a}_2,\cdots,\boldsymbol{a}_n$ 是线性无关的向量组，$\boldsymbol{a}_{n+1}=k_1\boldsymbol{a}_1+k_2\boldsymbol{a}_2+\cdots+k_n\boldsymbol{a}_n$，其中，$k_1,k_2,\cdots,k_n$ 都不为零，证明 $\boldsymbol{a}_1,\boldsymbol{a}_2,\cdots,\boldsymbol{a}_{n+1}$ 中任意 n 个向量线性无关.

10. 设将 n 阶可逆阵 $\boldsymbol{A}$ 增加两行后得到的 $(n+2)\times n$ 型矩阵为 $\boldsymbol{B}$，证明 $\boldsymbol{B}$ 的列向量组线性无关.

提高题 4-1

1. 设 $s<n$，$\boldsymbol{a}_1=(1,k_1,k_1^2,\cdots,k_1^{n-1})^{\mathrm{T}},\boldsymbol{a}_2=(1,k_2,k_2^2,\cdots,k_2^{n-1})^{\mathrm{T}},\cdots,\boldsymbol{a}_s=(1,k_s,k_s^2,\cdots,k_s^{n-1})^{\mathrm{T}}$，$i\neq j$ 时，$k_i\neq k_j$，证明 $\boldsymbol{a}_1,\boldsymbol{a}_2,\cdots,\boldsymbol{a}_s$ 线性无关.

2. 设 $\boldsymbol{A}$ 为三阶方阵，$\boldsymbol{\alpha}_1,\boldsymbol{\alpha}_2,\boldsymbol{\alpha}_3$ 是三元列向量，$\boldsymbol{A\alpha}_1=\boldsymbol{\alpha}_1\neq\boldsymbol{0}$，$\boldsymbol{A\alpha}_2=2\boldsymbol{\alpha}_1+\boldsymbol{\alpha}_2$，$\boldsymbol{A\alpha}_3=3\boldsymbol{\alpha}_2+\boldsymbol{\alpha}_3$，证明向量组 $\boldsymbol{\alpha}_1,\boldsymbol{\alpha}_2,\boldsymbol{\alpha}_3$ 线性无关.

4.2 矩阵的秩

矩阵的秩是矩阵的一个重要的数值特性，它既可用于求向量组的秩，从而判断向量组的线性相关性，又在方程组等问题的研究中起着非常重要的作用.

4.2.1 矩阵的秩的概念

定义 4-4　矩阵 $\boldsymbol{A}$ 的行向量组的秩和列向量组的秩分别叫作矩阵 $\boldsymbol{A}$ 的行秩和列秩.

例如,对于矩阵 $\boldsymbol{B}=\begin{pmatrix}1&0&1&1\\1&1&2&3\\0&2&2&4\end{pmatrix}$,由例 4-4 的结论可知,它的行秩和列秩相等,都为 2.

在后面我们将给出结论:任何矩阵的行秩和列秩都是相等的,并且和下面所定义的矩阵的秩也是相等的.为此,我们先介绍 k 阶子阵和 k 阶子式的概念.

定义 4-5　设 $\boldsymbol{A}$ 为 $m\times n$ 型矩阵,$1\leqslant k\leqslant\min\{m,n\}$,由矩阵 $\boldsymbol{A}$ 的 k 个行和 k 个列相交处的 k^2 个元素按照原来的相对位置所构成的方阵叫作矩阵 $\boldsymbol{A}$ 的 k 阶子阵,其行列式叫作矩阵 $\boldsymbol{A}$ 的 k 阶子式.

对于上面的矩阵 $\boldsymbol{B}$,它的 1、3 行和 2、4 列相交处的元素所构成的 2 阶子阵为 $\begin{pmatrix}0&1\\2&4\end{pmatrix}$;它的三个行和后三列所构成的 3 阶子阵为 $\begin{pmatrix}0&1&1\\1&2&3\\2&2&4\end{pmatrix}$.

当一个向量组所构成的矩阵 $\boldsymbol{A}$ 为方阵时,该向量组线性无关对应于矩阵 $\boldsymbol{A}$ 的行列式不等于零.在 4.1 节中,我们将极大无关组中所含向量的个数定义为向量组的秩,可以联想到将一个矩阵的最高阶非零子式的阶数定义为矩阵的秩应该是合适的.

定义 4-6　矩阵 $\boldsymbol{A}$ 中非奇异子阵的最高阶数(非零子式的最高阶数)称为矩阵 $\boldsymbol{A}$ 的秩,记作 $r(\boldsymbol{A})$.

当 $\boldsymbol{A}$ 为零矩阵时,规定 $r(\boldsymbol{A})=0$.

设 $\boldsymbol{A}$ 为 $m\times n$ 型矩阵,由矩阵的秩的定义可知:

(1)$r(\boldsymbol{A})\leqslant m$ 且 $r(\boldsymbol{A})\leqslant n$.

(2)$r(\boldsymbol{A})=m\Leftrightarrow\boldsymbol{A}$ 有 m 阶子式不为零;

$r(\boldsymbol{A})=n\Leftrightarrow\boldsymbol{A}$ 有 n 阶子式不为零;

$r(\boldsymbol{A})=r(r<m$ 且 $r<n)\Leftrightarrow\boldsymbol{A}$ 有 r 阶子式不为零且 $\boldsymbol{A}$ 的所有 $r+1$ 阶子式都为零.

(3)$\boldsymbol{A}$ 的增广阵的秩不小于 $\boldsymbol{A}$ 的秩.例如,$r((\boldsymbol{A},\boldsymbol{B}))\geqslant r(\boldsymbol{A})$.

(4)当 $k\neq0$ 时,$r(k\boldsymbol{A})=r(\boldsymbol{A})$.

根据矩阵的秩的定义,求出矩阵 $\boldsymbol{A}$ 的各阶子式,找到最高阶非零子式,即可求出 $\boldsymbol{A}$ 的秩.但是,这样做计算量太大.下面我们来研究矩阵的秩的性质,然后给出通过初等变换来求秩的简便方法.

4.2.2 矩阵的秩的性质

性质 4-1　$r(\boldsymbol{A}^{\mathrm{T}})=r(\boldsymbol{A})$.

证明　因为矩阵 $\boldsymbol{A}$ 的子阵转置后就是矩阵 $\boldsymbol{A}^{\mathrm{T}}$ 的子阵,而转置运算不改变行列式的值,

所以 $\boldsymbol{A}$ 的非奇异子阵转置后成为 $\boldsymbol{A}^{\mathrm{T}}$ 的非奇异子阵，$\boldsymbol{A}$ 的奇异子阵转置后成为 $\boldsymbol{A}^{\mathrm{T}}$ 的奇异子阵. $\boldsymbol{A}$ 与 $\boldsymbol{A}^{\mathrm{T}}$ 的非奇异子阵互相对应，非奇异子阵的最高阶数相同，因而 $r(\boldsymbol{A}^{\mathrm{T}})=r(\boldsymbol{A})$.

性质 4-2 $r(\boldsymbol{A})=\boldsymbol{A}$ 的行秩 $=\boldsymbol{A}$ 的列秩.

性质 4-2 的证明在本节最后给出.

定理 4-8 设 $\boldsymbol{A}$ 为 $m\times n$ 型矩阵，$\boldsymbol{P}$ 为 m 阶可逆阵，$\boldsymbol{B}=\boldsymbol{PA}$，则 $\boldsymbol{A}$ 中任意 r 个列向量 $\boldsymbol{a}_{i_1},\boldsymbol{a}_{i_2},\cdots,\boldsymbol{a}_{i_r}$ 和 $\boldsymbol{B}$ 中相应的列向量 $\boldsymbol{b}_{i_1},\boldsymbol{b}_{i_2},\cdots,\boldsymbol{b}_{i_r}$ 满足相同的线性表达式，从而具有相同的线性相关性.

证明 将 $\boldsymbol{A}$ 和 $\boldsymbol{B}$ 按列分块，$\boldsymbol{B}=\boldsymbol{PA}$ 可写成

$$(\boldsymbol{b}_1,\boldsymbol{b}_2,\cdots,\boldsymbol{b}_n)=\boldsymbol{P}(\boldsymbol{a}_1,\boldsymbol{a}_2,\cdots,\boldsymbol{a}_n)$$

即

$$(\boldsymbol{b}_1,\boldsymbol{b}_2,\cdots,\boldsymbol{b}_n)=(\boldsymbol{Pa}_1,\boldsymbol{Pa}_2,\cdots,\boldsymbol{Pa}_n)$$
$$\boldsymbol{b}_j=\boldsymbol{Pa}_j\quad(j=1,2,\cdots,n)$$

若

$$k_1\boldsymbol{a}_{i_1}+k_2\boldsymbol{a}_{i_2}+\cdots+k_r\boldsymbol{a}_{i_r}=\boldsymbol{0}$$

成立，则

$$k_1(\boldsymbol{Pa}_{i_1})+k_2(\boldsymbol{Pa}_{i_2})+\cdots+k_r(\boldsymbol{Pa}_{i_r})=\boldsymbol{0}$$

也成立，即

$$k_1\boldsymbol{b}_{i_1}+k_2\boldsymbol{b}_{i_2}+\cdots+k_r\boldsymbol{b}_{i_r}=\boldsymbol{0}$$

成立.

反过来，若

$$l_1\boldsymbol{b}_{i_1}+l_2\boldsymbol{b}_{i_2}+\cdots+l_r\boldsymbol{b}_{i_r}=\boldsymbol{0}$$

成立，则

$$l_1(\boldsymbol{Pa}_{i_1})+l_2(\boldsymbol{Pa}_{i_2})+\cdots+l_r(\boldsymbol{Pa}_{i_r})=\boldsymbol{0}$$

成立. 因为 $\boldsymbol{P}$ 可逆，所以上式中的 $\boldsymbol{P}$ 可消去. 于是，可知

$$l_1\boldsymbol{a}_{i_1}+l_2\boldsymbol{a}_{i_2}+\cdots+l_r\boldsymbol{a}_{i_r}=\boldsymbol{0}$$

也成立.

综合上面的讨论可知，定理 4-8 的结论成立.

推论 4-3 在定理 4-8 的条件下，下列结论正确.

(1) $\boldsymbol{A}$ 和 $\boldsymbol{B}$ 的列向量组的极大无关组一一对应，$r(\boldsymbol{B})=r(\boldsymbol{A})$；

(2) $\boldsymbol{a}_j=k_1\boldsymbol{a}_{i_1}+k_2\boldsymbol{a}_{i_2}+\cdots+k_r\boldsymbol{a}_{i_r}\Leftrightarrow\boldsymbol{b}_j=k_1\boldsymbol{b}_{i_1}+k_2\boldsymbol{b}_{i_2}+\cdots+k_r\boldsymbol{b}_{i_r}$.

性质 4-3 设 $\boldsymbol{A}$ 为 $m\times n$ 型矩阵，$\boldsymbol{P}$ 和 $\boldsymbol{Q}$ 分别为 m 阶和 n 阶可逆阵，则

$$r(\boldsymbol{PA})=r(\boldsymbol{AQ})=r(\boldsymbol{PAQ})=r(\boldsymbol{A})$$

证明 由推论 4-3(1) 可知，$r(\boldsymbol{PA})=r(\boldsymbol{A})$.

由性质 4-1 及推论 4-3(1) 知

$$r(\boldsymbol{AQ})=r((\boldsymbol{AQ})^{\mathrm{T}})=r(\boldsymbol{Q}^{\mathrm{T}}\boldsymbol{A}^{\mathrm{T}})=r(\boldsymbol{A}^{\mathrm{T}})=r(\boldsymbol{A})$$
$$r(\boldsymbol{PAQ})=r(\boldsymbol{P}(\boldsymbol{AQ}))=r(\boldsymbol{AQ})=r(\boldsymbol{A})$$

由于在矩阵 $\boldsymbol{A}$ 的左(右)侧乘可逆阵相当于对 $\boldsymbol{A}$ 进行初等行(列)变换，因而有下面的推论.

推论 4-4　初等变换不改变矩阵的秩.

根据推论 4-4，我们可以先对矩阵进行化简，然后再来求它的秩.

【例 4-5】　求矩阵 $\boldsymbol{A}=\begin{pmatrix}1 & -1 & 1 & 0 & 2\\ -2 & 2 & 0 & 2 & 0\\ 1 & -1 & -1 & 3 & 3\\ 1 & -1 & 1 & 1 & 3\end{pmatrix}$ 的秩，并判断 $\boldsymbol{A}$ 的行向量组和列向量组的线性相关性.

解　对 $\boldsymbol{A}$ 进行初等行变换，得

$$\boldsymbol{A}\xrightarrow[\substack{r_3-r_1\\ r_4-r_1}]{r_2+2r_1}\begin{pmatrix}1 & -1 & 1 & 0 & 2\\ 0 & 0 & 2 & 2 & 4\\ 0 & 0 & -2 & 3 & 1\\ 0 & 0 & 0 & 1 & 1\end{pmatrix}\xrightarrow{r_3+r_2}\begin{pmatrix}1 & -1 & 1 & 0 & 2\\ 0 & 0 & 2 & 2 & 4\\ 0 & 0 & 0 & 5 & 5\\ 0 & 0 & 0 & 1 & 1\end{pmatrix}$$

$$\xrightarrow{r_4-\frac{1}{5}r_3}\begin{pmatrix}1 & -1 & 1 & 0 & 2\\ 0 & 0 & 2 & 2 & 4\\ 0 & 0 & 0 & 5 & 5\\ 0 & 0 & 0 & 0 & 0\end{pmatrix}=\boldsymbol{B}$$

由于 $\boldsymbol{B}$ 中每个非零行的第一个非零元素所在的那些行和列相交处的元素所构成的子阵

$$\begin{pmatrix}1 & 1 & 0\\ 0 & 2 & 2\\ 0 & 0 & 5\end{pmatrix}$$

是非奇异子阵，而 $\boldsymbol{B}$ 中任何 4 阶子阵都是奇异阵，所以 $r(\boldsymbol{B})=3$.

由推论 4-4 可知，$r(\boldsymbol{A})=r(\boldsymbol{B})=3$.

由性质 4-2 可知，

$$\boldsymbol{A}\text{ 的行秩}=\boldsymbol{A}\text{ 的列秩}=3$$

所以 $\boldsymbol{A}$ 的行向量组和列向量组都是线性相关的.

类似于 $\boldsymbol{B}$ 的矩阵称为行阶梯阵，其特点是：

(1)它的非零行向量都位于矩阵的前几行；

(2)每个非零行向量的第一个非零元素的列标随着行标的增大而严格增大.

用初等行变换求矩阵的秩的方法为：用初等行变换把该矩阵化为行阶梯阵，这个行阶梯阵的非零行向量的个数就是该矩阵的秩.

下面对例 4-5 中的矩阵 $\boldsymbol{B}$ 继续作初等行变换，观察能将 $\boldsymbol{B}$ 化为何种更简单的形式.

$$\boldsymbol{B}\xrightarrow[r_3\div 5]{r_2\div 2}\begin{pmatrix}1 & -1 & 1 & 0 & 2\\ 0 & 0 & 1 & 1 & 2\\ 0 & 0 & 0 & 1 & 1\\ 0 & 0 & 0 & 0 & 0\end{pmatrix}\xrightarrow{r_2-r_3}\begin{pmatrix}1 & -1 & 1 & 0 & 2\\ 0 & 0 & 1 & 0 & 1\\ 0 & 0 & 0 & 1 & 1\\ 0 & 0 & 0 & 0 & 0\end{pmatrix}\xrightarrow{r_1-r_2}\begin{pmatrix}1 & -1 & 0 & 0 & 1\\ 0 & 0 & 1 & 0 & 1\\ 0 & 0 & 0 & 1 & 1\\ 0 & 0 & 0 & 0 & 0\end{pmatrix}=\boldsymbol{C}$$

矩阵 $\boldsymbol{C}$ 叫作 $\boldsymbol{A}$ 的行最简形，它是非零行的第一个非零元素全为 1 且这些 1 所在列的其他元素全为零的行阶梯阵.

行最简形主要用于求解线性方程组.

再对矩阵 C 进行初等列变换可将 C 化成 $\begin{bmatrix}1&0&0&0&0\\0&1&0&0&0\\0&0&1&0&0\\0&0&0&0&0\end{bmatrix}$，即 $\begin{pmatrix}\boldsymbol{E}_3&\boldsymbol{O}\\\boldsymbol{O}&\boldsymbol{O}\end{pmatrix}$. 从上面的化简过程我们可看出下面的结论.

性质 4-4 $\boldsymbol{A}=(a_{ij})_{m\times n}$ 的秩为 $r\Leftrightarrow\boldsymbol{A}$ 与 $\boldsymbol{F}=\begin{pmatrix}\boldsymbol{E}_r&\boldsymbol{O}\\\boldsymbol{O}&\boldsymbol{O}\end{pmatrix}$ 等价，即存在可逆阵 $\boldsymbol{P}$ 和 $\boldsymbol{Q}$，使得 $\boldsymbol{PAQ}=\boldsymbol{F}$.

证明 由推论 4-4 可知，充分性正确.

必要性 由定理 1-2 可知，用初等变换能把 $\boldsymbol{A}$ 化为 $\boldsymbol{F}=\begin{pmatrix}\boldsymbol{E}_s&\boldsymbol{O}\\\boldsymbol{O}&\boldsymbol{O}\end{pmatrix}$ 的形式. 由推论 4-4 可得

$$r(\boldsymbol{A})=r(\boldsymbol{F})$$

即 $s=r$，所以 $\boldsymbol{A}$ 与 $\boldsymbol{F}=\begin{pmatrix}\boldsymbol{E}_r&\boldsymbol{O}\\\boldsymbol{O}&\boldsymbol{O}\end{pmatrix}$ 等价. 由推论 3-4 知，存在可逆阵 $\boldsymbol{P}$ 和 $\boldsymbol{Q}$，使得 $\boldsymbol{PAQ}=\boldsymbol{F}$.

根据性质 4-4 可知，矩阵 $\boldsymbol{A}$ 的等价标准形 $\boldsymbol{F}$ 由 $\boldsymbol{A}$ 的秩唯一确定，即 $\boldsymbol{A}$ 的等价标准形是唯一的.

性质 4-5 设 $\boldsymbol{A}$、$\boldsymbol{B}$、$\boldsymbol{C}$ 分别为 $m\times n$ 型、$s\times t$ 型、$m\times t$ 型矩阵，则

(1) $r\left(\begin{pmatrix}\boldsymbol{A}&\boldsymbol{C}\\\boldsymbol{O}&\boldsymbol{B}\end{pmatrix}\right)\geqslant r(\boldsymbol{A})+r(\boldsymbol{B})$；

(2) $r\left(\begin{pmatrix}\boldsymbol{A}&\boldsymbol{O}\\\boldsymbol{O}&\boldsymbol{B}\end{pmatrix}\right)=r(\boldsymbol{A})+r(\boldsymbol{B})$.

证明 (1) 设 $r(\boldsymbol{A})=r_1$，$r(\boldsymbol{B})=r_2$，由矩阵的秩的定义可知，$\boldsymbol{A}$ 中有 r_1 阶非奇异子阵 $\boldsymbol{A}_1$，$\boldsymbol{B}$ 中有 r_2 阶非奇异子阵 $\boldsymbol{B}_1$，于是 $\begin{pmatrix}\boldsymbol{A}&\boldsymbol{C}\\\boldsymbol{O}&\boldsymbol{B}\end{pmatrix}$ 中有 r_1+r_2 阶非奇异子阵 $\begin{bmatrix}\boldsymbol{A}_1&\boldsymbol{C}_1\\\boldsymbol{O}&\boldsymbol{B}_1\end{bmatrix}$，其中，$\boldsymbol{C}_1$ 表示 $\begin{pmatrix}\boldsymbol{A}&\boldsymbol{C}\\\boldsymbol{O}&\boldsymbol{B}\end{pmatrix}$ 中 $\boldsymbol{A}_1$ 所在的行和 $\boldsymbol{B}_1$ 所在的列相交处的元素构成的子阵. 所以

$$r\left(\begin{pmatrix}\boldsymbol{A}&\boldsymbol{C}\\\boldsymbol{O}&\boldsymbol{B}\end{pmatrix}\right)\geqslant r_1+r_2=r(\boldsymbol{A})+r(\boldsymbol{B})$$

(2) 设 $r(\boldsymbol{A})=r_1$，$r(\boldsymbol{B})=r_2$，根据性质 4-4，通过初等变换可得

$$\boldsymbol{A}\longrightarrow\begin{bmatrix}\boldsymbol{E}_{r_1}&\boldsymbol{O}\\\boldsymbol{O}&\boldsymbol{O}\end{bmatrix},\quad \boldsymbol{B}\longrightarrow\begin{bmatrix}\boldsymbol{E}_{r_2}&\boldsymbol{O}\\\boldsymbol{O}&\boldsymbol{O}\end{bmatrix}$$

$$\begin{pmatrix}\boldsymbol{A}&\boldsymbol{O}\\\boldsymbol{O}&\boldsymbol{B}\end{pmatrix}\longrightarrow\begin{bmatrix}\boldsymbol{E}_{r_1}&\boldsymbol{O}&\boldsymbol{O}&\boldsymbol{O}\\\boldsymbol{O}&\boldsymbol{O}&\boldsymbol{O}&\boldsymbol{O}\\\boldsymbol{O}&\boldsymbol{O}&\boldsymbol{E}_{r_2}&\boldsymbol{O}\\\boldsymbol{O}&\boldsymbol{O}&\boldsymbol{O}&\boldsymbol{O}\end{bmatrix}\longrightarrow\begin{bmatrix}\boldsymbol{E}_{r_1}&\boldsymbol{O}&\boldsymbol{O}&\boldsymbol{O}\\\boldsymbol{O}&\boldsymbol{E}_{r_2}&\boldsymbol{O}&\boldsymbol{O}\\\boldsymbol{O}&\boldsymbol{O}&\boldsymbol{O}&\boldsymbol{O}\\\boldsymbol{O}&\boldsymbol{O}&\boldsymbol{O}&\boldsymbol{O}\end{bmatrix}$$

所以

$$r\left(\begin{pmatrix} \boldsymbol{A} & \boldsymbol{O} \\ \boldsymbol{O} & \boldsymbol{B} \end{pmatrix}\right)=r_1+r_2=r(\boldsymbol{A})+r(\boldsymbol{B})$$

性质 4-6　设 $\boldsymbol{A}$ 为 $m\times k$ 型矩阵，$\boldsymbol{B}$ 为 $k\times n$ 型矩阵，则

$$r(\boldsymbol{A})+r(\boldsymbol{B})-k\leqslant r(\boldsymbol{AB})\leqslant \min\{r(\boldsymbol{A}),r(\boldsymbol{B})\}$$

证明　先证右端的不等式. 由

$$(\boldsymbol{A},\boldsymbol{O})\begin{bmatrix} \boldsymbol{E}_k & \boldsymbol{B} \\ \boldsymbol{O} & \boldsymbol{E}_n \end{bmatrix}=(\boldsymbol{A},\boldsymbol{AB})$$

及性质 4-3，得

$$r(\boldsymbol{A})=r((\boldsymbol{A},\boldsymbol{O}))=r((\boldsymbol{A},\boldsymbol{AB}))\geqslant r(\boldsymbol{AB})$$

由性质 4-1 及上式又可得

$$r(\boldsymbol{AB})=r((\boldsymbol{AB})^{\mathrm{T}})=r(\boldsymbol{B}^{\mathrm{T}}\boldsymbol{A}^{\mathrm{T}})\leqslant r(\boldsymbol{B}^{\mathrm{T}})=r(\boldsymbol{B})$$

故

$$r(\boldsymbol{AB})\leqslant \min\{r(\boldsymbol{A}),r(\boldsymbol{B})\}$$

再证左端的不等式. 可以验证下面的等式成立：

$$\begin{bmatrix} \boldsymbol{E}_m & -\boldsymbol{A} \\ \boldsymbol{O} & \boldsymbol{E}_k \end{bmatrix}\begin{pmatrix} \boldsymbol{A} & \boldsymbol{O} \\ \boldsymbol{E}_k & \boldsymbol{B} \end{pmatrix}\begin{bmatrix} \boldsymbol{E}_k & -\boldsymbol{B} \\ \boldsymbol{O} & \boldsymbol{E}_n \end{bmatrix}=\begin{pmatrix} \boldsymbol{O} & -\boldsymbol{AB} \\ \boldsymbol{E}_k & \boldsymbol{O} \end{pmatrix}$$

根据性质 4-5 和性质 4-3，得

$$r(\boldsymbol{A})+r(\boldsymbol{B})\leqslant r\left(\begin{pmatrix} \boldsymbol{A} & \boldsymbol{O} \\ \boldsymbol{E}_k & \boldsymbol{B} \end{pmatrix}\right)=r\left(\begin{pmatrix} \boldsymbol{O} & -\boldsymbol{AB} \\ \boldsymbol{E}_k & \boldsymbol{O} \end{pmatrix}\right)=r(\boldsymbol{AB})+r(\boldsymbol{E}_k)=r(\boldsymbol{AB})+k$$

所以

$$r(\boldsymbol{A})+r(\boldsymbol{B})-k\leqslant r(\boldsymbol{AB})$$

性质 4-7　设 $\boldsymbol{A}$ 和 $\boldsymbol{B}$ 分别为 $m\times n$ 型和 $m\times k$ 型矩阵，则

$$r((\boldsymbol{A},\boldsymbol{B}))\leqslant r(\boldsymbol{A})+r(\boldsymbol{B})$$

证法 1　设 $r(\boldsymbol{A})=r$，$r(\boldsymbol{B})=s$，则 $\boldsymbol{A}$ 和 $\boldsymbol{B}$ 的列向量组中分别最多能找到 r 个和 s 个线性无关的向量. 于是，$(\boldsymbol{A},\boldsymbol{B})$ 的列向量组中最多能找到 $r+s$ 个线性无关的向量，所以

$$r((\boldsymbol{A},\boldsymbol{B}))\leqslant r+s\leqslant r(\boldsymbol{A})+r(\boldsymbol{B})$$

证法 2　由 $(\boldsymbol{A},\boldsymbol{B})=(\boldsymbol{E},\boldsymbol{E})\begin{pmatrix} \boldsymbol{A} & \boldsymbol{O} \\ \boldsymbol{O} & \boldsymbol{B} \end{pmatrix}$ 及性质 4-6 和性质 4-5，得

$$r((\boldsymbol{A},\boldsymbol{B}))\leqslant r\left(\begin{pmatrix} \boldsymbol{A} & \boldsymbol{O} \\ \boldsymbol{O} & \boldsymbol{B} \end{pmatrix}\right)=r(\boldsymbol{A})+r(\boldsymbol{B})$$

特殊矩阵的性质

性质 4-8　设 $\boldsymbol{A}$ 和 $\boldsymbol{B}$ 都是 $m\times n$ 型矩阵，则 $r(\boldsymbol{A}+\boldsymbol{B})\leqslant r(\boldsymbol{A})+r(\boldsymbol{B})$.

证明　由 $\boldsymbol{A}+\boldsymbol{B}=(\boldsymbol{A},\boldsymbol{B})\begin{pmatrix} \boldsymbol{E} \\ \boldsymbol{E} \end{pmatrix}$ 及性质 4-6 和性质 4-7，得

$$r(\boldsymbol{A}+\boldsymbol{B})\leqslant r((\boldsymbol{A},\boldsymbol{B}))\leqslant r(\boldsymbol{A})+r(\boldsymbol{B})$$

利用性质 4-8，进一步可得

$$r(\boldsymbol{A}-\boldsymbol{B})=r(\boldsymbol{A}+(-\boldsymbol{B}))\leqslant r(\boldsymbol{A})+r(-\boldsymbol{B})=r(\boldsymbol{A})+r(\boldsymbol{B})$$

4.2.3 满秩阵

定义 4-7 设 $\boldsymbol{A}$ 为 n 阶方阵. 当 $r(\boldsymbol{A})=n$ 时,$\boldsymbol{A}$ 叫作满秩阵;当 $r(\boldsymbol{A})<n$ 时,$\boldsymbol{A}$ 叫作降秩阵.

满秩阵具有下面的结论.

定理 4-9 设 $\boldsymbol{A}$ 为 n 阶方阵,$\boldsymbol{x}$ 和 $\boldsymbol{b}$ 为 n 元列向量,则下列命题互相等价.

(1)$\boldsymbol{A}$ 为满秩阵;

(2)$\boldsymbol{A}$ 为非奇异阵;

(3)$\boldsymbol{A}$ 为可逆阵;

(4)$\boldsymbol{Ax}=\boldsymbol{0}$ 只有零解;

(5)$\boldsymbol{Ax}=\boldsymbol{b}$ 有唯一解;

(6)$\boldsymbol{A}$ 的行向量组和列向量组都是线性无关的.

证明 由矩阵的秩的定义、非奇异阵的定义、定理 3-3、定理 3-5、定理 3-6 及定理4-2 可知,这六个命题都等价于 $|\boldsymbol{A}|\neq 0$,所以它们互相等价.

注意 满秩阵、非奇异阵和可逆阵是同一种矩阵的不同说法.

列满秩

引理 4-1 设 $\boldsymbol{A}=(a_{ij})_{m\times n}$,则 $r(\boldsymbol{A})=n \Leftrightarrow \boldsymbol{A}$ 的列向量组 $\boldsymbol{a}_1,\boldsymbol{a}_2,\cdots,\boldsymbol{a}_n$ 线性无关.

证明 **必要性** 由 $r(\boldsymbol{A})=n$ 可知,$\boldsymbol{A}$ 中有 n 阶的非奇异子阵,并且 $m\geqslant n$.

不失一般性,设 $\boldsymbol{A}$ 的上方 n 阶子阵 $\boldsymbol{A}_1$ 非奇异,即 $|\boldsymbol{A}_1|\neq 0$,则 $\boldsymbol{A}_1$ 的列向量组线性无关. 设 $\boldsymbol{A}$ 的形式为 $\begin{pmatrix}\boldsymbol{A}_1\\ \boldsymbol{A}_2\end{pmatrix}$,其中,$\boldsymbol{A}_2$ 表示 $\boldsymbol{A}$ 中后 $m-n$ 行所构成的子阵. 由定理 4-6 可知,将 $\boldsymbol{A}_1$ 的列向量组添加分量以后所得到的 $\boldsymbol{A}$ 的列向量组也是线性无关的.

充分性 用反证法.

设 $r(\boldsymbol{A})=r<n$,则 $\boldsymbol{A}$ 中有 r 阶的非奇异子阵. 不失一般性,设 $\boldsymbol{A}$ 的左上角 r 阶子阵 $\boldsymbol{A}_1$ 非奇异(可逆).

当 $r=m$ 时,由 $\boldsymbol{A}_1$ 可逆可知,$\boldsymbol{A}_1\boldsymbol{x}=\boldsymbol{a}_n$ 有唯一解. 由定理 4-1 可知,$\boldsymbol{a}_n$ 能由 $\boldsymbol{A}_1$ 的列向量组线性表示,所以 $\boldsymbol{A}$ 的列向量组线性相关,这与题设矛盾.

当 $r<m$ 时,记 $\boldsymbol{b}=(a_{1n},a_{2n},\cdots,a_{rn})^{\mathrm{T}}$,由 $\boldsymbol{A}_1$ 可逆可知,$\boldsymbol{A}_1\boldsymbol{x}=\boldsymbol{b}$ 有唯一解. 由定理 4-1 可知,$\boldsymbol{b}$ 能由 $\boldsymbol{A}_1$ 的列向量组唯一地线性表示,即存在唯一的一组数 $k_1,k_2,\cdots,k_r$,使得

$$k_1\begin{pmatrix}a_{11}\\ a_{21}\\ \vdots\\ a_{r1}\end{pmatrix}+k_2\begin{pmatrix}a_{12}\\ a_{22}\\ \vdots\\ a_{r2}\end{pmatrix}+\cdots+k_r\begin{pmatrix}a_{1r}\\ a_{2r}\\ \vdots\\ a_{rr}\end{pmatrix}=\begin{pmatrix}a_{1n}\\ a_{2n}\\ \vdots\\ a_{rn}\end{pmatrix} \tag{①}$$

对于任意 $i(r+1\leqslant i\leqslant m)$,令

$$B=\begin{pmatrix} a_{11} & a_{12} & \cdots & a_{1r} & a_{1n} \\ a_{21} & a_{22} & \cdots & a_{2r} & a_{2n} \\ \vdots & \vdots & & \vdots & \vdots \\ a_{r1} & a_{r2} & \cdots & a_{rr} & a_{rn} \\ a_{i1} & a_{i2} & \cdots & a_{ir} & a_{in} \end{pmatrix}$$

A_1 为 B 的左上角 r 阶子阵，由 A_1 可逆可知，A_1 的列向量组线性无关. 由定理 4-6 可知，添加分量以后所得到的 B 的前 r 个列向量也线性无关. 由 $r(A)=r$ 知，A 的任何 $r+1$ 阶子阵都是奇异的，所以 B 是奇异的，B 的列向量组线性相关. 由定理 4-4 可知，B 的最后一列可由其前 r 列唯一地线性表示，于是，存在唯一的一组数 $l_1, l_2, \cdots, l_r$，使得

$$l_1\begin{pmatrix} a_{11} \\ a_{21} \\ \vdots \\ a_{r1} \\ a_{i1} \end{pmatrix}+l_2\begin{pmatrix} a_{12} \\ a_{22} \\ \vdots \\ a_{r2} \\ a_{i2} \end{pmatrix}+\cdots+l_r\begin{pmatrix} a_{1r} \\ a_{2r} \\ \vdots \\ a_{rr} \\ a_{ir} \end{pmatrix}=\begin{pmatrix} a_{1n} \\ a_{2n} \\ \vdots \\ a_{rn} \\ a_{in} \end{pmatrix} \qquad ②$$

由于式②包含了式①，而两个式子中的系数都是唯一的，所以式②中的系数与式①中的系数相同. 这样，对于任意 $i\ (r+1\leqslant i\leqslant m)$，均有

$$k_1a_{i1}+k_2a_{i2}+\cdots+k_ra_{ir}=a_{in}$$

结合式①可得

$$k_1\boldsymbol{a}_1+k_2\boldsymbol{a}_2+\cdots+k_r\boldsymbol{a}_r=\boldsymbol{a}_n$$

根据定理 4-3 可知，A 的列向量组线性相关，这与题设矛盾.

综合上面的讨论可知，充分性正确.

性质 4-2 的证明.

证明　先证 $r(A)=A$ 的列秩，设 $A=(a_{ij})_{m\times n}$.

若 $r(A)=n$，则由引理 4-1 可知，A 的列向量组线性无关，A 的列秩 $=n=r(A)$，结论正确.

若 $r(A)=r<n$，则 A 中有 r 阶非奇异子阵. 不妨设 A 的左上角 r 阶子阵 A_1 非奇异，则 A_1 的列向量组线性无关. 由定理 4-6 可知，A 的前 r 列线性无关，所以 A 的列秩 $\geqslant r(A)$.

现在设 A 的列秩为 s，并不妨设 $\boldsymbol{a}_1, \boldsymbol{a}_2, \cdots, \boldsymbol{a}_s$ 为 A 的列向量组的极大无关组. 令 $A_2=(\boldsymbol{a}_1, \boldsymbol{a}_2, \cdots, \boldsymbol{a}_s)$，则 A 为 A_2 的增广阵，$r(A)\geqslant r(A_2)=s=A$ 的列秩.

综合上面的讨论可知，$r(A)=A$ 的列秩.

再由 A 的行秩 $=A^{\mathrm{T}}$ 的列秩 $=r(A^{\mathrm{T}})=r(A)$ 知，性质 4-2 成立.

思考题 4-2

1. 下列结论是否正确？

(1)若 $r(A)=r$，则 A 中所有 r 阶子阵都是非奇异的.

(2)若 $r(\boldsymbol{A})=r$,则 $\boldsymbol{A}$ 的 $i(1\leqslant i\leqslant r)$ 阶子阵中至少有一个是可逆的.

(3)若 $\boldsymbol{A}$ 中有 r 阶子式不等于 0,则 $r(\boldsymbol{A})\geqslant r$.

(4)若 $\boldsymbol{A}$ 的前 r 列线性无关,则 $\boldsymbol{A}$ 的前 r 行也线性无关.

(5)当 $\boldsymbol{A}$ 为方阵时,$\boldsymbol{A}$ 的行向量组和列向量组有相同的线性相关性.

(6)若 $r(\boldsymbol{AB})=r(\boldsymbol{B})$,则 $\boldsymbol{A}$ 为可逆阵.

(7)若 $\boldsymbol{AB}=\boldsymbol{O}$,$\boldsymbol{A}$ 和 $\boldsymbol{B}$ 都是 n 阶非零矩阵,则 $\boldsymbol{A}$ 和 $\boldsymbol{B}$ 都为降秩阵.

(8)若 $\boldsymbol{C}=\boldsymbol{AB}$,$\boldsymbol{C}$ 的列向量组线性无关,则 $\boldsymbol{A}$ 和 $\boldsymbol{B}$ 的列向量组也都是线性无关的.

(9)设 $\boldsymbol{A}$ 为 $m\times n$ 型矩阵,$\boldsymbol{B}$ 是去掉 $\boldsymbol{A}$ 中 $s(s\leqslant m)$ 行后所得到的矩阵,则

$$r(\boldsymbol{A})-s\leqslant r(\boldsymbol{B})\leqslant r(\boldsymbol{A}).$$

2. 方阵 $\boldsymbol{A}$ 为降秩阵的充要条件有哪些?

习题 4-2

1. 求下列矩阵的秩:

(1) $\begin{pmatrix}1 & 2 & 4 & 1\\ 1 & 3 & 1 & 5\\ 2 & 0 & 2 & 2\\ 1 & -1 & -2 & 1\end{pmatrix}$;　(2) $\begin{pmatrix}1 & 1 & 2 & 1 & 2\\ 2 & 0 & 1 & -1 & 5\\ 0 & 2 & 3 & 3 & -1\\ 1 & 1 & 0 & -1 & 4\end{pmatrix}$.

2. 已知矩阵

$$\boldsymbol{A}=\begin{pmatrix}1 & 1 & 1 & 1\\ 0 & 1 & -1 & b\\ 2 & 3 & a & 4\\ 3 & 5 & 1 & 7\end{pmatrix}$$

的秩为 3,求 a,b 的值.

3. 设 $\boldsymbol{A}$ 和 $\boldsymbol{B}$ 都是 $m\times n$ 型矩阵,证明:$\boldsymbol{A}$ 和 $\boldsymbol{B}$ 等价的充要条件是 $r(\boldsymbol{A})=r(\boldsymbol{B})$.

4. 若 $r(\boldsymbol{A})=1$,证明:存在列向量 $\boldsymbol{a}$ 和 $\boldsymbol{b}$,使得 $\boldsymbol{A}=\boldsymbol{ab}^{\mathrm{T}}$.

5. 若 $\boldsymbol{B}=\boldsymbol{PA}$,$\boldsymbol{P}$ 可逆,证明:$\boldsymbol{A}$ 和 $\boldsymbol{B}$ 的列向量组有相同的线性相关性.

6. 设 $\boldsymbol{A}_{m\times n}\boldsymbol{B}_{n\times m}=\boldsymbol{E}_m$,证明:$r(\boldsymbol{A})=r(\boldsymbol{B})=m$,且 $m\leqslant n$.

7. 设 $\boldsymbol{C}=\boldsymbol{A}_{m\times n}\boldsymbol{B}_{n\times m}$,$\boldsymbol{C}$ 为可逆阵,$m\neq n$,证明:$\boldsymbol{B}$ 的列向量组线性无关,$\boldsymbol{A}$ 的列向量组线性相关.

8. 设 $\boldsymbol{A}_{m\times k}\boldsymbol{B}_{k\times n}=\boldsymbol{O}$,证明:$r(\boldsymbol{A})+r(\boldsymbol{B})\leqslant k$.

9. 设 $\boldsymbol{A}$ 是 n 阶幂等阵,即 $\boldsymbol{A}^2=\boldsymbol{A}$,证明:

$$r(\boldsymbol{A})+r(\boldsymbol{A}-\boldsymbol{E})=n$$

10. 设 $\boldsymbol{A}$ 为 n 阶方阵,证明:

$$r(\boldsymbol{A}^*)=\begin{cases}n, & r(\boldsymbol{A})=n\\ 1, & r(\boldsymbol{A})=n-1\\ 0, & r(\boldsymbol{A})<n-1\end{cases}$$

11. 设 $\boldsymbol{A}$ 为 $m\times n$ 型矩阵,$\boldsymbol{B}$ 为 $n\times m$ 型矩阵,且 $m>n$,证明:$|\boldsymbol{AB}|=0$.

提高题 4-2

1. 设 $\boldsymbol{A}=(a_{ij})_{m\times n}$ 的秩为 r，证明：存在秩也为 r 的两个矩阵 $\boldsymbol{B}=(b_{ij})_{m\times r}$ 和 $\boldsymbol{C}=(c_{ij})_{r\times n}$，使得 $\boldsymbol{A}=\boldsymbol{BC}$.

2. 设 $\boldsymbol{A}$ 是 n 阶矩阵，证明：存在可逆矩阵 $\boldsymbol{B}$ 和幂等阵 $\boldsymbol{C}(\boldsymbol{C}^2=\boldsymbol{C})$，使得 $\boldsymbol{A}=\boldsymbol{BC}$.

3. 设 $\boldsymbol{A}$ 为 $m\times n$ 型矩阵，$\boldsymbol{B}$ 为 $n\times k$ 型矩阵，$r(\boldsymbol{A})=n$，证明：$r(\boldsymbol{AB})=r(\boldsymbol{B})$.

4. 设 $\boldsymbol{A}=\begin{pmatrix} a & b & \cdots & b \\ b & a & \cdots & b \\ \vdots & \vdots & & \vdots \\ b & b & \cdots & a \end{pmatrix}$，求 $\boldsymbol{A}$ 的秩.

4.3 矩阵的秩在向量组中的应用

4.3.1 判断向量组的线性相关性

以所给向量组为行或列构造矩阵 $\boldsymbol{A}$，根据性质 4-2，求出 $\boldsymbol{A}$ 的秩即可知该向量组的秩，从而可判断该向量组的线性相关性.

在例 4-5 中我们通过矩阵 $\boldsymbol{A}$ 的秩讨论了它的行向量组和列向量组的线性相关性，下面我们再讲几个例子.

【例 4-6】 证明：$m>n$ 时，n 元向量组 $\boldsymbol{a}_1,\boldsymbol{a}_2,\cdots,\boldsymbol{a}_m$ 一定线性相关.

证明　令 $\boldsymbol{A}=(\boldsymbol{a}_1,\boldsymbol{a}_2,\cdots,\boldsymbol{a}_m)$，则 $\boldsymbol{A}$ 为 $n\times m$ 型矩阵. 由

$$r(\boldsymbol{A})\leqslant n<m$$

可知，$\boldsymbol{A}$ 的列秩 $<m$，所以 $\boldsymbol{A}$ 的列向量组 $\boldsymbol{a}_1,\boldsymbol{a}_2,\cdots,\boldsymbol{a}_m$ 线性相关.

【例 4-7】 证明：$r(\mathbf{R}^n)=n$.

证明　因为 $\boldsymbol{e}_1,\boldsymbol{e}_2,\cdots,\boldsymbol{e}_n\in\mathbf{R}^n$ 线性无关，由例 4-6 可知 $\mathbf{R}^n$ 中任何 $n+1$ 个向量都是线性相关的，所以 $\mathbf{R}^n$ 中所含线性无关向量的最大个数为 n，故 $r(\mathbf{R}^n)=n$.

【例 4-8】 设向量组 $\boldsymbol{a}_1,\boldsymbol{a}_2$ 线性无关，证明向量组 $\boldsymbol{a}_1,\boldsymbol{a}_1+\boldsymbol{a}_2$ 也线性无关.

证明　因为 a_1,a_2 线性无关，$r((\boldsymbol{a}_1,\boldsymbol{a}_2))=2$.

$$r((\boldsymbol{a}_1,\boldsymbol{a}_1+\boldsymbol{a}_2))\xlongequal{c_2-c_1}r((\boldsymbol{a}_1,\boldsymbol{a}_2))=2$$

所以 $\boldsymbol{a}_1,\boldsymbol{a}_1+\boldsymbol{a}_2$ 也线性无关.

注意　很多关于线性相关性的证明题可利用秩来完成.

4.3.2 求向量组的极大线性无关组

用初等行变换将矩阵 $\boldsymbol{A}$ 化为 $\boldsymbol{B}\Leftrightarrow$ 存在可逆阵 $\boldsymbol{P}$，使得 $\boldsymbol{B}=\boldsymbol{PA}$. 根据推论 4-3 可知，$\boldsymbol{A}$ 和 $\boldsymbol{B}$ 的列向量组的极大无关组是一一对应的，并且它们的对应列向量满足相同的线性表

达式.因此,我们可以用初等行变换将矩阵 $\boldsymbol{A}$ 化为行阶梯阵 $\boldsymbol{B}$,通过 $\boldsymbol{B}$ 的列向量组的极大无关组来找到 $\boldsymbol{A}$ 的列向量组的极大无关组,通过 $\boldsymbol{B}$ 中的列向量所满足的表达式来求出 $\boldsymbol{A}$ 中的列向量所满足的表达式.

【例 4-9】 求向量组 $\boldsymbol{a}_1=(1,0,1,-1)^{\mathrm{T}}$,$\boldsymbol{a}_2=(1,-2,1,1)^{\mathrm{T}}$,$\boldsymbol{a}_3=(0,2,0,-2)^{\mathrm{T}}$,$\boldsymbol{a}_4=(0,2,1,3)^{\mathrm{T}}$,$\boldsymbol{a}_5=(2,-6,0,-6)^{\mathrm{T}}$ 的秩和一个极大无关组,并将其余向量用该极大无关组线性表示.

解 以所给向量组为列构造矩阵 $\boldsymbol{A}$,并用初等行变换将 $\boldsymbol{A}$ 化为行阶梯阵 $\boldsymbol{B}$.

$$\boldsymbol{A}=(\boldsymbol{a}_1,\boldsymbol{a}_2,\boldsymbol{a}_3,\boldsymbol{a}_4,\boldsymbol{a}_5)=\begin{pmatrix}1&1&0&0&2\\0&-2&2&2&-6\\1&1&0&1&0\\-1&1&-2&3&-6\end{pmatrix}\xrightarrow[r_4+r_1]{r_3-r_1}\begin{pmatrix}1&1&0&0&2\\0&-2&2&2&-6\\0&0&0&1&-2\\0&2&-2&3&-4\end{pmatrix}$$

$$\xrightarrow{r_4+r_2}\begin{pmatrix}1&1&0&0&2\\0&-2&2&2&-6\\0&0&0&1&-2\\0&0&0&5&-10\end{pmatrix}\xrightarrow{r_4-5r_3}\begin{pmatrix}1&1&0&0&2\\0&-2&2&2&-6\\0&0&0&1&-2\\0&0&0&0&0\end{pmatrix}=\boldsymbol{B}$$

$$r(\boldsymbol{A})=r(\boldsymbol{B})=3$$

所以所给向量组的秩为 3.

$\boldsymbol{B}$ 中每个非零行的第一个非零元素所在的列构成的子阵为

$$(\boldsymbol{b}_1,\boldsymbol{b}_2,\boldsymbol{b}_4)=\begin{pmatrix}1&1&0\\0&-2&2\\0&0&1\\0&0&0\end{pmatrix}$$

它也是行阶梯阵,秩为 3,所以这三个列向量线性无关.由 $r(\boldsymbol{B})=3$ 可知,这三个列向量构成 $\boldsymbol{B}$ 的列向量组的一个极大无关组,于是,由推论 4-3(1)可知,$\boldsymbol{a}_1,\boldsymbol{a}_2,\boldsymbol{a}_4$ 为所给向量组的一个极大无关组.

为了将 $\boldsymbol{a}_3$ 和 $\boldsymbol{a}_5$ 用该极大无关组线性表示,需进一步用初等行变换将 $\boldsymbol{B}$ 化为行最简形.

$$\boldsymbol{B}\xrightarrow{r_2\div(-2)}\begin{pmatrix}1&1&0&0&2\\0&1&-1&-1&3\\0&0&0&1&-2\\0&0&0&0&0\end{pmatrix}\xrightarrow{r_2+r_3}\begin{pmatrix}1&1&0&0&2\\0&1&-1&0&1\\0&0&0&1&-2\\0&0&0&0&0\end{pmatrix}$$

$$\xrightarrow{r_1-r_2}\begin{pmatrix}1&0&1&0&1\\0&1&-1&0&1\\0&0&0&1&-2\\0&0&0&0&0\end{pmatrix}=\boldsymbol{C}$$

由于 $\boldsymbol{c}_3=\boldsymbol{c}_1-\boldsymbol{c}_2$,$\boldsymbol{c}_5=\boldsymbol{c}_1+\boldsymbol{c}_2-2\boldsymbol{c}_4$,所以根据推论 4-3(2)可得

$$\boldsymbol{a}_3=\boldsymbol{a}_1-\boldsymbol{a}_2,\quad \boldsymbol{a}_5=\boldsymbol{a}_1+\boldsymbol{a}_2-2\boldsymbol{a}_4$$

注意 (1)极大无关组一般不唯一,在例4-9中还可求出其他形式的极大无关组.

(2)按例4-9的做法,求一个矩阵的列向量组的极大无关组并将其他向量用极大无关组线性表示时,不要做列变换.

4.3.3 两个向量组之间的线性表示

定义4-8 若向量组Ⅰ:$\boldsymbol{b}_1,\boldsymbol{b}_2,\cdots,\boldsymbol{b}_n$ 中的每个向量都能由向量组Ⅱ:$\boldsymbol{a}_1,\boldsymbol{a}_2,\cdots,\boldsymbol{a}_m$ 线性表示,则称向量组Ⅰ能由向量组Ⅱ线性表示.

若向量组Ⅰ与向量组Ⅱ能够互相线性表示,则称这两个向量组等价.

注意 (1)向量组等价与矩阵等价的含义不同.

(2)一个向量组与其极大无关组是等价的(根据定理4-7及定义4-8).

(3)一个向量组的两个极大无关组是等价的(根据定理4-7及定义4-8).

设向量组Ⅰ能由向量组Ⅱ线性表示,并设表达式为

$$\begin{cases}\boldsymbol{b}_1=p_{11}\boldsymbol{a}_1+p_{21}\boldsymbol{a}_2+\cdots+p_{m1}\boldsymbol{a}_m\\ \boldsymbol{b}_2=p_{12}\boldsymbol{a}_1+p_{22}\boldsymbol{a}_2+\cdots+p_{m2}\boldsymbol{a}_m\\ \quad\vdots\\ \boldsymbol{b}_n=p_{1n}\boldsymbol{a}_1+p_{2n}\boldsymbol{a}_2+\cdots+p_{mn}\boldsymbol{a}_m\end{cases}\tag{4-1}$$

上式可写为

$$(\boldsymbol{b}_1,\boldsymbol{b}_2,\cdots,\boldsymbol{b}_n)=(\boldsymbol{a}_1,\boldsymbol{a}_2,\cdots,\boldsymbol{a}_m)\begin{pmatrix}p_{11}&p_{12}&\cdots&p_{1n}\\p_{21}&p_{22}&\cdots&p_{2n}\\\vdots&\vdots&&\vdots\\p_{m1}&p_{m2}&\cdots&p_{mn}\end{pmatrix}$$

令 $\boldsymbol{B}=(\boldsymbol{b}_1,\boldsymbol{b}_2,\cdots,\boldsymbol{b}_n)$,$\boldsymbol{A}=(\boldsymbol{a}_1,\boldsymbol{a}_2,\cdots,\boldsymbol{a}_m)$,$\boldsymbol{P}=(p_{ij})_{m\times n}$,则式(4-1)可写成矩阵形式:$\boldsymbol{B}=\boldsymbol{AP}$.注意,$\boldsymbol{P}$ 为式(4-1)中系数阵的转置并且 $\boldsymbol{P}$ 在 $\boldsymbol{A}$ 的右侧.

由上面讨论可得定理4-10.

定理4-10 向量组 $\boldsymbol{b}_1,\boldsymbol{b}_2,\cdots,\boldsymbol{b}_n$ 能由向量组 $\boldsymbol{a}_1,\boldsymbol{a}_2,\cdots,\boldsymbol{a}_m$ 线性表示⇔存在矩阵 $\boldsymbol{P}$,使

$$\boldsymbol{B}=\boldsymbol{AP}$$

其中

$$\boldsymbol{A}=(\boldsymbol{a}_1,\boldsymbol{a}_2,\cdots,\boldsymbol{a}_m),\quad \boldsymbol{B}=(\boldsymbol{b}_1,\boldsymbol{b}_2,\cdots,\boldsymbol{b}_n)$$

根据性质4-6及定理4-10可得定理4-11.

定理4-11 若向量组Ⅰ能由向量组Ⅱ线性表示,则 $r(\text{Ⅰ})\leqslant r(\text{Ⅱ})$.

推论4-5 若向量组Ⅰ与向量组Ⅱ等价,则 $r(\text{Ⅰ})=r(\text{Ⅱ})$.

【例4-10】 设 $\boldsymbol{a}_1,\boldsymbol{a}_2,\boldsymbol{a}_3$ 为 n 元向量组,$\boldsymbol{b}_1=\boldsymbol{a}_1-\boldsymbol{a}_2$,$\boldsymbol{b}_2=\boldsymbol{a}_2-\boldsymbol{a}_3$,$\boldsymbol{b}_3=\boldsymbol{a}_1+\boldsymbol{a}_3$,证明:向量组 $\boldsymbol{b}_1,\boldsymbol{b}_2,\boldsymbol{b}_3$ 线性无关⇔向量组 $\boldsymbol{a}_1,\boldsymbol{a}_2,\boldsymbol{a}_3$ 线性无关.

证法1 设 $\boldsymbol{A}=(\boldsymbol{a}_1,\boldsymbol{a}_2,\boldsymbol{a}_3)$,$\boldsymbol{B}=(\boldsymbol{b}_1,\boldsymbol{b}_2,\boldsymbol{b}_3)$,则已知条件可写成矩阵形式

$$\boldsymbol{B}=\boldsymbol{AP}$$

其中

$$P=\begin{pmatrix} 1 & 0 & 1 \\ -1 & 1 & 0 \\ 0 & -1 & 1 \end{pmatrix}$$

由$|P|=2$知，P可逆，所以

$$r(B)=r(AP)=r(A)$$

再由性质4-2知，B的列秩$=A$的列秩，所以B的列向量组和A的列向量组的线性相关性相同，结论成立.

注意 若$|P|=0$，则$r(P)<3$，$r(B)=r(AP)\leqslant r(P)<3$，$b_1,b_2,b_3$线性相关.

证法2 由已知条件可求得

$$a_1=\frac{1}{2}(b_1+b_2+b_3),\quad a_2=\frac{1}{2}(-b_1+b_2+b_3),\quad a_3=\frac{1}{2}(-b_1-b_2+b_3)$$

向量组a_1,a_2,a_3与向量组b_1,b_2,b_3等价，它们的秩相等，线性相关性相同，所以结论成立.

定理4-12 （极大无关组的等价定义）若向量组V中有r个向量$v_1,v_2,\cdots,v_r$线性无关，并且V中的任一向量都可由$v_1,v_2,\cdots,v_r$线性表示，则$v_1,v_2,\cdots,v_r$是向量组V的一个极大无关组.

证明 设$a_1,a_2,\cdots,a_{r+1}$是向量组V中的任意$r+1$个向量，则它们可由$v_1,v_2,\cdots,v_r$线性表示. 由定理4-11可知

$$r(a_1,a_2,\cdots,a_{r+1})\leqslant r(v_1,v_2,\cdots,v_r)=r<r+1$$

故$a_1,a_2,\cdots,a_{r+1}$线性相关，从而$v_1,v_2,\cdots,v_r$为向量组V的一个极大无关组.

定理4-13 向量组Ⅰ:$b_1,b_2,\cdots,b_n$能由向量组Ⅱ:$a_1,a_2,\cdots,a_m$线性表示的充要条件是

$$r(a_1,a_2,\cdots,a_m,b_1,b_2,\cdots,b_n)=r(a_1,a_2,\cdots,a_m)$$

证明 **必要性** 根据向量组秩的定义可知

$$r(a_1,a_2,\cdots,a_m,b_1,b_2,\cdots,b_n)\geqslant r(a_1,a_2,\cdots,a_m)$$

另一方面，由已知条件可知，向量组$a_1,a_2,\cdots,a_m,b_1,b_2,\cdots,b_n$能由向量组$a_1,a_2,\cdots,a_m$线性表示，所以

$$r(a_1,a_2,\cdots,a_m,b_1,b_2,\cdots,b_n)\leqslant r(a_1,a_2,\cdots,a_m)$$

综合上面的讨论可知

$$r(a_1,a_2,\cdots,a_m,b_1,b_2,\cdots,b_n)=r(a_1,a_2,\cdots,a_m)$$

故必要性成立.

充分性 设$r(a_1,a_2,\cdots,a_m,b_1,b_2,\cdots,b_n)=r(a_1,a_2,\cdots,a_m)=r$，并设$a_{i_1},a_{i_2},\cdots,a_{i_r}$是向量组$a_1,a_2,\cdots,a_m$的一个极大无关组，则它也是$a_1,a_2,\cdots,a_m,b_1,b_2,\cdots,b_n$的一个极大无关组. 故$b_1,b_2,\cdots,b_n$能由$a_{i_1},a_{i_2},\cdots,a_{i_r}$线性表示，从而能由$a_1,a_2,\cdots,a_m$线性表示.

推论4-6 向量组$a_1,a_2,\cdots,a_m$与向量组$b_1,b_2,\cdots,b_n$等价的充要条件是

$$r(a_1,a_2,\cdots,a_m,b_1,b_2,\cdots,b_n)=r(a_1,a_2,\cdots,a_m)=r(b_1,b_2,\cdots,b_n)$$

根据定理4-10及定理4-13可得：

推论4-7 矩阵方程$AX=B$有解$\Leftrightarrow r((A,B))=r(A)$.

思考题 4-3

向量组的等价与矩阵的等价

1. 按例 4-9 的方法求极大无关组时,是否可对矩阵 **A** 进行初等列变换?

2. 怎样求出一个向量组的所有极大无关组?

3. 若向量组 Ⅰ 能由向量组 Ⅱ 线性表示,则向量组 Ⅱ 是否能由向量组 Ⅰ 线性表示?

4. 若向量组 Ⅰ 能由向量组 Ⅱ 线性表示,向量组 Ⅱ 能由向量组 Ⅲ 线性表示,则向量组 Ⅰ 是否能由向量组 Ⅲ 线性表示?

5. 等价矩阵的列向量组是否等价? 等价的列向量组所构成的矩阵是否等价?

6. 秩相等的向量组是否等价?

7. 设向量组 Ⅰ :$\boldsymbol{a}_1,\boldsymbol{a}_2,\cdots,\boldsymbol{a}_m$ 和 Ⅱ :$\boldsymbol{b}_1,\boldsymbol{b}_2,\cdots,\boldsymbol{b}_m$ 都是 n 元列向量组,且向量组 Ⅰ 线性无关,则向量组 Ⅱ 线性无关的充要条件是(　　).

A. 向量组 Ⅰ 可由向量组 Ⅱ 线性表示

B. 向量组 Ⅱ 可由向量组 Ⅰ 线性表示

C. 向量组 Ⅰ 与 Ⅱ 等价

D. 矩阵$(\boldsymbol{a}_1,\boldsymbol{a}_2,\cdots,\boldsymbol{a}_m)$与矩阵$(\boldsymbol{b}_1,\boldsymbol{b}_2,\cdots,\boldsymbol{b}_m)$等价

8. 设向量组 $\boldsymbol{a}_1,\boldsymbol{a}_2,\boldsymbol{a}_3,\boldsymbol{a}_4$ 线性无关,则下列向量组线性无关的是(　　).

A. $\boldsymbol{a}_1-\boldsymbol{a}_2,\boldsymbol{a}_2-\boldsymbol{a}_3,\boldsymbol{a}_3-\boldsymbol{a}_4,\boldsymbol{a}_4-\boldsymbol{a}_1$

B. $\boldsymbol{a}_1+\boldsymbol{a}_2,\boldsymbol{a}_2+\boldsymbol{a}_3,\boldsymbol{a}_3+\boldsymbol{a}_4,\boldsymbol{a}_4+\boldsymbol{a}_1$

C. $\boldsymbol{a}_1+\boldsymbol{a}_2,\boldsymbol{a}_2+\boldsymbol{a}_3,\boldsymbol{a}_3-\boldsymbol{a}_4,\boldsymbol{a}_4-\boldsymbol{a}_1$

D. $\boldsymbol{a}_1+\boldsymbol{a}_2,\boldsymbol{a}_2-\boldsymbol{a}_3,\boldsymbol{a}_3-\boldsymbol{a}_4,\boldsymbol{a}_4-\boldsymbol{a}_1$

9. 若向量组 Ⅰ 与 Ⅱ 等价,则(　　).

A. 当 Ⅰ 线性无关时,Ⅱ 也线性无关

B. 当 Ⅰ 线性相关时,Ⅱ 也线性相关

C. Ⅰ 与 Ⅱ 的极大无关组相同

D. Ⅰ 与 Ⅱ 的极大无关组等价

习题 4-3

1. 判断下列向量组的线性相关性.

(1)$\boldsymbol{a}_1=(1,3,1)^{\mathrm{T}},\boldsymbol{a}_2=(-1,1,3)^{\mathrm{T}},\boldsymbol{a}_3=(2,0,4)^{\mathrm{T}},\boldsymbol{a}_4=(-1,2,4)^{\mathrm{T}}$;

(2)$\boldsymbol{b}_1=(1,0,2,3)^{\mathrm{T}},\boldsymbol{b}_2=(-1,2,-1,1)^{\mathrm{T}},\boldsymbol{b}_3=(3,-4,4,1)^{\mathrm{T}}$.

2. 求下列向量组的秩和一个极大无关组,并将其余向量用该极大无关组线性表示.

(1)$\boldsymbol{a}_1=(1,0,1,-1)^{\mathrm{T}},\boldsymbol{a}_2=(1,-2,1,1)^{\mathrm{T}},\boldsymbol{a}_3=(3,-2,3,-1)^{\mathrm{T}},\boldsymbol{a}_4=(0,2,1,3)^{\mathrm{T}},\boldsymbol{a}_5=(1,0,2,4)^{\mathrm{T}}$;

(2)$\boldsymbol{a}_1=(1,-1,0,1)^{\mathrm{T}},\boldsymbol{a}_2=(2,1,3,0)^{\mathrm{T}},\boldsymbol{a}_3=(0,3,3,-2)^{\mathrm{T}},\boldsymbol{a}_4=(3,-3,2,2)^{\mathrm{T}}$;

(3)$\boldsymbol{a}_1^{\mathrm{T}}=(1,-2,0,2),\boldsymbol{a}_2^{\mathrm{T}}=(1,-1,-1,2),\boldsymbol{a}_3^{\mathrm{T}}=(4,-7,-3,8),\boldsymbol{a}_4^{\mathrm{T}}=(0,0,1,1)$.

3. 设 $\boldsymbol{a}_1,\boldsymbol{a}_2,\boldsymbol{a}_3\in\mathbf{R}^n$,证明:向量组 $\boldsymbol{b}_1=2\boldsymbol{a}_1+\boldsymbol{a}_2,\boldsymbol{b}_2=\boldsymbol{a}_2+\boldsymbol{a}_3,\boldsymbol{b}_3=\boldsymbol{a}_3+3\boldsymbol{a}_1$ 线性相关$\Leftrightarrow$

向量组 $\boldsymbol{a}_1,\boldsymbol{a}_2,\boldsymbol{a}_3$ 线性相关.

4. 设向量组 $\boldsymbol{a}_1,\boldsymbol{a}_2,\boldsymbol{a}_3$ 线性无关，当 k 为何值时，向量组 $\boldsymbol{b}_1=\boldsymbol{a}_1-k\boldsymbol{a}_2,\boldsymbol{b}_2=\boldsymbol{a}_2+\boldsymbol{a}_3,\boldsymbol{b}_3=\boldsymbol{a}_3+k\boldsymbol{a}_1$ 线性相关？

5. 设线性无关的向量组 $\boldsymbol{b}_1,\boldsymbol{b}_2,\cdots,\boldsymbol{b}_m$ 能由向量组 $\boldsymbol{a}_1,\boldsymbol{a}_2,\cdots,\boldsymbol{a}_n$ 线性表示，证明：$m\leqslant n$.

6. 已知向量组 $\boldsymbol{a}_1,\boldsymbol{a}_2,\cdots,\boldsymbol{a}_m(m\geqslant 2)$线性无关，$\boldsymbol{b}_1=\boldsymbol{a}_1+\boldsymbol{a}_2,\boldsymbol{b}_2=\boldsymbol{a}_2+\boldsymbol{a}_3,\cdots,\boldsymbol{b}_{m-1}=\boldsymbol{a}_{m-1}+\boldsymbol{a}_m,\boldsymbol{b}_m=\boldsymbol{a}_m+\boldsymbol{a}_1$. 讨论向量组 $\boldsymbol{b}_1,\boldsymbol{b}_2,\cdots,\boldsymbol{b}_m$ 的线性相关性.

7. 设任意 $\boldsymbol{a}\in\mathbf{R}^n$ 都能由 $\mathbf{R}^n$ 中的向量 $\boldsymbol{a}_1,\boldsymbol{a}_2,\cdots,\boldsymbol{a}_n$ 线性表示，证明这 n 个向量是 $\mathbf{R}^n$ 的极大无关组.

***8.** 证明：$\mathbf{R}^n$ 中的向量组 $\boldsymbol{a}_1,\boldsymbol{a}_2,\cdots,\boldsymbol{a}_n$ 为 $\mathbf{R}^n$ 的极大无关组的充要条件是 $\mathbf{R}^n$ 中的任意向量都可由 $\boldsymbol{a}_1,\boldsymbol{a}_2,\cdots,\boldsymbol{a}_n$ 线性表示.

9. 已知向量组Ⅰ：$\boldsymbol{a}_1=(0,1,2,3)^{\mathrm{T}},\boldsymbol{a}_2=(3,0,1,2)^{\mathrm{T}},\boldsymbol{a}_3=(2,3,0,1)^{\mathrm{T}}$ 和Ⅱ：$\boldsymbol{b}_1=(2,1,1,2)^{\mathrm{T}},\boldsymbol{b}_2=(0,-2,1,1)^{\mathrm{T}},\boldsymbol{b}_3=(4,4,1,3)^{\mathrm{T}}$，证明：向量组Ⅱ能由向量组Ⅰ线性表示，但向量组Ⅰ不能由向量组Ⅱ线性表示.

10. 已知向量组Ⅰ：$\boldsymbol{a}_1=(0,1,1)^{\mathrm{T}},\boldsymbol{a}_2=(1,1,0)^{\mathrm{T}}$ 和Ⅱ：$\boldsymbol{b}_1=(-1,0,1)^{\mathrm{T}},\boldsymbol{b}_2=(1,2,1)^{\mathrm{T}},\boldsymbol{b}_3=(3,2,-1)^{\mathrm{T}}$，证明：向量组Ⅰ与Ⅱ等价.

***11.** 已知向量组Ⅰ：$\boldsymbol{a}_1=(1,0,2)^{\mathrm{T}},\boldsymbol{a}_2=(1,1,3)^{\mathrm{T}},\boldsymbol{a}_3=(1,-1,k+2)^{\mathrm{T}}$ 和Ⅱ：$\boldsymbol{b}_1=(1,1,3)^{\mathrm{T}},\boldsymbol{b}_2=(2,1,k+6)^{\mathrm{T}},\boldsymbol{b}_3=(2,1,4)^{\mathrm{T}}$，问 k 为何值时，向量组Ⅰ与Ⅱ等价？

*4.4 应用举例

【例 4-11】（调味品选购问题）某调料有限公司用 7 种成分来制造多种调味品. 表 4-1列出了 6 种调味品 A、B、C、D、E、F 每包所需各种成分的质量(单位：克).

表 4-1

成分	质量/克					
	A	B	C	D	E	F
辣椒	60	15	45	75	90	90
姜黄	40	40	0	80	10	120
胡椒	20	20	0	40	20	60
大蒜	20	20	0	40	10	60
盐	10	10	0	20	20	30
味精	5	5	0	20	10	15
香油	10	10	0	20	20	30

一位顾客不需购买全部 6 种调味品，他可以只购买其中的一部分并用它们配制出其余几种调味品. 为了能配制出其余几种调味品，这位顾客必须购买的最少的调味品的种类是多少？并写出所需最少的调味品的集合.

解　若分别记 6 种调味品各自的成分列向量为 $\boldsymbol{a}_1,\boldsymbol{a}_2,\cdots,\boldsymbol{a}_6$，则本题就是要找出 $\boldsymbol{a}_1,\boldsymbol{a}_2,\cdots,\boldsymbol{a}_6$ 的一个极大无关组. 记 $\boldsymbol{M}=(\boldsymbol{a}_1,\boldsymbol{a}_2,\cdots,\boldsymbol{a}_6)$，用初等行变换将 $\boldsymbol{M}$ 化为行最简形，得

$$\boldsymbol{M}=\begin{pmatrix}60&15&45&75&90&90\\40&40&0&80&10&120\\20&20&0&40&20&60\\20&20&0&40&10&60\\10&10&0&20&20&30\\5&5&0&20&10&15\\10&10&0&20&20&30\end{pmatrix}$$

$$\longrightarrow\begin{pmatrix}1&0&1&0&0&1\\0&1&-1&0&0&2\\0&0&0&1&0&0\\0&0&0&0&1&0\\0&0&0&0&0&0\\0&0&0&0&0&0\\0&0&0&0&0&0\end{pmatrix}$$

因而，向量组 $\boldsymbol{a}_1,\boldsymbol{a}_2,\cdots,\boldsymbol{a}_6$ 的秩为 4，且极大无关组有 6 个：$\boldsymbol{a}_1,\boldsymbol{a}_2,\boldsymbol{a}_4,\boldsymbol{a}_5$；$\boldsymbol{a}_1,\boldsymbol{a}_3,\boldsymbol{a}_4,\boldsymbol{a}_5$；$\boldsymbol{a}_1,\boldsymbol{a}_6,\boldsymbol{a}_4,\boldsymbol{a}_5$；$\boldsymbol{a}_2,\boldsymbol{a}_3,\boldsymbol{a}_4,\boldsymbol{a}_5$；$\boldsymbol{a}_2,\boldsymbol{a}_6,\boldsymbol{a}_4,\boldsymbol{a}_5$；$\boldsymbol{a}_3,\boldsymbol{a}_6,\boldsymbol{a}_4,\boldsymbol{a}_5$. 考虑到该问题的实际意义，只有当其余两个向量在由该极大无关组线性表示时的系数均非负，才切实可行.

由于取 $\boldsymbol{a}_2,\boldsymbol{a}_3,\boldsymbol{a}_4,\boldsymbol{a}_5$ 为极大无关组时，有

$$\boldsymbol{a}_1=\boldsymbol{a}_2+\boldsymbol{a}_3,\quad \boldsymbol{a}_6=3\boldsymbol{a}_2+\boldsymbol{a}_3$$

故可以选 B、C、D、E 四种调味品作为最小调味品的集合.

【例 4-12】 求不定积分 $I=\int\dfrac{A\cos x+B\sin x}{a\cos x+b\sin x}\mathrm{d}x$（其中，$a^2+b^2\neq 0$）.

解　我们可先求出两种特殊情况下 I 的值.

当 $(A,B)=(a,b)$ 时，

$$I=I_1=x+C_1$$

其中，C_1 为积分常数.

当 $(A,B)=(b,-a)$ 时，

$$I=I_2=\ln|a\cos x+b\sin x|+C_2$$

其中，C_2 为积分常数.

对于其他情况，可利用向量组的线性相关性和这两种特殊情况的结论来加以计算.

由 $a^2+b^2\neq 0$ 可知，向量 $\begin{pmatrix}a\\b\end{pmatrix}$ 和 $\begin{pmatrix}b\\-a\end{pmatrix}$ 线性无关，它们构成 $\mathbf{R}^2$ 的一个基. 设

$$\begin{pmatrix}A\\B\end{pmatrix}=k_1\begin{pmatrix}a\\b\end{pmatrix}+k_2\begin{pmatrix}b\\-a\end{pmatrix}$$

解得

$$k_1=\frac{aA+bB}{a^2+b^2},\quad k_2=\frac{bA-aB}{a^2+b^2}$$

于是，有

$$\begin{aligned}
I &= \int \frac{(k_1 a + k_2 b)\cos x + (k_1 b - k_2 a)\sin x}{a\cos x + b\sin x}\mathrm{d}x \\
&= k_1 \int \frac{a\cos x + b\sin x}{a\cos x + b\sin x}\mathrm{d}x + k_2 \int \frac{b\cos x - a\sin x}{a\cos x + b\sin x}\mathrm{d}x \\
&= k_1 I_1 + k_2 I_2 \\
&= \frac{aA + bB}{a^2 + b^2}x + \frac{bA - aB}{a^2 + b^2}\ln|a\cos x + b\sin x| + C
\end{aligned}$$

其中,C 为积分常数.

第5章

线性方程组

线性方程组是线性代数的一个非常重要的研究对象，应用非常广泛. 本章利用第 4 章的知识来研究线性方程组有解的充要条件、解的结构及线性方程组的解法.

5.1 线性方程组解的存在性

5.1.1 齐次线性方程组有非零解的充要条件

齐次线性方程组 $\boldsymbol{Ax}=\boldsymbol{0}$ 一定有解，它的解分为两种情况：只有零解和有非零解，下面给出其判别定理.

定理 5-1 $m\times n$ 型齐次线性方程组 $\boldsymbol{Ax}=0$ 有非零解(只有零解)$\Leftrightarrow r(\boldsymbol{A})<n(r(\boldsymbol{A})=n)$.

证明 由定理 4-2 可知

$$\boldsymbol{Ax}=\boldsymbol{0}\text{ 有非零解(只有零解)}\Leftrightarrow \boldsymbol{A}\text{ 的列向量组线性相关(无关)}$$

再由向量组的秩的定义及性质 4-2 可知结论正确.

注意 $r(\boldsymbol{A})<n$ 意味着将 $\boldsymbol{A}$ 化为行阶梯阵时非零行的个数小于 n，即对方程组 $\boldsymbol{Ax}=\boldsymbol{0}$ 化简以后所留下方程的个数小于 n，一个方程只能确定一个未知数，这时有自由变化的未知数，所以有非零解.

5.1.2 非齐次线性方程组解的存在性

对于非齐次线性方程组，它可能有解，也可能无解；有解时，可能是有唯一解，也可能是有无穷多个解. 下面给出其判别方法.

定理 5-2 设 $\boldsymbol{Ax}=\boldsymbol{b}$ 是 $m\times n$ 型非齐次线性方程组，则

(1)$\boldsymbol{Ax}=\boldsymbol{b}$ 有解$\Leftrightarrow r((\boldsymbol{A},\boldsymbol{b}))=r(\boldsymbol{A})$.

(2)$\boldsymbol{Ax}=\boldsymbol{b}$ 有唯一解$\Leftrightarrow r((\boldsymbol{A},\boldsymbol{b}))=r(\boldsymbol{A})=n$.

证明 (1)方程组 $\boldsymbol{Ax}=\boldsymbol{b}$ 可看作矩阵方程，由推论 4-7 可知结论正确.

也可按下面方法加以证明.

必要性 设 $\boldsymbol{Ax}=\boldsymbol{b}$ 有解 $\boldsymbol{u}$，则 $\boldsymbol{Au}=\boldsymbol{b}$，

$$r((\boldsymbol{A},\boldsymbol{b}))=r((\boldsymbol{A},\boldsymbol{Au}))=r(\boldsymbol{A}(\boldsymbol{E},\boldsymbol{u}))\leqslant r(\boldsymbol{A})$$

由 $(\boldsymbol{A},\boldsymbol{b})$ 为 $\boldsymbol{A}$ 的增广阵又知，$r((\boldsymbol{A},\boldsymbol{b}))\geqslant r(\boldsymbol{A})$，所以

$$r((\boldsymbol{A},\boldsymbol{b}))=r(\boldsymbol{A})$$

充分性 设 $r((\boldsymbol{A},\boldsymbol{b}))=r(\boldsymbol{A})=r$，并设 $\boldsymbol{a}_{i_1},\boldsymbol{a}_{i_2},\cdots,\boldsymbol{a}_{i_r}$ 是 $\boldsymbol{A}$ 的列向量组的一个极大无关组，则它也是 $(\boldsymbol{A},\boldsymbol{b})$ 的列向量组的一个极大无关组. 由定理 4-7 可知，$\boldsymbol{b}$ 能由 $\boldsymbol{a}_{i_1}$，$\boldsymbol{a}_{i_2},\cdots,\boldsymbol{a}_{i_r}$ 线性表示，从而能由 $\boldsymbol{A}$ 的列向量组线性表示. 再由定理 4-1 可知，$\boldsymbol{Ax}=\boldsymbol{b}$ 有解.

(2)**必要性** 设 $\boldsymbol{Ax}=\boldsymbol{b}$ 有唯一解 $\boldsymbol{u}$，由(1)的结论可得

$$r((\boldsymbol{A},\boldsymbol{b}))=r(\boldsymbol{A})\leqslant n$$

假设 $r(\boldsymbol{A})<n$，则由定理 5-1 可知，$\boldsymbol{Ax}=\boldsymbol{0}$ 有非零解，即存在 $\boldsymbol{v}\neq\boldsymbol{0}$，使得 $\boldsymbol{Av}=\boldsymbol{0}$. 由 $\boldsymbol{A}(\boldsymbol{u}+\boldsymbol{v})=\boldsymbol{Au}+\boldsymbol{Av}=\boldsymbol{b}+\boldsymbol{0}=\boldsymbol{b}$ 可知，$\boldsymbol{u}+\boldsymbol{v}$ 也是 $\boldsymbol{Ax}=\boldsymbol{b}$ 的解，并且 $\boldsymbol{u}+\boldsymbol{v}\neq\boldsymbol{u}$，这与 $\boldsymbol{Ax}=\boldsymbol{b}$ 有唯一解矛盾，所以 $r(\boldsymbol{A})=n$.

充分性 由 $r((\boldsymbol{A},\boldsymbol{b}))=r(\boldsymbol{A})=n$ 可知，$\boldsymbol{A}$ 的列向量组线性无关且为 $(\boldsymbol{A},\boldsymbol{b})$ 的列向量组的极大无关组. 由定理 4-7 可知，$\boldsymbol{b}$ 能由 $\boldsymbol{A}$ 的列向量组唯一地线性表示，再根据定理 4-1 可知 $\boldsymbol{Ax}=\boldsymbol{b}$ 有唯一解. 证毕.

对于 $m\times n$ 型非齐次线性方程组 $\boldsymbol{Ax}=\boldsymbol{b}$，由定理 5-2 可知：

(1)当 $r((\boldsymbol{A},\boldsymbol{b}))>r(\boldsymbol{A})$ 时，$\boldsymbol{Ax}=\boldsymbol{b}$ 无解；

(2)当 $r((\boldsymbol{A},\boldsymbol{b}))=r(\boldsymbol{A})=n$ 时，$\boldsymbol{Ax}=\boldsymbol{b}$ 有唯一解；

(3)当 $r((\boldsymbol{A},\boldsymbol{b}))=r(\boldsymbol{A})<n$ 时，$\boldsymbol{Ax}=\boldsymbol{b}$ 有无穷多个解.

具体判别时，用初等行变换将 $(\boldsymbol{A},\boldsymbol{b})$ 化为行阶梯阵 $(\boldsymbol{B},\boldsymbol{c})$，由 $\boldsymbol{B}$ 和 $(\boldsymbol{B},\boldsymbol{c})$ 的秩可知 $\boldsymbol{A}$ 和 $(\boldsymbol{A},\boldsymbol{b})$ 的秩.

注意 若 $r((\boldsymbol{A},\boldsymbol{b}))>r(\boldsymbol{A})$，则用初等行变换将 $(\boldsymbol{A},\boldsymbol{b})$ 化为行阶梯阵 $(\boldsymbol{B},\boldsymbol{c})$ 时，$\boldsymbol{B}$ 的非零行个数小于 $(\boldsymbol{B},\boldsymbol{c})$ 的非零行个数，即会出现形如下面形式的行阶梯阵：

$$\begin{pmatrix} b_{11} & b_{12} & b_{13} & b_{14} & c_1 \\ 0 & b_{22} & b_{23} & b_{24} & c_2 \\ 0 & 0 & 0 & 0 & c_3 \\ 0 & 0 & 0 & 0 & 0 \end{pmatrix}$$

其中，b_{11},b_{22},c_3 不为 0，这时最后一个非零行对应的方程为

$$0x_1+0x_2+0x_3+0x_4=c_3$$

显然此方程无解. 只要不出现这种情况就一定有解.

【例 5-1】 k 取何值时，方程组

$$\begin{cases} kx_1+x_2-x_3=k \\ x_1+kx_2+x_3=1 \\ x_1+x_2-kx_3=k \end{cases}$$

(1)有唯一解；(2)无解；(3)有无穷多个解.

解
$$(\boldsymbol{A},\boldsymbol{b})=\begin{pmatrix}k&1&-1&k\\1&k&1&1\\1&1&-k&k\end{pmatrix}\xrightarrow{r_1\leftrightarrow r_3}\begin{pmatrix}1&1&-k&k\\1&k&1&1\\k&1&-1&k\end{pmatrix}$$
$$\xrightarrow[r_3-kr_1]{r_2-r_1}\begin{pmatrix}1&1&-k&k\\0&k-1&k+1&1-k\\0&1-k&k^2-1&k-k^2\end{pmatrix}$$
$$\xrightarrow{r_3+r_2}\begin{pmatrix}1&1&-k&k\\0&k-1&k+1&1-k\\0&0&k^2+k&1-k^2\end{pmatrix}$$
$$=(\boldsymbol{B},\boldsymbol{c})$$

(1)当 $k\neq0$ 且 $k\neq\pm1$ 时，$r((\boldsymbol{A},\boldsymbol{b}))=r(\boldsymbol{A})=3$，方程组有唯一解.

(2)当 $k=0$ 时，
$$(\boldsymbol{B},\boldsymbol{c})=\begin{pmatrix}1&1&0&0\\0&-1&1&1\\0&0&0&1\end{pmatrix}$$
$r((\boldsymbol{A},\boldsymbol{b}))=3$，$r(\boldsymbol{A})=2$，方程组无解.

(3)当 $k=-1$ 时，
$$(\boldsymbol{B},\boldsymbol{c})=\begin{pmatrix}1&1&1&-1\\0&-2&0&2\\0&0&0&0\end{pmatrix}$$
$r((\boldsymbol{A},\boldsymbol{b}))=r(\boldsymbol{A})=2$，方程组有无穷多个解.

当 $k=1$ 时，
$$(\boldsymbol{B},\boldsymbol{c})=\begin{pmatrix}1&1&-1&1\\0&0&2&0\\0&0&2&0\end{pmatrix}\xrightarrow{r_3-r_2}\begin{pmatrix}1&1&-1&1\\0&0&2&0\\0&0&0&0\end{pmatrix}$$
$r((\boldsymbol{A},\boldsymbol{b}))=r(\boldsymbol{A})=2$，方程组有无穷多个解.

注意　对于例 5-1，也可先由 $|\boldsymbol{A}|\neq0$ 求出使方程组 $\boldsymbol{Ax}=\boldsymbol{b}$ 有唯一解的 k，然后再对使 $|\boldsymbol{A}|=0$ 的 k 的取值情况加以讨论.

思考题 5-1

下列结论是否正确？

(1)若 $r(\boldsymbol{A}_{m\times n})=m$，则 $\boldsymbol{Ax}=\boldsymbol{0}$ 只有零解.

(2)若 $\boldsymbol{Ax}=\boldsymbol{b}(\boldsymbol{b}\neq\boldsymbol{0})$ 有无穷多个解，则 $\boldsymbol{Ax}=\boldsymbol{0}$ 也有无穷多个解.

(3)若 $\boldsymbol{Ax}=\boldsymbol{0}$ 只有零解，则 $\boldsymbol{Ax}=\boldsymbol{b}$ 有唯一解.

(4)设 $\boldsymbol{Ax}=\boldsymbol{b}$ 为 $m\times n$ 型线性方程组，若 $r(\boldsymbol{A})=m$，则 $\boldsymbol{Ax}=\boldsymbol{b}$ 一定有解.

(5)若 $\boldsymbol{A}$ 为 $m\times n$ 型矩阵，$m<n$，则 $\boldsymbol{Ax}=\boldsymbol{0}$ 有非零解.

习题 5-1

1. 当 k 为何值时，下列齐次线性方程组有非零解.

(1) $\begin{cases} x_1+x_2+kx_3=0 \\ x_1+kx_2+x_3=0 \\ kx_1+x_2+x_3=0 \end{cases}$；　　(2) $\begin{cases} kx_1+x_2+x_3=0 \\ x_1+kx_2+x_3=0 \\ 2x_1-x_2+x_3=0 \end{cases}$.

2. 当 k,a,b 取何值时，下列方程组有唯一解；无解；有无穷多个解.

(1) $\begin{cases} x_1+x_2-kx_3=k \\ 2x_1+kx_2-x_3=2 \\ kx_1+2x_2+x_3=k \end{cases}$；　　(2) $\begin{cases} kx_1+x_2+x_3=k^2 \\ x_1+kx_2+x_3=k \\ x_1+x_2+kx_3=1 \end{cases}$；

(3) $\begin{cases} x_1+x_2-x_3=1 \\ 2x_1+(a+2)x_2-(b+2)x_3=3 \\ -3ax_2+(a+2b)x_3=-3 \end{cases}$；　　(4) $\begin{cases} x_1+x_2-kx_3=-k \\ 2x_1+kx_2-x_3=2 \\ kx_1+2x_2+x_3=k \\ 3x_1+(k+1)x_2-(k+1)x_3=k^2 \end{cases}$.

3. 当 k 为何值时，向量 $\boldsymbol{b}=(1,-1,1)^{\mathrm{T}}$ 能由向量组 $\boldsymbol{a}_1=(-1,1,k)^{\mathrm{T}}$，$\boldsymbol{a}_2=(1,k,1)^{\mathrm{T}}$，$\boldsymbol{a}_3=(k,1,-1)^{\mathrm{T}}$ 线性表示.

4. 已知方程组 $\begin{cases} x_1+x_2+x_3=0 \\ x_1+2x_2+ax_3=0 \\ x_1+4x_2+a^2x_3=0 \end{cases}$ 与方程 $x_1+2x_2+x_3=a-1$ 有公共解，求 a 的值.

***5.** 设 $r(\boldsymbol{A}_{m\times n})=m$，证明：存在秩为 m 的 $n\times m$ 型矩阵 $\boldsymbol{B}$，使得 $\boldsymbol{AB}=\boldsymbol{E}$.

6. 设 $\boldsymbol{A}$ 和 $\boldsymbol{B}$ 分别为 $m\times k$ 型和 $k\times n$ 型非零矩阵且 $\boldsymbol{AB}=\boldsymbol{O}$，证明：$r(\boldsymbol{A})<k$ 且 $r(\boldsymbol{B})<k$.

5.2 线性方程组解的性质、结构与解法

5.2.1 线性方程组解的性质

设 $\boldsymbol{b}\neq\boldsymbol{0}$，通过代入方程组进行验证的方法可以证明方程组的解具有下列性质：

(1)若 $\boldsymbol{v}_1,\boldsymbol{v}_2,\cdots,\boldsymbol{v}_s$ 为齐次线性方程组 $\boldsymbol{Ax}=\boldsymbol{0}$ 的解，则 $k_1\boldsymbol{v}_1+k_2\boldsymbol{v}_2+\cdots+k_s\boldsymbol{v}_s$ 也为 $\boldsymbol{Ax}=\boldsymbol{0}$的解，其中，$k_1,k_2,\cdots,k_s$ 为任意常数.

(2)若 $\boldsymbol{u}$ 为非齐次线性方程组 $\boldsymbol{Ax}=\boldsymbol{b}$ 的解，$\boldsymbol{v}$ 为 $\boldsymbol{Ax}=\boldsymbol{0}$ 的解，则 $\boldsymbol{u}+\boldsymbol{v}$ 为 $\boldsymbol{Ax}=\boldsymbol{b}$ 的解.

(3)非齐次线性方程组 $\boldsymbol{Ax}=\boldsymbol{b}$ 的两个解 $\boldsymbol{u}_1$ 和 $\boldsymbol{u}_2$ 的差 $\boldsymbol{u}_1-\boldsymbol{u}_2$ 为 $\boldsymbol{Ax}=\boldsymbol{0}$ 的解.

(4)若 $\boldsymbol{u}_1,\boldsymbol{u}_2,\cdots,\boldsymbol{u}_s$ 为非齐次线性方程组 $\boldsymbol{Ax}=\boldsymbol{b}$ 的解，则

①$k_1\boldsymbol{u}_1+k_2\boldsymbol{u}_2+\cdots+k_s\boldsymbol{u}_s$ 为 $\boldsymbol{Ax}=\boldsymbol{b}$ 的解$\Leftrightarrow \sum\limits_{i=1}^{s}k_i=1$；

②$k_1\boldsymbol{u}_1+k_2\boldsymbol{u}_2+\cdots+k_s\boldsymbol{u}_s$ 为 $\boldsymbol{Ax}=\boldsymbol{0}$ 的解 $\Leftrightarrow \sum\limits_{i=1}^{s}k_i=0$.

5.2.2　齐次线性方程组解的结构

一个方程组的所有解的一般表达式叫作这个方程组的通解.

研究方程组解的结构就是研究其通解的表达形式.

定义 5-1　齐次线性方程组 $\boldsymbol{Ax}=0$ 的解集 S(全部解向量的集合)的极大无关组叫作该齐次线性方程组的基础解系.

若已知 $\boldsymbol{Ax}=\boldsymbol{0}$ 的基础解系为 $\boldsymbol{v}_1,\boldsymbol{v}_2,\cdots,\boldsymbol{v}_s$,则由定理 4-7 及解的性质(1)可知,$\boldsymbol{Ax}=\boldsymbol{0}$ 的通解为

$$\boldsymbol{x}=k_1\boldsymbol{v}_1+k_2\boldsymbol{v}_2+\cdots+k_s\boldsymbol{v}_s$$

其中,$k_1,k_2,\cdots,k_s$ 为任意常数.

为了确定齐次线性方程组的基础解系,我们给出下面的定理.

定理 5-3　齐次线性方程组 $\boldsymbol{Ax}=0$ 的解集 S 的秩为 $r(S)=n-r(\boldsymbol{A})$,即 $\boldsymbol{Ax}=\boldsymbol{0}$ 的基础解系所含向量的个数为 $n-r(A)$. 其中,n 为未知数的个数,即 $\boldsymbol{A}$ 的列数.

证明　若 $r(\boldsymbol{A})=n$,则 $\boldsymbol{Ax}=\boldsymbol{0}$ 只有零解,没有基础解系,结论正确.

若 $r(\boldsymbol{A})=r<n$,不妨设 $\boldsymbol{A}$ 的行最简形为 $\boldsymbol{B}=\begin{pmatrix}\boldsymbol{E}_r & \boldsymbol{B}_1\\ \boldsymbol{O} & \boldsymbol{O}\end{pmatrix}$,其中,$\boldsymbol{B}_1$ 为 $r\times(n-r)$ 型矩阵,则 $\boldsymbol{Ax}=\boldsymbol{0}$ 与 $\boldsymbol{Bx}=\boldsymbol{0}$ 同解.

令 $\boldsymbol{Y}=\begin{pmatrix}-\boldsymbol{B}_1\\ \boldsymbol{E}_{n-r}\end{pmatrix}$,由 $\boldsymbol{E}_{n-r}$的列向量组线性无关可知,$\boldsymbol{Y}$ 的列向量组线性无关;由 $\boldsymbol{BY}=\boldsymbol{O}$ 可知,$\boldsymbol{Y}$ 的列向量都是 $\boldsymbol{Bx}=\boldsymbol{0}$ 的解($\boldsymbol{Ax}=\boldsymbol{0}$ 的解),所以

$$r(S)\geqslant r(\boldsymbol{Y})=n-r(\boldsymbol{A})$$

设 $\boldsymbol{v}_1,\boldsymbol{v}_2,\cdots,\boldsymbol{v}_s$ 为 $\boldsymbol{Ax}=\boldsymbol{0}$ 的基础解系,令 $\boldsymbol{V}=(\boldsymbol{v}_1,\boldsymbol{v}_2,\cdots,\boldsymbol{v}_s)$,则 $r(\boldsymbol{V})=s$ 且 $\boldsymbol{AV}=\boldsymbol{O}$. 由性质 4-6 可得

$$r(\boldsymbol{A})+r(\boldsymbol{V})-n\leqslant r(\boldsymbol{AV})=0$$

即

$$r(\boldsymbol{V})\leqslant n-r(\boldsymbol{A})$$

亦即

$$s\leqslant n-r(\boldsymbol{A})$$

所以

$$r(S)=s\leqslant n-r(\boldsymbol{A})$$

综合上面的讨论可知

$$r(S)=n-r(\boldsymbol{A})$$

注意　向量组 $\boldsymbol{v}_1,\boldsymbol{v}_2,\cdots,\boldsymbol{v}_s$ 为 $m\times n$ 型齐次线性方程组 $\boldsymbol{Ax}=\boldsymbol{0}$ 的基础解系的充要条件是 $\boldsymbol{v}_1,\boldsymbol{v}_2,\cdots,\boldsymbol{v}_s$ 是 $\boldsymbol{Ax}=\boldsymbol{0}$ 的线性无关解且 $s=n-r(\boldsymbol{A})$.

【例 5-2】　设 $\boldsymbol{A}$ 为 $m\times n$ 型实矩阵,证明:$r(\boldsymbol{A}^{\mathrm{T}}\boldsymbol{A})=r(\boldsymbol{AA}^{\mathrm{T}})=r(\boldsymbol{A})$.

证明　若 $\boldsymbol{u}\in\mathbf{R}^n$ 为 $\boldsymbol{Ax}=\boldsymbol{0}$ 的任一解,则 $\boldsymbol{Au}=\boldsymbol{0}$,$\boldsymbol{A}^{\mathrm{T}}\boldsymbol{Au}=\boldsymbol{0}$,$\boldsymbol{u}$ 也是 $\boldsymbol{A}^{\mathrm{T}}\boldsymbol{Ax}=\boldsymbol{0}$ 的解.

若 $\boldsymbol{v}\in\mathbf{R}^n$ 为 $\boldsymbol{A}^{\mathrm{T}}\boldsymbol{Ax}=\boldsymbol{0}$ 的任一解,则 $\boldsymbol{A}^{\mathrm{T}}\boldsymbol{Av}=\boldsymbol{0}$,$\boldsymbol{v}^{\mathrm{T}}\boldsymbol{A}^{\mathrm{T}}\boldsymbol{Av}=\boldsymbol{0}$,$(\boldsymbol{Av})^{\mathrm{T}}(\boldsymbol{Av})=\boldsymbol{0}$. 设

$$Av=(c_1,c_2,\cdots,c_m)^{\mathrm{T}}$$

则有

$$c_1^2+c_2^2+\cdots+c_m^2=0$$

故

$$c_1=c_2=\cdots=c_m=0$$

例5-2及几个相关结论

所以 $\boldsymbol{Av}=\boldsymbol{0}$，$\boldsymbol{v}$ 也是 $\boldsymbol{Ax}=\boldsymbol{0}$ 的解.

综上可知，方程组 $\boldsymbol{Ax}=\boldsymbol{0}$ 与 $\boldsymbol{A}^{\mathrm{T}}\boldsymbol{Ax}=\boldsymbol{0}$ 同解，它们的解集的秩相等，所以

$$n-r(\boldsymbol{A})=n-r(\boldsymbol{A}^{\mathrm{T}}\boldsymbol{A})$$
$$r(\boldsymbol{A}^{\mathrm{T}}\boldsymbol{A})=r(\boldsymbol{A})$$

根据上面所得结论，进一步可得

$$r(\boldsymbol{AA}^{\mathrm{T}})=r((\boldsymbol{A}^{\mathrm{T}})^{\mathrm{T}}\boldsymbol{A}^{\mathrm{T}})=r(\boldsymbol{A}^{\mathrm{T}})=r(\boldsymbol{A})$$

【例 5-3】 设 $\boldsymbol{v}_1,\boldsymbol{v}_2,\boldsymbol{v}_3$ 为齐次线性方程组 $\boldsymbol{Ax}=\boldsymbol{0}$ 的基础解系，证明：$\boldsymbol{u}_1=2\boldsymbol{v}_1$，$\boldsymbol{u}_2=3\boldsymbol{v}_1+\boldsymbol{v}_2$，$\boldsymbol{u}_3=2\boldsymbol{v}_2+3\boldsymbol{v}_3$ 也是 $\boldsymbol{Ax}=\boldsymbol{0}$ 的基础解系.

证明 由已知条件可知，$\boldsymbol{v}_1,\boldsymbol{v}_2,\boldsymbol{v}_3$ 为 $\boldsymbol{Ax}=\boldsymbol{0}$ 的线性无关解，并且 $\boldsymbol{Ax}=\boldsymbol{0}$ 的基础解系中含 3 个向量. 进一步由解的性质可知，$\boldsymbol{u}_1,\boldsymbol{u}_2,\boldsymbol{u}_3$ 也是 $\boldsymbol{Ax}=\boldsymbol{0}$ 的解，且个数也满足要求，下面证明 $\boldsymbol{u}_1,\boldsymbol{u}_2,\boldsymbol{u}_3$ 线性无关.

由于 $\boldsymbol{u}_1,\boldsymbol{u}_2,\boldsymbol{u}_3$ 能由 $\boldsymbol{v}_1,\boldsymbol{v}_2,\boldsymbol{v}_3$ 线性表示，所以可写成矩阵形式：

$$(\boldsymbol{u}_1,\boldsymbol{u}_2,\boldsymbol{u}_3)=(\boldsymbol{v}_1,\boldsymbol{v}_2,\boldsymbol{v}_3)\boldsymbol{P}$$

其中

$$\boldsymbol{P}=\begin{pmatrix}2 & 3 & 0\\ 0 & 1 & 2\\ 0 & 0 & 3\end{pmatrix}$$

由 $|\boldsymbol{P}|=6\neq 0$ 知，$\boldsymbol{P}$ 可逆，所以

$$r((\boldsymbol{u}_1,\boldsymbol{u}_2,\boldsymbol{u}_3))=r((\boldsymbol{v}_1,\boldsymbol{v}_2,\boldsymbol{v}_3))=3$$

故 $\boldsymbol{u}_1,\boldsymbol{u}_2,\boldsymbol{u}_3$ 线性无关，因此，$\boldsymbol{u}_1,\boldsymbol{u}_2,\boldsymbol{u}_3$ 也是 $\boldsymbol{Ax}=\boldsymbol{0}$ 的基础解系.

5.2.3 非齐次线性方程组解的结构

当 $\boldsymbol{Ax}=\boldsymbol{b}$ 有唯一解时，解的结构已清楚，不需讨论. 下面对 $\boldsymbol{Ax}=\boldsymbol{b}$ 有无穷多个解的情况加以讨论.

定理 5-4 设 $\boldsymbol{u}$ 为非齐次线性方程组 $\boldsymbol{Ax}=\boldsymbol{b}$ 的一个已知解(称为特解)，$\boldsymbol{v}_1,\boldsymbol{v}_2,\cdots,\boldsymbol{v}_{n-r}$ 为 $\boldsymbol{Ax}=\boldsymbol{0}$ 的基础解系，则 $\boldsymbol{Ax}=\boldsymbol{b}$ 的通解为

$$\boldsymbol{x}=k_1\boldsymbol{v}_1+k_2\boldsymbol{v}_2+\cdots+k_{n-r}\boldsymbol{v}_{n-r}+\boldsymbol{u} \tag{5-1}$$

其中，$k_1,k_2,\cdots,k_{n-r}$ 为任意常数.

证明 由解的性质可知，由式(5-1)所得到的向量都是 $\boldsymbol{Ax}=\boldsymbol{b}$ 的解.

下面证明 $\boldsymbol{Ax}=\boldsymbol{b}$ 的每一个解都可表示成式(5-1)的形式. 设 $\boldsymbol{c}$ 为 $\boldsymbol{Ax}=\boldsymbol{b}$ 的任一解，则 $\boldsymbol{c}-\boldsymbol{u}$ 为 $\boldsymbol{Ax}=\boldsymbol{0}$ 的解，于是存在数 $l_1,l_2,\cdots,l_{n-r}$，使

$$\boldsymbol{c}-\boldsymbol{u}=l_1\boldsymbol{v}_1+l_2\boldsymbol{v}_2+\cdots+l_{n-r}\boldsymbol{v}_{n-r}$$

即

$$\boldsymbol{c}=l_1\boldsymbol{v}_1+l_2\boldsymbol{v}_2+\cdots+l_{n-r}\boldsymbol{v}_{n-r}+\boldsymbol{u}$$

这说明 $\boldsymbol{Ax}=\boldsymbol{b}$ 的任一解都可表示成式(5-1)的形式，故式(5-1)为 $\boldsymbol{Ax}=\boldsymbol{b}$ 的通解.

注意　“非齐次线性方程组的通解”=“对应的齐次线性方程组的通解”+“该非齐次线性方程组的一个特解”.

【例 5-4】　设 $r(\boldsymbol{A}_{4\times3})=2$，$\boldsymbol{u}_1,\boldsymbol{u}_2,\boldsymbol{u}_3$ 为非齐次线性方程组 $\boldsymbol{Ax}=\boldsymbol{b}$ 的解，$\boldsymbol{u}_1+\boldsymbol{u}_2=(2,-2,2)^{\mathrm{T}}$，$2\boldsymbol{u}_2+\boldsymbol{u}_3=(1,0,-2)^{\mathrm{T}}$，求 $\boldsymbol{Ax}=\boldsymbol{b}$ 的通解.

解　由 $r(\boldsymbol{A}_{4\times3})=2$ 可知，$\boldsymbol{Ax}=\boldsymbol{0}$ 的基础解系只含一个向量，因而，$\boldsymbol{Ax}=\boldsymbol{0}$ 的任意一个非零解都可作为它的基础解系. 下面来求 $\boldsymbol{Ax}=\boldsymbol{0}$ 的基础解系和 $\boldsymbol{Ax}=\boldsymbol{b}$ 的一个特解.

由 $\boldsymbol{u}_1,\boldsymbol{u}_2,\boldsymbol{u}_3$ 为 $\boldsymbol{Ax}=\boldsymbol{b}$ 的解可得

$$\boldsymbol{A}(\boldsymbol{u}_1+\boldsymbol{u}_2)=\boldsymbol{Au}_1+\boldsymbol{Au}_2=\boldsymbol{b}+\boldsymbol{b}=2\boldsymbol{b}$$

$$\boldsymbol{A}(2\boldsymbol{u}_2+\boldsymbol{u}_3)=2\boldsymbol{Au}_2+\boldsymbol{Au}_3=2\boldsymbol{b}+\boldsymbol{b}=3\boldsymbol{b}$$

根据上面两个式子，可得

$$\boldsymbol{A}[3(\boldsymbol{u}_1+\boldsymbol{u}_2)-2(2\boldsymbol{u}_2+\boldsymbol{u}_3)]=\boldsymbol{0}$$

$$\boldsymbol{A}\frac{\boldsymbol{u}_1+\boldsymbol{u}_2}{2}=\boldsymbol{b}$$

因而，$3(\boldsymbol{u}_1+\boldsymbol{u}_2)-2(2\boldsymbol{u}_2+\boldsymbol{u}_3)$ 是 $\boldsymbol{Ax}=\boldsymbol{0}$ 的基础解系，$\dfrac{\boldsymbol{u}_1+\boldsymbol{u}_2}{2}$ 是 $\boldsymbol{Ax}=\boldsymbol{b}$ 的一个特解. 通过计算，可得

$$3(\boldsymbol{u}_1+\boldsymbol{u}_2)-2(2\boldsymbol{u}_2+\boldsymbol{u}_3)=(4,-6,10)^{\mathrm{T}}$$

$$\frac{1}{2}(\boldsymbol{u}_1+\boldsymbol{u}_2)=(1,-1,1)^{\mathrm{T}}$$

于是，$\boldsymbol{Ax}=\boldsymbol{b}$ 的通解为

$$\boldsymbol{x}=k(4,-6,10)^{\mathrm{T}}+(1,-1,1)^{\mathrm{T}}$$

其中，k 为任意实数.

5.2.4　利用矩阵的初等行变换解线性方程组

由于对非齐次线性方程组的增广阵进行初等行变换时，方程组的解不变，因此，我们可以先用初等行变换将方程组的增广阵化为行最简形，然后求出这个行最简形所对应的方程组的通解，即可得到原方程组的通解. 对于齐次线性方程组，只需用初等行变换将它的系数阵化成行最简形.

【例 5-5】　求解方程组

$$\begin{cases} x_1-2x_2-x_3-x_4=0 \\ -x_1+2x_2+2x_3+4x_4=0 \\ x_1-2x_2+2x_3+8x_4=0 \end{cases} \tag{5-2}$$

解　首先用初等行变换将该方程组的系数阵化为行最简形.

$$\boldsymbol{A}=\begin{pmatrix}1&-2&-1&-1\\-1&2&2&4\\1&-2&2&8\end{pmatrix}\xrightarrow[r_3-r_1]{r_2+r_1}\begin{pmatrix}1&-2&-1&-1\\0&0&1&3\\0&0&3&9\end{pmatrix}$$

$$\xrightarrow[r_3-3r_2]{r_1+r_2}\begin{pmatrix}1&-2&0&2\\0&0&1&3\\0&0&0&0\end{pmatrix}$$

该行最简形对应的齐次线性方程组为

$$\begin{cases}x_1-2x_2\qquad+2x_4=0\\ \qquad\qquad x_3+3x_4=0\end{cases}$$

即

$$\begin{cases}x_1=2x_2-2x_4\\x_3=\qquad-3x_4\end{cases}\tag{5-3}$$

方程组(5-3)与方程组(5-2)同解.

在方程组(5-3)中,把 x_2 和 x_4 看作自由未知数.令 $x_2=k_1$,$x_4=k_2$,得

$$\begin{cases}x_1=2k_1-2k_2\\x_2=\ k_1\\x_3=\qquad-3k_2\\x_4=\qquad\quad k_2\end{cases}$$

写成向量形式为

$$\boldsymbol{x}=k_1\begin{pmatrix}2\\1\\0\\0\end{pmatrix}+k_2\begin{pmatrix}-2\\0\\-3\\1\end{pmatrix}$$

其中,k_1,k_2 为任意实数.这就是方程组(5-2)的通解.

容易验证,$\boldsymbol{v}_1=(2,1,0,0)^{\mathrm{T}}$,$\boldsymbol{v}_2=(-2,0,-3,1)^{\mathrm{T}}$ 线性无关且都是方程组(5-2)的解.由 $r(\boldsymbol{A})=2$ 可知,方程组(5-2)的基础解系含 2 个向量,所以 $\boldsymbol{v}_1$,$\boldsymbol{v}_2$ 为方程组(5-2)的基础解系,上面所求得的结果确实是通解.

注意 (1)解方程组时不要做倍加列变换和倍乘列变换.若做对调列变换,那么行最简形对应的方程组怎样写要考虑清楚.

(2)一般取行最简形的每个非零行的第一个非零元素所在列对应的未知数为非自由未知数,取其余的未知数为自由未知数.

(3)有些问题可能不需要求通解,只需要求基础解系,这时可这样做:逐次令自由未知数中的一个为 1,其余的自由未知数为 0,可求得一组解,这组解就是基础解系.

例如,在方程组(5-3)中,令 $x_2=1,x_4=0$,求得一个解为 $\boldsymbol{v}_1=(2,1,0,0)^{\mathrm{T}}$;令 $x_2=0$,$x_4=1$,又求得一个解为 $\boldsymbol{v}_2=(-2,0,-3,1)^{\mathrm{T}}$,$\boldsymbol{v}_1$,$\boldsymbol{v}_2$ 即方程组(5-2)的基础解系.

【例 5-6】 求解方程组

$$\begin{cases}x_1-2x_2-x_3-x_4=5\\-x_1+2x_2+2x_3+4x_4=-6\\x_1-2x_2+2x_3+8x_4=2\end{cases}$$

解　首先用初等行变换将该方程组的增广阵化为行最简形.

$$(\boldsymbol{A},\boldsymbol{b})=\begin{pmatrix}1&-2&-1&-1&5\\-1&2&2&4&-6\\1&-2&2&8&2\end{pmatrix}$$

$$\xrightarrow[r_3-r_1]{r_2+r_1}\begin{pmatrix}1&-2&-1&-1&5\\0&0&1&3&-1\\0&0&3&9&-3\end{pmatrix}$$

$$\xrightarrow[r_3-3r_2]{r_1+r_2}\begin{pmatrix}1&-2&0&2&4\\0&0&1&3&-1\\0&0&0&0&0\end{pmatrix}$$

行最简形对应的非齐次线性方程组为

$$\begin{cases}x_1-2x_2+2x_4=4\\ \qquad\quad x_3+3x_4=-1\end{cases}$$

即

$$\begin{cases}x_1=2x_2-2x_4+4\\x_3=\qquad -3x_4-1\end{cases}$$

取 x_2 和 x_4 为自由未知量,并令 $x_2=k_1,x_4=k_2$,得

$$\begin{cases}x_1=2k_1-2k_2+4\\x_2=\ k_1\\x_3=\qquad -3k_2-1\\x_4=\qquad\quad k_2\end{cases}$$

写成向量形式为

$$\boldsymbol{x}=k_1\begin{pmatrix}2\\1\\0\\0\end{pmatrix}+k_2\begin{pmatrix}-2\\0\\-3\\1\end{pmatrix}+\begin{pmatrix}4\\0\\-1\\0\end{pmatrix}$$

其中,k_1,k_2 为任意实数.这就是该方程组的通解.

思考题 5-2

1. 齐次线性方程组的基础解系是否唯一?

2. $\boldsymbol{Ax}=\boldsymbol{0}$ 的两个不同的基础解系之间有什么关系?

3. $m\times n$ 型方程组 $\boldsymbol{Ax}=\boldsymbol{b}$ 有解时,自由未知数的个数与 $r(\boldsymbol{A})$有何关系? 为什么?

4. 自由未知数的选择是否唯一? 按例 5-5 中的方法选择自由未知数有什么好处?

习题 5-2

1. 求齐次线性方程组

$$\begin{cases}x_1-\ x_2+x_3+2x_4=0\\2x_1-\ x_2+\qquad\ x_4=0\\3x_1-2x_2+x_3+3x_4=0\end{cases}$$

的一个基础解系.

2. 求下列齐次线性方程组的通解和一个基础解系：

(1) $\begin{cases} x_1+x_2-3x_3+x_4=0 \\ x_2-x_3+2x_4=0 \\ x_1-x_2-x_3-3x_4=0 \end{cases}$；　(2) $\begin{cases} 2x_1+x_2+x_3-x_4=0 \\ 4x_1+2x_2+2x_3-x_4=0 \\ 2x_1+x_2+x_3-3x_4=0 \end{cases}$；

(3) $\begin{cases} x_1+x_2+x_3+x_4=0 \\ x_1+2x_2+3x_3=0 \\ 2x_1+3x_2+4x_3+x_4=0 \\ 3x_1+4x_2+5x_3+2x_4=0 \end{cases}$.

3. 求下列非齐次线性方程组的通解：

(1) $\begin{cases} 2x_1+4x_2-x_3+3x_4=9 \\ x_1+2x_2+x_3=6 \\ x_1+2x_2+2x_3-x_4=7 \\ 2x_1+4x_2+x_3+x_4=11 \end{cases}$；　(2) $\begin{cases} x_1+x_2-x_3+x_4=1 \\ x_1+2x_2+x_3-3x_4=4 \\ x_1+3x_2+3x_3-7x_4=7 \end{cases}$；

(3) $\begin{cases} x_1+x_2+x_3+x_4=2 \\ 2x_1+3x_2+x_3-x_4=5 \\ x_1+2x_3+4x_4=1 \end{cases}$.

4. 设 $\boldsymbol{v}_1,\boldsymbol{v}_2,\boldsymbol{v}_3$ 为方程组 $\boldsymbol{Ax}=\boldsymbol{0}$ 的基础解系，试问 m 和 k 满足什么条件时，$m\boldsymbol{v}_2-\boldsymbol{v}_1$，$k\boldsymbol{v}_3-\boldsymbol{v}_2$，$2\boldsymbol{v}_1-\boldsymbol{v}_3$ 也是 $\boldsymbol{Ax}=\boldsymbol{0}$ 的基础解系.

5. 设 $\boldsymbol{A}=(\boldsymbol{a}_1,\boldsymbol{a}_2,\boldsymbol{a}_3,\boldsymbol{a}_4)$ 为四阶方阵，$\boldsymbol{a}_2,\boldsymbol{a}_3,\boldsymbol{a}_4$ 线性无关，$\boldsymbol{a}_1=2\boldsymbol{a}_2-\boldsymbol{a}_3$，$\boldsymbol{b}=\boldsymbol{a}_1+\boldsymbol{a}_2+\boldsymbol{a}_3+\boldsymbol{a}_4$，求 $\boldsymbol{Ax}=\boldsymbol{b}$ 的通解.

6. 设 $r(\boldsymbol{A}_{4\times4})=3$，$\boldsymbol{\eta}_1,\boldsymbol{\eta}_2,\boldsymbol{\eta}_3$ 是 $\boldsymbol{Ax}=\boldsymbol{b}$ 的解，且 $\boldsymbol{\eta}_1=(2,3,4,5)^{\mathrm{T}}$，$\boldsymbol{\eta}_2+\boldsymbol{\eta}_3=(1,2,3,4)^{\mathrm{T}}$，求 $\boldsymbol{Ax}=\boldsymbol{b}$ 的通解.

7. 设 $\boldsymbol{u}_{s+1}$ 是非齐次方程组 $\boldsymbol{Ax}=\boldsymbol{b}$ 的一个解，$\boldsymbol{v}_1,\boldsymbol{v}_2,\cdots,\boldsymbol{v}_s$ 是 $\boldsymbol{Ax}=\boldsymbol{0}$ 的一个基础解系，$\boldsymbol{u}_i=\boldsymbol{v}_i+\boldsymbol{u}_{s+1}(i=1,2,\cdots,s)$，证明：

(1) $\boldsymbol{Ax}=\boldsymbol{b}$ 的通解为

$$\boldsymbol{u}=k_1\boldsymbol{u}_1+k_2\boldsymbol{u}_2+\cdots+k_{s+1}\boldsymbol{u}_{s+1}$$

其中，$k_1,k_2,\cdots,k_{s+1}$ 为任意实数，且 $\sum\limits_{j=1}^{s+1}k_j=1$；

(2) 向量组 $\boldsymbol{u}_1,\boldsymbol{u}_2,\cdots,\boldsymbol{u}_{s+1}$ 线性无关；

(3) 向量组 $\boldsymbol{v}_1,\boldsymbol{v}_2,\cdots,\boldsymbol{v}_s,\boldsymbol{u}_{s+1}$ 线性无关.

8. 证明：

(1) $(\boldsymbol{AB})\boldsymbol{x}=\boldsymbol{0}$ 与 $\boldsymbol{Bx}=\boldsymbol{0}$ 同解 $\Leftrightarrow r(\boldsymbol{AB})=r(\boldsymbol{B})$；

(2) 若 $m\times n$ 型矩阵 $\boldsymbol{A}$ 的秩为 r，$s=n-r$，则存在秩为 s 的 $n\times s$ 型矩阵 $\boldsymbol{B}$，使得

$$\boldsymbol{AB}=\boldsymbol{O}$$

***9.** 设方程组 $\begin{cases} x_1+2x_2+3x_3=0 \\ 2x_1+3x_2+5x_3=0 \\ x_1+x_2+ax_3=0 \end{cases}$ 和 $\begin{cases} x_1+x_2+bx_3=0 \\ 2x_1+x_2+(b+1)x_3=0 \end{cases}$ 同解，求 a,b 的值.

10. 证明方程组 $\boldsymbol{A}^{\mathrm{T}}\boldsymbol{A}\boldsymbol{x}=\boldsymbol{A}^{\mathrm{T}}\boldsymbol{b}$ 总是有解的，其中 $\boldsymbol{A}\in\mathbf{R}^{m\times n}$，$\boldsymbol{b}\in\mathbf{R}^{m}$.

*5.3　应用举例

【例 5-7】（化学方程式的配平）化学实验的结果表明，丙烷燃烧时将消耗氧气并产生二氧化碳和水，该反应的化学反应式具有下列形式

$$x_1 C_3H_8 + x_2 O_2 \longrightarrow x_3 CO_2 + x_4 H_2O$$

要使该化学方程式平衡，需选择 x_1, x_2, x_3, x_4，使上式两端的 C、H、O 的原子数目对应相等. 于是，得到方程组

$$\begin{cases} 3x_1 = x_3 \\ 8x_1 = 2x_4 \\ 2x_2 = 2x_3 + x_4 \end{cases}$$

即

$$\begin{cases} 3x_1 - x_3 = 0 \\ 8x_1 - 2x_4 = 0 \\ 2x_2 - 2x_3 - x_4 = 0 \end{cases}$$

求解上述方程组，可得

$$\begin{cases} x_1 = \dfrac{1}{4}x_4 \\ x_2 = \dfrac{5}{4}x_4 \\ x_3 = \dfrac{3}{4}x_4 \end{cases}$$

考虑到 x_1, x_2, x_3, x_4 都是正整数，取 $x_4=4$，得 $x_1=1$，$x_2=5$，$x_3=3$. 故该化学方程式为

$$C_3H_8 + 5O_2 = 3CO_2 + 4H_2O$$

【例 5-8】（电路求解）试求如图 5-1 所示的电路中各支路电流.

解　分析电路的依据是 Kirchhoff 电流定律（KCL）与电压定律（KVL）：

（1）KCL　汇集在一个节点上的支路电流的代数和恒等于零.

（2）KVL　任一回路内，支路电压的代数和恒等于零.

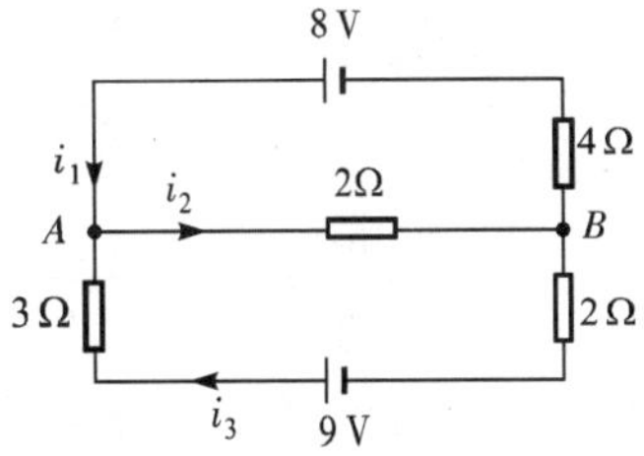

图 5-1

每一电阻上的电压降 E 由欧姆定律 $E=iR$ 给出. 于是，对节点 A 和节点 B 应用 KCL，得

$$i_1 - i_2 + i_3 = 0$$
$$-i_1 + i_2 - i_3 = 0$$

对上回路和下回路应用 KVL，得

$$4i_1 + 2i_2 = 8$$
$$2i_2 + 5i_3 = 9$$

解上面的 4 个方程所构成的方程组可得

$$i_1=1,\quad i_2=2,\quad i_3=1$$

【例 5-9】（交通流量分析）某城市有两组单行道，构成了一个包含四个节点 A、B、C、D 的十字路口（图 5-2）. 图上标出了在交通繁忙时段汽车进出此十字路口的流量（每小时的车流数）. 计算每两个节点之间路段上的交通流量 x_1,x_2,x_3,x_4.

解　在每个节点上，进入和离开的车辆数应该相等. 依次考虑 A、B、C、D 四个节点，得

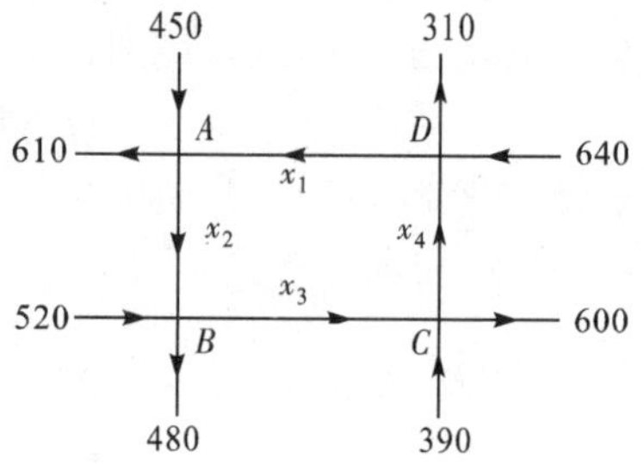

图 5-2

$$\begin{cases}x_1+450=x_2+610\\x_2+520=x_3+480\\x_3+390=x_4+600\\x_4+640=x_1+310\end{cases}$$

即

$$\begin{cases}x_1-x_2=160\\x_2-x_3=-40\\x_3-x_4=210\\x_1-x_4=330\end{cases}$$

解这个方程组，得

$$\begin{cases}x_1=x_4+330\\x_2=x_4+170\\x_3=x_4+210\end{cases}$$

其中，x_4 为非负常数.

【例 5-10】（减肥食谱）试根据表 5-1 确定每天脱脂牛奶、大豆粉和乳清的摄入量，使之满足人体对蛋白质、碳水化合物和脂肪的需求量.

表 5-1

营养素	每 100 克成分所含营养素/克			每天营养素的需求量/克
	脱脂牛奶	大豆粉	乳清	
蛋白质	36	51	13	33
碳水化合物	52	34	74	45
脂肪	0	7	1.1	3

解　设每天脱脂牛奶、大豆粉和乳清的摄入量（以 100 克为单位）分别为 x_1,x_2,x_3，根据每天对蛋白质、碳水化合物和脂肪的需求量可得下面的线性方程组：

$$\begin{cases}36x_1+51x_2+13x_3=33\\52x_1+34x_2+74x_3=45\\\qquad\quad 7x_2+1.1x_3=3\end{cases}$$

解此方程组（精确到 3 位小数），得

$$\begin{cases} x_1=0.277 \\ x_2=0.392 \\ x_3=0.233 \end{cases}$$

即每天摄入 27.7 克脱脂牛奶、39.2 克大豆粉、23.3 克乳清可满足人体对蛋白质、碳水化合物和脂肪的需求量.

【例 5-11】 （对无解方程组的解决方法）在一些实际问题中，我们所遇到的方程组 $\boldsymbol{Ax}=\boldsymbol{b}$ 不一定都是有解的. 例如，通过实验我们了解到一个质点的运动轨迹是直线，为了确定这条直线的方程 $y=ax+b$，我们测得 n 个不同时刻质点的位置 $(x_i, y_i)(i=1,2,\cdots,n)$.

由于实验都存在误差，(x_i, y_i) 不一定都在直线 $y=ax+b$ 上，通常都有偏差；另外，为了保证所求直线方程相对精确，我们希望多测一些点. 这时关于 a,b 的方程组

$$\begin{cases} ax_1+b=y_1 \\ ax_2+b=y_2 \\ \quad\vdots \\ ax_n+b=y_n \end{cases} \tag{5-4}$$

一般都是无解的. 为了求得相对精确的 a 和 b，我们希望所求出的 a,b 能使

$$\sum_{i=1}^{n}(ax_i+b-y_i)^2$$

最小，这样的 a、b 称为方程组(5-4)的最小二乘解.

对于无解的方程组 $\boldsymbol{Ax}=\boldsymbol{b}$，使得 $\|\boldsymbol{Ax}-\boldsymbol{b}\|$ 最小的 $\hat{x}$ 叫作该方程组的最小二乘解.

利用正交向量的相关结论，可以证明，方程组 $\boldsymbol{Ax}=\boldsymbol{b}$ 的最小二乘解等于方程组 $\boldsymbol{A}^{\mathrm{T}}\boldsymbol{Ax}=\boldsymbol{A}^{\mathrm{T}}\boldsymbol{b}$ 的解，并且可以证明方程组 $\boldsymbol{A}^{\mathrm{T}}\boldsymbol{Ax}=\boldsymbol{A}^{\mathrm{T}}\boldsymbol{b}$ 一定有解.

因而，通过解方程组 $\boldsymbol{A}^{\mathrm{T}}\boldsymbol{Ax}=\boldsymbol{A}^{\mathrm{T}}\boldsymbol{b}$ 可求得方程组 $\boldsymbol{Ax}=\boldsymbol{b}$ 的最小二乘解.

第6章

向量空间及向量的正交性

向量空间是线性代数中的一个十分重要而基本的概念，它是具体的几何空间的推广与升华，并与线性方程组解的理论有着密切的联系. 本章只介绍向量空间的一些基本知识.

6.1 向量空间

6.1.1 向量空间的定义

定义 6-1 设 V 是 n 元向量的集合，如果 V 非空，并且对于向量的线性运算封闭(对任意 $\boldsymbol{v}_1\in V,\boldsymbol{v}_2\in V,k\in\mathbf{R}$，都有 $\boldsymbol{v}_1+\boldsymbol{v}_2\in V,k\boldsymbol{v}_1\in V$)，则称 V 是一个向量空间.

只含有零向量的集合 $V=\{\mathbf{0}\}$ 是一个向量空间.

【例 6-1】 所有 n 元实向量的集合 $\mathbf{R}^n$ 是一个向量空间.

证明 显然 $\mathbf{R}^n$ 非空.

又因为任何两个 n 元实向量的和还是 n 元实向量，任意实数与 n 元实向量之积还是 n 元实向量，它们的运算结果都在 $\mathbf{R}^n$ 中，所以 $\mathbf{R}^n$ 对于向量的线性运算封闭，故 $\mathbf{R}^n$ 是向量空间.

【例 6-2】 齐次线性方程组 $\boldsymbol{Ax}=\mathbf{0}$ 的所有解向量构成的集合 S 是一个向量空间，把它叫作这个齐次线性方程组的解空间.

证明 因为齐次线性方程组总是有解的，所以 S 非空.

由解的性质可知，$\boldsymbol{Ax}=\mathbf{0}$ 的解 $\boldsymbol{v}_1$ 和 $\boldsymbol{v}_2$ 的线性组合 $k_1\boldsymbol{v}_1+k_2\boldsymbol{v}_2$ 仍是 $\boldsymbol{Ax}=\mathbf{0}$ 的解，所以 S 对于向量的线性运算封闭，故 S 是向量空间.

【例 6-3】 若 V 是向量空间，则 V 一定含有零向量.

证明 因为 V 是向量空间，所以 V 非空. 设 $\boldsymbol{v}\in V$，则有 $\mathbf{0}=0\cdot\boldsymbol{v}\in V$(因为 V 关于向量的线性运算封闭)，故 V 含有零向量.

由于非齐次线性方程组 $\boldsymbol{Ax}=\boldsymbol{b}$ 的解集不含零向量，所以 $\boldsymbol{Ax}=\boldsymbol{b}$ 的解集不是向量空间.

【例 6-4】 集合 $V=\{\boldsymbol{v}=(x,y)^{\mathrm{T}}\mid x,y\in\mathbf{R}$ 且 $xy=0\}$不是向量空间.

证明　因为 $\boldsymbol{v}_1=(1,0)^{\mathrm{T}}\in V$，$\boldsymbol{v}_2=(0,1)^{\mathrm{T}}\in V$，而 $\boldsymbol{v}_1+\boldsymbol{v}_2=(1,1)^{\mathrm{T}}\overline{\in}V$，所以 V 对于向量的加法不封闭. 故 V 不是向量空间.

【例 6-5】 设 $\boldsymbol{a}_1,\boldsymbol{a}_2,\cdots,\boldsymbol{a}_m$ 是 m 个已知的 n 元向量，则集合 $V=\{\boldsymbol{v}=\sum\limits_{j=1}^{m}x_j\boldsymbol{a}_j\mid x_1,x_2,\cdots,x_m\in\mathbf{R}\}$是一个向量空间. 把它叫作由向量 $\boldsymbol{a}_1,\boldsymbol{a}_2,\cdots,\boldsymbol{a}_m$ 所生成的向量空间.

证明　显然 V 非空. 设

$$\boldsymbol{v}_1=\sum_{j=1}^{m}x_j^{(1)}\boldsymbol{a}_j\in V,\quad \boldsymbol{v}_2=\sum_{j=1}^{m}x_j^{(2)}\boldsymbol{a}_j\in V,\quad k\in\mathbf{R}$$

则

$$\boldsymbol{v}_1+\boldsymbol{v}_2=\sum_{j=1}^{m}(x_j^{(1)}+x_j^{(2)})\boldsymbol{a}_j\in V$$

$$k\boldsymbol{v}_1=\sum_{j=1}^{m}(kx_j^{(1)})\boldsymbol{a}_j\in V$$

V 对于向量的线性运算封闭，故 V 是向量空间.

定义 6-2　设 V_1 和 V_2 是两个向量空间.

(1)若 $V_1\subseteq V_2$，则称 V_1 是 V_2 的子空间.

(2)若 $V_1\subseteq V_2$ 且 $V_2\subseteq V_1$，则称这两个向量空间相等，记作 $V_1=V_2$.

6.1.2　向量空间的基与维数

定义 6-3　向量空间 V 的一个极大无关组叫作 V 的一个基. V 的秩叫作 V 的维数，记作 $\dim(V)$. 若 $\dim(V)=r$，则称 V 为 r 维向量空间.

在三维几何空间中，如果把向量的起点都平移到坐标原点，把每个向量和它的终点对应起来，则 $\mathbf{R}^3$ 就是三维几何空间，$\mathbf{R}^3$ 的一个二维子空间就是一个过坐标原点的平面.

行空间、列空间、解空间

下面介绍向量空间的基的作用.

若已知 r 维向量空间 V 的基为 $\boldsymbol{v}_1,\boldsymbol{v}_2,\cdots,\boldsymbol{v}_r$，则向量空间 V 可表示成

$$V=\{\boldsymbol{v}=x_1\boldsymbol{v}_1+x_2\boldsymbol{v}_2+\cdots+x_r\boldsymbol{v}_r\mid x_1,x_2,\cdots,x_r\in\mathbf{R}\}$$

的形式. 这样，我们就找到了表示向量空间的一种方法，并且可用 V 的基作为代表来对 V 进行理论研究. 在研究齐次线性方程组的解时，我们就是按照这样的思路来做的.

定理 6-1　设 V 是 n 维向量空间，$m<n$，则 V 中任一线性无关的向量组 $\boldsymbol{v}_1,\boldsymbol{v}_2,\cdots,\boldsymbol{v}_m$ 都可扩充成 V 的一个基.

证明　因为 $m<n$，所以一定有 $\boldsymbol{v}_{m+1}\in V$，使 $\boldsymbol{v}_1,\boldsymbol{v}_2,\cdots,\boldsymbol{v}_m,\boldsymbol{v}_{m+1}$ 线性无关. 否则，任意的 $\boldsymbol{v}\in V$ 都可由 $\boldsymbol{v}_1,\boldsymbol{v}_2,\cdots,\boldsymbol{v}_m$ 线性表示(定理 4-4)，$\boldsymbol{v}_1,\boldsymbol{v}_2,\cdots,\boldsymbol{v}_m$ 为 V 的一个基(定理 4-12)，$\dim(V)=m$，这与 $n>m$ 矛盾.

如果 $m+1=n$，定理得证.

如果 $m+1<n$，继续上述步骤，必存在 $\boldsymbol{v}_{m+1},\boldsymbol{v}_{m+2},\cdots,\boldsymbol{v}_n\in V$，使 $\boldsymbol{v}_1,\boldsymbol{v}_2,\cdots,\boldsymbol{v}_m$，

$\boldsymbol{v}_{m+1},\cdots,\boldsymbol{v}_n$ 线性无关，这就是 V 的一个基.

6.1.3 向量在基下的坐标

在平面解析几何中，如果向量 $\boldsymbol{a}$ 按照两个坐标轴上的单位向量 $\boldsymbol{i},\boldsymbol{j}$ 的分解式为

$$\boldsymbol{a}=a_x\boldsymbol{i}+a_y\boldsymbol{j}$$

则把上式中的两个系数 a_x 和 a_y 叫作 $\boldsymbol{a}$ 在该坐标系下的坐标.

按照类似的方法，我们可给出向量在基下的坐标的定义.

设 $\boldsymbol{a}_1,\boldsymbol{a}_2,\cdots,\boldsymbol{a}_n$ 是 n 维向量空间 V 的一个基(极大无关组)，则 V 中任一向量 $\boldsymbol{b}$ 都能由 $\boldsymbol{a}_1,\boldsymbol{a}_2,\cdots,\boldsymbol{a}_n$ 唯一地线性表示(定理 4-7)，即存在唯一的一组有序数 $x_1,x_2,\cdots,x_n$，使得

$$\boldsymbol{b}=x_1\boldsymbol{a}_1+x_2\boldsymbol{a}_2+\cdots+x_n\boldsymbol{a}_n \tag{6-1}$$

反之，任给一组有序数 $x_1,x_2,\cdots,x_n$，总有 V 中唯一的向量 $\boldsymbol{b}$ 按式(6-1)与之对应. 可见，V 中的向量 $\boldsymbol{b}$ 在基 $\boldsymbol{a}_1,\boldsymbol{a}_2,\cdots,\boldsymbol{a}_n$ 下与有序数组 $\{x_1,x_2,\cdots,x_n\}$ 一一对应.

定义 6-4 设 $\boldsymbol{a}_1,\boldsymbol{a}_2,\cdots,\boldsymbol{a}_n$ 是 n 维向量空间 V 的一个基，对任意向量 $\boldsymbol{b}\in V$，把满足 $\boldsymbol{b}=x_1\boldsymbol{a}_1+x_2\boldsymbol{a}_2+\cdots+x_n\boldsymbol{a}_n$ 的有序数 $x_1,x_2,\cdots,x_n$ 叫作向量 $\boldsymbol{b}$ 在这个基下的坐标. $\boldsymbol{x}=(x_1,x_2,\cdots,x_n)^{\mathrm{T}}$ 叫作向量 $\boldsymbol{b}$ 在这个基下的坐标向量.

令矩阵 $\boldsymbol{A}=(\boldsymbol{a}_1,\boldsymbol{a}_2,\cdots,\boldsymbol{a}_n)$，则式(6-1)可表示成矩阵形式 $\boldsymbol{Ax}=\boldsymbol{b}$. 可见，求向量在基下的坐标，就是求解一个线性方程组.

【例 6-6】 求 $\mathbf{R}^3$ 中的向量 $\boldsymbol{b}=(1,0,6)^{\mathrm{T}}$ 在基 $\boldsymbol{a}_1=(1,0,2)^{\mathrm{T}},\boldsymbol{a}_2=(0,1,-1)^{\mathrm{T}},\boldsymbol{a}_3=(1,1,3)^{\mathrm{T}}$ 下的坐标向量.

解 令 $\boldsymbol{A}=(\boldsymbol{a}_1,\boldsymbol{a}_2,\boldsymbol{a}_3)$，下面来解线性方程组 $\boldsymbol{Ax}=\boldsymbol{b}$.

$$(\boldsymbol{A},\boldsymbol{b})=\begin{pmatrix}1&0&1&1\\0&1&1&0\\2&-1&3&6\end{pmatrix}\xrightarrow{r_3-2r_1}\begin{pmatrix}1&0&1&1\\0&1&1&0\\0&-1&1&4\end{pmatrix}$$

$$\xrightarrow{r_3+r_2}\begin{pmatrix}1&0&1&1\\0&1&1&0\\0&0&2&4\end{pmatrix}\xrightarrow{r_3\times\frac{1}{2}}\begin{pmatrix}1&0&1&1\\0&1&1&0\\0&0&1&2\end{pmatrix}$$

$$\xrightarrow[r_2-r_3]{r_1-r_3}\begin{pmatrix}1&0&0&-1\\0&1&0&-2\\0&0&1&2\end{pmatrix}$$

故 $\boldsymbol{b}$ 在该基下的坐标向量为 $\boldsymbol{x}=(-1,-2,2)^{\mathrm{T}}$.

6.1.4 过渡矩阵与坐标变换

同一个向量在不同基下的坐标向量一般是不同的，但是这两个不同的坐标向量却有着内在的联系.

设 $\boldsymbol{a}_1,\boldsymbol{a}_2,\cdots,\boldsymbol{a}_n$ 为 n 维向量空间 V 的一个基(称为旧基)，则 V 的另一个基(称为新基)$\boldsymbol{b}_1,\boldsymbol{b}_2,\cdots,\boldsymbol{b}_n$ 能由旧基线性表示，设

$$\begin{cases} \boldsymbol{b}_1 = p_{11}\boldsymbol{a}_1 + p_{21}\boldsymbol{a}_2 + \cdots + p_{n1}\boldsymbol{a}_n \\ \boldsymbol{b}_2 = p_{12}\boldsymbol{a}_1 + p_{22}\boldsymbol{a}_2 + \cdots + p_{n2}\boldsymbol{a}_n \\ \quad\vdots \\ \boldsymbol{b}_n = p_{1n}\boldsymbol{a}_1 + p_{2n}\boldsymbol{a}_2 + \cdots + p_{nn}\boldsymbol{a}_n \end{cases} \tag{6-2}$$

其矩阵形式为

$$(\boldsymbol{b}_1, \boldsymbol{b}_2, \cdots, \boldsymbol{b}_n) = (\boldsymbol{a}_1, \boldsymbol{a}_2, \cdots, \boldsymbol{a}_n)\boldsymbol{P} \tag{6-3}$$

其中

$$\boldsymbol{P} = \begin{pmatrix} p_{11} & p_{12} & \cdots & p_{1n} \\ p_{21} & p_{22} & \cdots & p_{2n} \\ \vdots & \vdots & & \vdots \\ p_{n1} & p_{n2} & \cdots & p_{nn} \end{pmatrix}$$

式(6-2)或式(6-3)叫作从旧基 $\boldsymbol{a}_1, \boldsymbol{a}_2, \cdots, \boldsymbol{a}_n$ 到新基 $\boldsymbol{b}_1, \boldsymbol{b}_2, \cdots, \boldsymbol{b}_n$ 的基变换公式，n 阶方阵 $\boldsymbol{P}$ 叫作从旧基到新基的过渡矩阵.

由于 $\boldsymbol{b}_1, \boldsymbol{b}_2, \cdots, \boldsymbol{b}_n$ 线性无关，因此可以证明过渡矩阵 $\boldsymbol{P}$ 是可逆阵.

定理 6-2　设 n 维向量空间 V 中的向量 $\boldsymbol{v}$ 在旧基 $\boldsymbol{a}_1, \boldsymbol{a}_2, \cdots, \boldsymbol{a}_n$ 和新基 $\boldsymbol{b}_1, \boldsymbol{b}_2, \cdots, \boldsymbol{b}_n$ 下的坐标向量分别为 $\boldsymbol{x}$ 和 $\boldsymbol{y}$，从旧基到新基的过渡矩阵为 $\boldsymbol{P}$，则有坐标变换公式

$$\boldsymbol{x} = \boldsymbol{P}\boldsymbol{y}$$

即

$$\boldsymbol{y} = \boldsymbol{P}^{-1}\boldsymbol{x}$$

证明　记

$$\boldsymbol{A} = (\boldsymbol{a}_1, \boldsymbol{a}_2, \cdots, \boldsymbol{a}_n), \quad \boldsymbol{B} = (\boldsymbol{b}_1, \boldsymbol{b}_2, \cdots, \boldsymbol{b}_n)$$

由已知条件可得

$$\boldsymbol{B} = \boldsymbol{A}\boldsymbol{P}$$

$$\boldsymbol{v} = \boldsymbol{A}\boldsymbol{x}$$

$$\boldsymbol{v} = \boldsymbol{B}\boldsymbol{y} = \boldsymbol{A}\boldsymbol{P}\boldsymbol{y}$$

于是，将上面两个式子相减得

$$\boldsymbol{A}(\boldsymbol{x} - \boldsymbol{P}\boldsymbol{y}) = \boldsymbol{0}$$

由 $\boldsymbol{a}_1, \boldsymbol{a}_2, \cdots, \boldsymbol{a}_n$ 为 V 的基可知，$r(\boldsymbol{A}) = n$.

再由定理 5-1 可得

$$\boldsymbol{x} = \boldsymbol{P}\boldsymbol{y}$$

即

$$\boldsymbol{y} = \boldsymbol{P}^{-1}\boldsymbol{x}$$

【例 6-7】　已知 $\mathbf{R}^3$ 的两个基：

$$\boldsymbol{a}_1 = (1,1,1)^{\mathrm{T}}, \quad \boldsymbol{a}_2 = (0,1,1)^{\mathrm{T}}, \quad \boldsymbol{a}_3 = (0,0,1)^{\mathrm{T}}$$

和

$$\boldsymbol{b}_1 = (1,0,1)^{\mathrm{T}}, \quad \boldsymbol{b}_2 = (0,1,-1)^{\mathrm{T}}, \quad \boldsymbol{b}_3 = (1,2,0)^{\mathrm{T}}$$

(1)求从基 $\boldsymbol{a}_1, \boldsymbol{a}_2, \boldsymbol{a}_3$ 到基 $\boldsymbol{b}_1, \boldsymbol{b}_2, \boldsymbol{b}_3$ 的过渡矩阵 $\boldsymbol{P}$.

(2)设向量 $\boldsymbol{a}$ 在基 $\boldsymbol{a}_1, \boldsymbol{a}_2, \boldsymbol{a}_3$ 下的坐标向量为 $\boldsymbol{x} = (1,-2,-1)^{\mathrm{T}}$，求 $\boldsymbol{a}$ 在基 $\boldsymbol{b}_1, \boldsymbol{b}_2, \boldsymbol{b}_3$ 下

的坐标向量 $\boldsymbol{y}$.

解 (1)记

$$\boldsymbol{A}=(\boldsymbol{a}_1,\boldsymbol{a}_2,\boldsymbol{a}_3),\quad \boldsymbol{B}=(\boldsymbol{b}_1,\boldsymbol{b}_2,\boldsymbol{b}_3)$$

则

$$\boldsymbol{B}=\boldsymbol{AP}$$

由

$$(\boldsymbol{A},\boldsymbol{B})=\begin{pmatrix}1&0&0&1&0&1\\1&1&0&0&1&2\\1&1&1&1&-1&0\end{pmatrix}\xrightarrow[r_2-r_1]{r_3-r_2}\begin{pmatrix}1&0&0&1&0&1\\0&1&0&-1&1&1\\0&0&1&1&-2&-2\end{pmatrix}$$

得

$$\boldsymbol{P}=\begin{pmatrix}1&0&1\\-1&1&1\\1&-2&-2\end{pmatrix}$$

(2)由

$$(\boldsymbol{P},\boldsymbol{x})=\begin{pmatrix}1&0&1&1\\-1&1&1&-2\\1&-2&-2&-1\end{pmatrix}\xrightarrow[r_3-r_1]{r_2+r_1}\begin{pmatrix}1&0&1&1\\0&1&2&-1\\0&-2&-3&-2\end{pmatrix}$$

$$\xrightarrow{r_3+2r_2}\begin{pmatrix}1&0&1&1\\0&1&2&-1\\0&0&1&-4\end{pmatrix}\xrightarrow[r_2-2r_3]{r_1-r_3}\begin{pmatrix}1&0&0&5\\0&1&0&7\\0&0&1&-4\end{pmatrix}$$

得

$$\boldsymbol{y}=(5,7,-4)^{\mathrm{T}}$$

习题 6-1

1. 下列集合是否为向量空间？为什么？

(1) $V_1=\{\boldsymbol{v}=(x,y,z)^{\mathrm{T}}\mid x,y,z\in\mathbf{R}$ 且 $x+y+z=1\}$；

(2) $V_2=\{\boldsymbol{v}=(x,y,z)^{\mathrm{T}}\mid x,y,z\in\mathbf{R}$ 且 $x=y\}$；

(3) $V_3=\{\boldsymbol{v}=(x,y,z)^{\mathrm{T}}\mid x,y,z\in\mathbf{R}$ 且 $x=2,y=-z\}$；

(4) $V_4=\{\boldsymbol{v}=(x,y,z)^{\mathrm{T}}\mid x,y,z\in\mathbf{R}$ 且 $z>0\}$.

2. 试求齐次线性方程组

$$\begin{cases}2x_1+x_2-x_3+3x_4=0\\ x_1+x_2+x_3-x_4=0\end{cases}$$

的解空间的维数和一个基.

3. 证明 $\boldsymbol{a}_1=(1,2,1)^{\mathrm{T}},\boldsymbol{a}_2=(2,3,3)^{\mathrm{T}},\boldsymbol{a}_3=(3,7,1)^{\mathrm{T}}$ 是 $\mathbf{R}^3$ 的一个基，并求向量 $\boldsymbol{a}=(1,0,5)^{\mathrm{T}}$ 在该基下的坐标.

4. 设 $\boldsymbol{a}_1=(1,1,-1,-1)^{\mathrm{T}},\boldsymbol{a}_2=(4,5,-2,-7)^{\mathrm{T}},\boldsymbol{a}_3=(2,3,0,-5)^{\mathrm{T}},\boldsymbol{a}_4=(0,1,0,-1)^{\mathrm{T}}$，求由 $\boldsymbol{a}_1,\boldsymbol{a}_2,\boldsymbol{a}_3,\boldsymbol{a}_4$ 所生成的向量空间的维数和它的一个基.

5. 已知 $\mathbf{R}^3$ 的旧基 $\boldsymbol{a}_1,\boldsymbol{a}_2,\boldsymbol{a}_3$ 和新基 $\boldsymbol{b}_1,\boldsymbol{b}_2,\boldsymbol{b}_3$ 分别为

$$\boldsymbol{a}_1=(1,0,0)^{\mathrm{T}},\quad \boldsymbol{a}_2=(1,1,0)^{\mathrm{T}},\quad \boldsymbol{a}_3=(1,1,1)^{\mathrm{T}}$$

$$\boldsymbol{b}_1=(2,1,2)^{\mathrm{T}}\quad \boldsymbol{b}_2=(-2,2,1)^{\mathrm{T}},\quad \boldsymbol{b}_3=(1,2,-2)^{\mathrm{T}}$$

(1)求从旧基到新基的过渡矩阵 $\boldsymbol{P}$；

(2)已知向量 $\boldsymbol{v}$ 在旧基下的坐标向量 $\boldsymbol{x}=(2,1,4)^{\mathrm{T}}$，求它在新基下的坐标向量 $\boldsymbol{y}$；

(3)已知向量 $\boldsymbol{u}$ 在新基下的坐标向量为 $(1,0,1)^{\mathrm{T}}$，求它在旧基下的坐标向量.

6. 证明：由 $\boldsymbol{a}_1=(1,1,1)^{\mathrm{T}},\boldsymbol{a}_2=(0,1,1)^{\mathrm{T}},\boldsymbol{a}_3=(1,0,2)^{\mathrm{T}}$ 所生成的向量空间为 $\mathbf{R}^3$.

7. 设 V 是由 $m\times n$ 型矩阵 $\mathbf{A}$ 的列向量组所生成的向量空间，证明：

$$\dim(V)=r(\mathbf{A}).$$

8. 设 V_1 和 V_2 是两个向量空间，证明：$V_1=V_2\Leftrightarrow V_1$ 的基与 V_2 的基等价.

9. 设 V 是 $\mathbf{R}^n$ 的子空间，且 $\dim(V)=n$，证明 $V=\mathbf{R}^n$.

6.2　向量的正交性

本节我们将解析几何中向量的数量积的概念推广到实向量空间 $\mathbf{R}^n$ 中，给出向量的内积的定义，并进一步讨论向量的长度、夹角及正交性.

6.2.1　向量的内积

在平面解析几何中，向量 $\boldsymbol{a}$ 和 $\boldsymbol{b}$ 的数量积定义为

$$\boldsymbol{a}\cdot\boldsymbol{b}=|\boldsymbol{a}||\boldsymbol{b}|\cos\langle\boldsymbol{a},\boldsymbol{b}\rangle$$

其坐标表达式为

$$\boldsymbol{a}\cdot\boldsymbol{b}=a_1b_1+a_2b_2$$

其中，$\boldsymbol{a}$ 和 $\boldsymbol{b}$ 的坐标为

$$\boldsymbol{a}=(a_1,a_2),\quad \boldsymbol{b}=(b_1,b_2)$$

由此可得

$$|\boldsymbol{a}|=\sqrt{\boldsymbol{a}\cdot\boldsymbol{a}}=\sqrt{a_1^2+a_2^2}$$

$$\cos\langle\boldsymbol{a},\boldsymbol{b}\rangle=\frac{\boldsymbol{a}\cdot\boldsymbol{b}}{|\boldsymbol{a}||\boldsymbol{b}|}$$

现在我们将上面的定义及公式推广到 n 维实向量空间 $\mathbf{R}^n$ 中.

定义 6-5　设 $\boldsymbol{a}=(a_1,a_2,\cdots,a_n)^{\mathrm{T}},\boldsymbol{b}=(b_1,b_2,\cdots,b_n)^{\mathrm{T}}$ 是两个实向量，$\boldsymbol{a}$ 与 $\boldsymbol{b}$ 的内积记作 $(\boldsymbol{a},\boldsymbol{b})$，规定

$$(\boldsymbol{a},\boldsymbol{b})=a_1b_1+a_2b_2+\cdots+a_nb_n$$

也可用矩阵运算表示内积

$$(\boldsymbol{a},\boldsymbol{b})=\boldsymbol{a}^{\mathrm{T}}\boldsymbol{b}=\boldsymbol{b}^{\mathrm{T}}\boldsymbol{a}$$

根据内积的定义，容易验证内积具有下列性质(也称为内积公理)：

(1) $(\boldsymbol{a},\boldsymbol{b})=(\boldsymbol{b},\boldsymbol{a})$；

(2) $(k\boldsymbol{a},\boldsymbol{b})=k(\boldsymbol{a},\boldsymbol{b})$；

(3) $(\boldsymbol{a}+\boldsymbol{b},\boldsymbol{c})=(\boldsymbol{a},\boldsymbol{c})+(\boldsymbol{b},\boldsymbol{c})$；

(4) $(\boldsymbol{a},\boldsymbol{a})\geqslant 0$，且 $\boldsymbol{a}=\boldsymbol{0}\Leftrightarrow(\boldsymbol{a},\boldsymbol{a})=0$.

其中，$\boldsymbol{a},\boldsymbol{b},\boldsymbol{c}\in\mathbf{R}^n$，$k$ 为任意实数.

定义 6-6 定义了内积的实向量空间称为欧几里得空间，简称欧氏空间.

在欧式空间中，我们可以讨论长度、角度等问题.

定义 6-7 实向量 $\boldsymbol{a}=(a_1,a_2,\cdots,a_n)^{\mathrm{T}}$ 的长度(也叫作范数)定义为

$$\|\boldsymbol{a}\|=\sqrt{(\boldsymbol{a},\boldsymbol{a})}=\sqrt{a_1^2+a_2^2+\cdots+a_n^2}$$

当 $\|\boldsymbol{a}\|=1$ 时，$\boldsymbol{a}$ 叫作单位向量；对于非零向量 $\boldsymbol{a}$，称 $\dfrac{\boldsymbol{a}}{\|\boldsymbol{a}\|}$ 为 $\boldsymbol{a}$ 的单位化向量.

注意 $\boldsymbol{a}^{\mathrm{T}}\boldsymbol{a}=\|\boldsymbol{a}\|^2$.

向量的长度具有下列性质：

(1)非负性 $\|\boldsymbol{a}\|\geqslant 0$，且 $\|\boldsymbol{a}\|=0\Leftrightarrow\boldsymbol{a}=\boldsymbol{0}$；

(2)齐次性 $\|k\boldsymbol{a}\|=|k|\,\|\boldsymbol{a}\|$；

(3)三角不等式 $\|\boldsymbol{a}+\boldsymbol{b}\|\leqslant\|\boldsymbol{a}\|+\|\boldsymbol{b}\|$；

(4)施瓦茨不等式 $|(\boldsymbol{a},\boldsymbol{b})|\leqslant\|\boldsymbol{a}\|\,\|\boldsymbol{b}\|$.

根据定义，性质(1)和(2)显然成立. 性质(3)可利用性质(4)证明，下面仅给出性质(4)的证明.

当 $\boldsymbol{a}=\boldsymbol{0}$ 时，显然结论成立.

当 $\boldsymbol{a}\neq\boldsymbol{0}$ 时，对任意实数 x，恒有

$$(\boldsymbol{a}x+\boldsymbol{b},\boldsymbol{a}x+\boldsymbol{b})\geqslant 0$$

即

$$(\boldsymbol{a},\boldsymbol{a})x^2+2(\boldsymbol{a},\boldsymbol{b})x+(\boldsymbol{b},\boldsymbol{b})\geqslant 0$$

亦即

$$\|\boldsymbol{a}\|^2x^2+2(\boldsymbol{a},\boldsymbol{b})x+\|\boldsymbol{b}\|^2\geqslant 0$$

上式左端是关于 x 的二次函数，由于它非负，所以判别式

$$4(\boldsymbol{a},\boldsymbol{b})^2-4\|\boldsymbol{a}\|^2\|\boldsymbol{b}\|^2\leqslant 0$$

即

$$|(\boldsymbol{a},\boldsymbol{b})|\leqslant\|\boldsymbol{a}\|\,\|\boldsymbol{b}\|$$

定义 6-8 当 $\boldsymbol{a}\neq 0$，$\boldsymbol{b}\neq\boldsymbol{0}$ 时，把

$$\theta=\arccos\left(\frac{(\boldsymbol{a},\boldsymbol{b})}{\|\boldsymbol{a}\|\,\|\boldsymbol{b}\|}\right)$$

叫作向量 $\boldsymbol{a}$ 与 $\boldsymbol{b}$ 的夹角.

当 $(\boldsymbol{a},\boldsymbol{b})=0$，即 $\boldsymbol{a}^{\mathrm{T}}\boldsymbol{b}=\boldsymbol{0}$ 时，称向量 $\boldsymbol{a}$ 与 $\boldsymbol{b}$ 正交.

6.2.2 正交基与施密特正交化方法

定义 6-9 由两两正交的非零向量组成的向量组称为正交向量组；由单位向量组成的正交向量组称为标准正交向量组；当向量空间 V 的一个基为正交向量组时，则称这个

基为 V 的正交基；当 V 的基为标准正交向量组时，则称这个基为标准正交基.

定理 6-3　正交向量组一定线性无关.

证明　设 $\boldsymbol{a}_1,\boldsymbol{a}_2,\cdots,\boldsymbol{a}_m$ 是正交向量组，且

$$k_1\boldsymbol{a}_1+k_2\boldsymbol{a}_2+\cdots+k_m\boldsymbol{a}_m=\boldsymbol{0}$$

用 $\boldsymbol{a}_1^{\mathrm{T}}$ 同时乘上式两端，得

$$k_1\boldsymbol{a}_1^{\mathrm{T}}\boldsymbol{a}_1+k_2\boldsymbol{a}_1^{\mathrm{T}}\boldsymbol{a}_2+\cdots+k_m\boldsymbol{a}_1^{\mathrm{T}}\boldsymbol{a}_m=0$$

由 $\boldsymbol{a}_1,\boldsymbol{a}_2,\cdots,\boldsymbol{a}_m$ 为正交向量组，可知

$$\boldsymbol{a}_1^{\mathrm{T}}\boldsymbol{a}_1=\|\boldsymbol{a}_1\|^2\neq 0$$

$$\boldsymbol{a}_1^{\mathrm{T}}\boldsymbol{a}_j=0\quad(j=2,3,\cdots,m)$$

于是，有

$$k_1\|\boldsymbol{a}_1\|^2=0$$

故

$$k_1=0$$

同理可证

$$k_2=k_3=\cdots=k_m=0$$

所以 $\boldsymbol{a}_1,\boldsymbol{a}_2,\cdots,\boldsymbol{a}_m$ 线性无关.

注意　定理 6-3 的逆命题不成立，但是可以根据下面的方法从一个线性无关的向量组求出一个与之等价的正交向量组.

设 $\boldsymbol{a}_1,\boldsymbol{a}_2,\cdots,\boldsymbol{a}_m$ 是一个线性无关的向量组，若令

$$\begin{cases}\boldsymbol{b}_1=\boldsymbol{a}_1\\ \boldsymbol{b}_j=\boldsymbol{a}_j-\sum\limits_{i=1}^{j-1}\dfrac{\boldsymbol{b}_i^{\mathrm{T}}\boldsymbol{a}_j}{\|\boldsymbol{b}_i\|^2}\boldsymbol{b}_i\quad(j=2,3,\cdots,m)\end{cases}\tag{6-4}$$

则 $\boldsymbol{b}_1,\boldsymbol{b}_2,\cdots,\boldsymbol{b}_m$ 是与 $\boldsymbol{a}_1,\boldsymbol{a}_2,\cdots,\boldsymbol{a}_m$ 等价的正交向量组.

该方法称为施密特正交化方法. 将 $\boldsymbol{b}_1,\boldsymbol{b}_2,\cdots,\boldsymbol{b}_m$ 单位化后，可得到一个与 $\boldsymbol{a}_1,\boldsymbol{a}_2,\cdots,\boldsymbol{a}_m$ 等价的标准正交向量组.

上面的方法来自下面的几何观察.

若按图 6-1 所示来取 $\boldsymbol{b}_1$ 和 $\boldsymbol{b}_2$，则 $\boldsymbol{b}_1,\boldsymbol{b}_2$ 正交且与 $\boldsymbol{a}_1,\boldsymbol{a}_2$ 等价. 由 $\boldsymbol{b}_1^{\mathrm{T}}\boldsymbol{b}_2=0$，求得

$$l=\frac{\boldsymbol{b}_1^{\mathrm{T}}\boldsymbol{a}_2}{\|\boldsymbol{b}_1\|^2},\quad \boldsymbol{b}_2=\boldsymbol{a}_2-\frac{\boldsymbol{b}_1^{\mathrm{T}}\boldsymbol{a}_2}{\|\boldsymbol{b}_1\|^2}\boldsymbol{b}_1$$

求出 $\boldsymbol{b}_1$ 和 $\boldsymbol{b}_2$ 后，再按图 6-2 所示取 $\boldsymbol{b}_3=\boldsymbol{a}_3-(l_1\boldsymbol{b}_1+l_2\boldsymbol{b}_2)$，由 $\boldsymbol{b}_1^{\mathrm{T}}\boldsymbol{b}_3=0$ 和 $\boldsymbol{b}_2^{\mathrm{T}}\boldsymbol{b}_3=0$，可求得 l_1 和 l_2，即得 $\boldsymbol{b}_3$. 这时，$\boldsymbol{b}_1,\boldsymbol{b}_2,\boldsymbol{b}_3$ 与 $\boldsymbol{a}_1,\boldsymbol{a}_2,\boldsymbol{a}_3$ 等价.

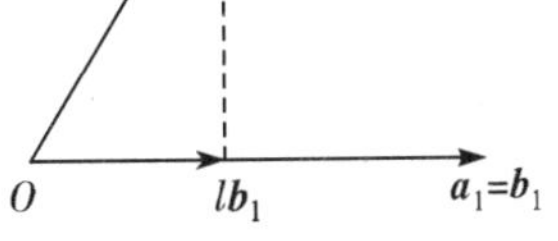

图 6-1

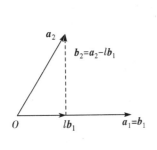

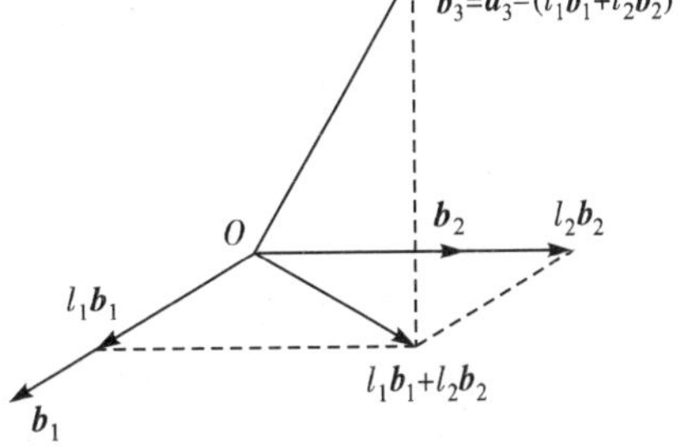

图 6-2

将上面的过程加以推广可得到施密特正交化方法.

我们经常采用正交向量组或标准正交向量组作为欧氏空间的基,这可给很多问题的研究带来方便.

QR分解

6.2.3 正交阵

正交阵是一类非常重要的可逆阵,在几何上有着重要的应用.

定义 6-10 若实方阵 $\boldsymbol{A}$ 满足 $\boldsymbol{A}^{\mathrm{T}}\boldsymbol{A}=\boldsymbol{E}$,则称 $\boldsymbol{A}$ 为正交阵.

注意 当 $\boldsymbol{A}$ 为方阵时,$\boldsymbol{A}^{\mathrm{T}}\boldsymbol{A}=\boldsymbol{E}\Leftrightarrow\boldsymbol{A}^{-1}=\boldsymbol{A}^{\mathrm{T}}\Leftrightarrow\boldsymbol{A}\boldsymbol{A}^{\mathrm{T}}=\boldsymbol{E}$. 因而,当 $\boldsymbol{A}$ 为实方阵时,这三个等价的式子中的任一个都可作为正交阵的定义.

正交阵有如下性质:

设 $\boldsymbol{A}$、$\boldsymbol{B}$ 为同阶正交阵,则

(1)$\boldsymbol{A}$ 可逆,且 $\boldsymbol{A}^{-1}=\boldsymbol{A}^{\mathrm{T}}$;

(2)$\boldsymbol{A}^{\mathrm{T}}$ 和 $\boldsymbol{A}^{-1}$都为正交阵;

(3)$\boldsymbol{AB}$ 为正交阵;

(4)$|\boldsymbol{A}|=\pm1$.

根据正交阵的定义可证明这些结论,证明过程留给读者作为练习.

定理 6-4 实方阵 $\boldsymbol{A}$ 为正交阵$\Leftrightarrow\boldsymbol{A}$ 的列向量组为标准正交向量组.

证明 设 $\boldsymbol{A}=(\boldsymbol{a}_1,\boldsymbol{a}_2,\cdots,\boldsymbol{a}_n)$为 $\boldsymbol{A}$ 的按列分块阵,则

$$\boldsymbol{A}^{\mathrm{T}}\boldsymbol{A}=\begin{pmatrix}\boldsymbol{a}_1^{\mathrm{T}}\\ \boldsymbol{a}_2^{\mathrm{T}}\\ \vdots\\ \boldsymbol{a}_n^{\mathrm{T}}\end{pmatrix}(\boldsymbol{a}_1,\boldsymbol{a}_2,\cdots,\boldsymbol{a}_n)=\begin{pmatrix}\boldsymbol{a}_1^{\mathrm{T}}\boldsymbol{a}_1 & \boldsymbol{a}_1^{\mathrm{T}}\boldsymbol{a}_2 & \cdots & \boldsymbol{a}_1^{\mathrm{T}}\boldsymbol{a}_n\\ \boldsymbol{a}_2^{\mathrm{T}}\boldsymbol{a}_1 & \boldsymbol{a}_2^{\mathrm{T}}\boldsymbol{a}_2 & \cdots & \boldsymbol{a}_2^{\mathrm{T}}\boldsymbol{a}_n\\ \vdots & \vdots & & \vdots\\ \boldsymbol{a}_n^{\mathrm{T}}\boldsymbol{a}_1 & \boldsymbol{a}_n^{\mathrm{T}}\boldsymbol{a}_2 & \cdots & \boldsymbol{a}_n^{\mathrm{T}}\boldsymbol{a}_n\end{pmatrix}$$

由上式可知,$\boldsymbol{A}^{\mathrm{T}}\boldsymbol{A}=\boldsymbol{E}$ 的充要条件是

$$\boldsymbol{a}_i^{\mathrm{T}}\boldsymbol{a}_i=1,\quad \boldsymbol{a}_i^{\mathrm{T}}\boldsymbol{a}_j=0\quad (i\neq j;i,j=1,2,\cdots,n)$$

即 $\boldsymbol{a}_1,\boldsymbol{a}_2,\cdots,\boldsymbol{a}_n$ 是标准正交向量组.

我们一般利用定义 6-9 或定理 6-4 证明一个矩阵为正交阵.

【例 6-8】 设 $\boldsymbol{\alpha}$ 是一个 n 元单位列向量,$\boldsymbol{A}=\boldsymbol{E}-2\boldsymbol{\alpha}\boldsymbol{\alpha}^{\mathrm{T}}$,则 $\boldsymbol{A}$ 为对称正交阵.

证明 由

$$\boldsymbol{A}^{\mathrm{T}}=(\boldsymbol{E}-2\boldsymbol{\alpha}\boldsymbol{\alpha}^{\mathrm{T}})^{\mathrm{T}}=\boldsymbol{E}-2(\boldsymbol{\alpha}\boldsymbol{\alpha}^{\mathrm{T}})^{\mathrm{T}}=\boldsymbol{E}-2\boldsymbol{\alpha}\boldsymbol{\alpha}^{\mathrm{T}}=\boldsymbol{A}$$

可知,$\boldsymbol{A}$ 为对称阵.

由 $\boldsymbol{\alpha}$ 为单位列向量,得 $\|\boldsymbol{\alpha}\|=1$.

因为

$$\begin{aligned}\boldsymbol{A}^{\mathrm{T}}\boldsymbol{A}&=(\boldsymbol{E}-2\boldsymbol{\alpha}\boldsymbol{\alpha}^{\mathrm{T}})(\boldsymbol{E}-2\boldsymbol{\alpha}\boldsymbol{\alpha}^{\mathrm{T}})\\ &=\boldsymbol{E}-4\boldsymbol{\alpha}\boldsymbol{\alpha}^{\mathrm{T}}+4(\boldsymbol{\alpha}\boldsymbol{\alpha}^{\mathrm{T}})(\boldsymbol{\alpha}\boldsymbol{\alpha}^{\mathrm{T}})\\ &=\boldsymbol{E}-4\boldsymbol{\alpha}\boldsymbol{\alpha}^{\mathrm{T}}+4\boldsymbol{\alpha}(\boldsymbol{\alpha}^{\mathrm{T}}\boldsymbol{\alpha})\boldsymbol{\alpha}^{\mathrm{T}}\\ &=\boldsymbol{E}-4\boldsymbol{\alpha}\boldsymbol{\alpha}^{\mathrm{T}}+4\boldsymbol{\alpha}\|\boldsymbol{\alpha}\|^2\boldsymbol{\alpha}^{\mathrm{T}}\\ &=\boldsymbol{E}\end{aligned}$$

所以 $\boldsymbol{A}$ 为正交阵. 综上可知, $\boldsymbol{A}$ 为对称正交阵.

【例 6-9】　已知 $\boldsymbol{A}=a\begin{pmatrix} b & 8 & 4 \\ 8 & b & 4 \\ 4 & 4 & c \end{pmatrix}$ 为正交阵, 求 a,b,c.

解　由定理 6-4 可知, $\boldsymbol{A}$ 的列向量组为标准正交向量组.

由 $\boldsymbol{A}$ 的列向量两两正交, 可得

$$\begin{cases} 8b+8b+16=0 \\ 4b+32+4c=0 \end{cases}$$

解得

$$b=-1, \quad c=-7$$

由 $\boldsymbol{A}$ 的列向量为单位向量, 又可得

$$(-a)^2+(8a)^2+(4a)^2=1$$

解得

$$a=\pm\frac{1}{9}$$

思考题 6-2

1. 由两两正交的向量组成的向量组是否为正交向量组?

2. 正交阵的行向量组是否为标准正交向量组?

3. 若方阵 $\boldsymbol{A}$ 的列向量组是正交向量组, 则 $\boldsymbol{A}$ 是否可逆? 是否为正交阵?

4. 若 $\boldsymbol{A},\boldsymbol{B}$ 分别为 m 阶和 n 阶正交阵, 则 $\begin{pmatrix} \boldsymbol{A} & \boldsymbol{O} \\ \boldsymbol{O} & \boldsymbol{B} \end{pmatrix}$ 是否为正交阵?

习题 6-2

1. 求与向量 $\boldsymbol{a}_1=(1,-1,1,1)^{\mathrm{T}}, \boldsymbol{a}_2=(2,0,1,-1)^{\mathrm{T}}, \boldsymbol{a}_3=(1,1,0,-2)^{\mathrm{T}}$ 都正交的所有向量.

2. 设 $\boldsymbol{a}_1=(k,3,3)^{\mathrm{T}}, \boldsymbol{a}_2=(3,3,k)^{\mathrm{T}}, \boldsymbol{a}_3=(3,k,3)^{\mathrm{T}}, \boldsymbol{A}=m(\boldsymbol{a}_1,\boldsymbol{a}_2,\boldsymbol{a}_3)$, 求 m,k, 使 $\boldsymbol{A}$ 为正交阵.

3. 设 $\boldsymbol{a}_1=(1,-1,1,1)^{\mathrm{T}}, \boldsymbol{a}_2=(-1,-1,0,1)^{\mathrm{T}}, \boldsymbol{a}_3=(0,-2,1,2)^{\mathrm{T}}$, 求由 $\boldsymbol{a}_1,\boldsymbol{a}_2,\boldsymbol{a}_3$ 所生成的向量空间的一个标准正交基.

4. 设 $\boldsymbol{A}$ 为 $n(n>1)$ 阶正交阵, 证明:

(1) $\boldsymbol{A}^*$ 为正交阵;

(2) 若 $\boldsymbol{A}^*=\boldsymbol{A}^{\mathrm{T}}$, 则 $|\boldsymbol{A}|=1$;

(3) 若 $|\boldsymbol{A}|=-1$, 则 $|\boldsymbol{A}+\boldsymbol{E}|=0$.

5. 设 $\boldsymbol{C}$ 为反对称阵, $\boldsymbol{E}-\boldsymbol{C}$ 可逆, 证明 $\boldsymbol{A}=(\boldsymbol{E}-\boldsymbol{C})^{-1}(\boldsymbol{E}+\boldsymbol{C})$ 为正交阵.

6. 设 $\boldsymbol{\alpha}_1,\boldsymbol{\alpha}_2,\cdots,\boldsymbol{\alpha}_m$ 是正交向量组, 证明:

$$\|\boldsymbol{\alpha}_1+\boldsymbol{\alpha}_2+\cdots+\boldsymbol{\alpha}_m\|^2=\|\boldsymbol{\alpha}_1\|^2+\|\boldsymbol{\alpha}_2\|^2+\cdots+\|\boldsymbol{\alpha}_m\|^2$$

提高题 6-2

1. 设 $\boldsymbol{A},\boldsymbol{B}$ 为正交阵，且 $|\boldsymbol{A}|\neq|\boldsymbol{B}|$，证明 $\boldsymbol{A}+\boldsymbol{B}$ 不可逆.

2. 设方阵 $\boldsymbol{A}=(\boldsymbol{a}_1,\boldsymbol{a}_2,\cdots,\boldsymbol{a}_n)$ 的列向量组为正交向量组，证明：

(1) $\boldsymbol{A}$ 可逆并给出 $\boldsymbol{A}^{-1}$ 的表达式；

(2) 方程组 $\boldsymbol{Ax}=\boldsymbol{b}$ 有唯一解，其解为

$$x_i=\frac{\boldsymbol{a}_i^{\mathrm{T}}\boldsymbol{b}}{\|\boldsymbol{a}_i\|^2}\quad(i=1,2,\cdots,n)$$

3. 设 $\boldsymbol{a}_1,\boldsymbol{a}_2,\cdots,\boldsymbol{a}_m$ 是向量空间 V 的一个基，$\boldsymbol{b},\boldsymbol{b}_1,\boldsymbol{b}_2\in V$，证明：

(1) 若 $(\boldsymbol{a}_i,\boldsymbol{b})=0\,(i=1,2,\cdots,m)$，则 $\boldsymbol{b}=\boldsymbol{0}$；

(2) 若 $(\boldsymbol{a}_i,\boldsymbol{b}_1)=(\boldsymbol{a}_i,\boldsymbol{b}_2)\,(i=1,2,\cdots,m)$，则 $\boldsymbol{b}_1=\boldsymbol{b}_2$.

第7章

方阵的特征值与相似对角化

工程技术中的振动问题和稳定性问题，数学中矩阵的对角化、曲面方程的化简、微分方程组的求解及解的稳定性分析等问题，都可归结为求一个方阵的特征值和特征向量的问题.

本章先介绍方阵的特征值与特征向量的概念及性质，再引入相似矩阵的概念，并讨论一般方阵的相似对角化，最后介绍实对称阵的相似对角化.

7.1 方阵的特征值及其特征向量

7.1.1 特征值与特征向量的概念及计算

定义 7-1 设 $\boldsymbol{A}$ 为 n 阶方阵，λ 为变量，把 $|\lambda\boldsymbol{E}-\boldsymbol{A}|=0$ 的根叫作 $\boldsymbol{A}$ 的特征值(单根称为单特征值，重根称为重特征值).

设 λ_j 是 $\boldsymbol{A}$ 的特征值，则齐次线性方程组 $(\lambda_j\boldsymbol{E}-\boldsymbol{A})\boldsymbol{x}=\boldsymbol{0}$ 的非零解向量叫作 $\boldsymbol{A}$ 的对应于(或属于) λ_j 的特征向量.

$|\lambda\boldsymbol{E}-\boldsymbol{A}|=0$ 称为 $\boldsymbol{A}$ 的特征方程.

由定义可知，上(下)三角阵及对角阵的特征值就是它们的对角元.

下面介绍几个求特征值和特征向量的例子.

【例 7-1】 求 $\boldsymbol{A}=\begin{pmatrix}0 & -1\\ 1 & 0\end{pmatrix}$ 的特征值.

解 由

$$|\lambda\boldsymbol{E}-\boldsymbol{A}|=\begin{vmatrix}\lambda & 1\\ -1 & \lambda\end{vmatrix}=\lambda^2+1=0$$

可知，$\boldsymbol{A}$ 的特征值为 $\lambda_1=\mathrm{i}$，$\lambda_2=-\mathrm{i}$. 其中，i 为虚数单位.

此例表明，实方阵的特征值不一定都是实数.

【例 7-2】 求方阵 $\boldsymbol{B}=\begin{pmatrix}1 & -2 & -2\\ 2 & -3 & -2\\ -2 & 2 & 1\end{pmatrix}$ 的特征值及其对应的全部特征向量.

注意 若 λ 是 $\boldsymbol{B}$ 的特征值，则 $(\lambda\boldsymbol{E}-\boldsymbol{B})\boldsymbol{x}=\boldsymbol{0}$ 的全部非零解向量(通解中去掉零向量)就是 λ 所对应的全部特征向量.

解 由

$$|\lambda\boldsymbol{E}-\boldsymbol{B}|=\begin{vmatrix}\lambda-1 & 2 & 2\\ -2 & \lambda+3 & 2\\ 2 & -2 & \lambda-1\end{vmatrix}\xlongequal[r_3+r_1]{r_2-r_1}\begin{vmatrix}\lambda-1 & 2 & 2\\ -\lambda-1 & \lambda+1 & 0\\ \lambda+1 & 0 & \lambda+1\end{vmatrix}$$

$$=(\lambda+1)^2\begin{vmatrix}\lambda-1 & 2 & 2\\ -1 & 1 & 0\\ 1 & 0 & 1\end{vmatrix}$$

$$=(\lambda+1)^2(\lambda-1)$$

$$=0$$

求得 $\boldsymbol{B}$ 的特征值为

$$\lambda_1=-1(\text{二重}),\quad \lambda_2=1(\text{单})$$

对于 $\lambda_1=-1$，解齐次线性方程组 $(\lambda_1\boldsymbol{E}-\boldsymbol{B})\boldsymbol{x}=\boldsymbol{0}$. 由

$$\lambda_1\boldsymbol{E}-\boldsymbol{B}=\begin{pmatrix}-2 & 2 & 2\\ -2 & 2 & 2\\ 2 & -2 & -2\end{pmatrix}\xrightarrow[r_3+r_1]{r_2-r_1}\begin{pmatrix}-2 & 2 & 2\\ 0 & 0 & 0\\ 0 & 0 & 0\end{pmatrix}\xrightarrow{r_1\div(-2)}\begin{pmatrix}1 & -1 & -1\\ 0 & 0 & 0\\ 0 & 0 & 0\end{pmatrix}$$

可知该方程组可化为

$$x_1-x_2-x_3=0$$

方程组 $(\lambda_1\boldsymbol{E}-\boldsymbol{B})\boldsymbol{x}=\boldsymbol{0}$ 的基础解系为

$$\boldsymbol{p}_1=(1,1,0)^{\mathrm{T}},\quad \boldsymbol{p}_2=(1,0,1)^{\mathrm{T}}$$

故 $\lambda_1=-1$ 对应的全部特征向量为 $k_1\boldsymbol{p}_1+k_2\boldsymbol{p}_2$(其中，$k_1,k_2$ 不全为零).

对于 $\lambda_2=1$，解齐次线性方程组 $(\lambda_2\boldsymbol{E}-\boldsymbol{B})\boldsymbol{x}=\boldsymbol{0}$. 由

$$\lambda_2\boldsymbol{E}-\boldsymbol{B}=\begin{pmatrix}0 & 2 & 2\\ -2 & 4 & 2\\ 2 & -2 & 0\end{pmatrix}\xrightarrow{r_1\leftrightarrow r_3}\begin{pmatrix}2 & -2 & 0\\ -2 & 4 & 2\\ 0 & 2 & 2\end{pmatrix}\xrightarrow{r_2+r_1}\begin{pmatrix}2 & -2 & 0\\ 0 & 2 & 2\\ 0 & 2 & 2\end{pmatrix}$$

$$\xrightarrow{r_3-r_2}\begin{pmatrix}2 & -2 & 0\\ 0 & 2 & 2\\ 0 & 0 & 0\end{pmatrix}\xrightarrow[r_2\div 2]{r_1\div 2}\begin{pmatrix}1 & -1 & 0\\ 0 & 1 & 1\\ 0 & 0 & 0\end{pmatrix}$$

可知该方程组可化为

$$\begin{cases}x_1-x_2 & =0\\ & x_2+x_3=0\end{cases}$$

方程组 $(\lambda_2\boldsymbol{E}-\boldsymbol{B})\boldsymbol{x}=\boldsymbol{0}$ 的基础解系为

$$\boldsymbol{p}_3=(1,1,-1)^{\mathrm{T}}$$

故 $\lambda_2=1$ 对应的全部特征向量为 $k_3\boldsymbol{p}_3(k_3\neq 0)$.

【例 7-3】 求方阵

$$\boldsymbol{C}=\begin{pmatrix}3 & 3 & 1\\ -1 & 0 & 0\\ 0 & -1 & 0\end{pmatrix}$$

的特征值及其对应的全部特征向量.

解　由

$$|\lambda \boldsymbol{E}-\boldsymbol{C}|=\begin{vmatrix}\lambda-3 & -3 & -1\\ 1 & \lambda & 0\\ 0 & 1 & \lambda\end{vmatrix}=(\lambda-1)^3=0$$

可得 $\boldsymbol{C}$ 的特征值为 $\lambda_1=1$(三重).

由

$$\lambda_1\boldsymbol{E}-\boldsymbol{C}=\begin{pmatrix}-2 & -3 & -1\\ 1 & 1 & 0\\ 0 & 1 & 1\end{pmatrix}\xrightarrow{r_1+2r_2+r_3}\begin{pmatrix}0 & 0 & 0\\ 1 & 1 & 0\\ 0 & 1 & 1\end{pmatrix}$$

可知方程组 $(\lambda_1\boldsymbol{E}-\boldsymbol{C})\boldsymbol{x}=\boldsymbol{0}$ 可化为

$$\begin{cases}x_1+x_2 \quad\quad =0\\ \quad\quad x_2+x_3=0\end{cases}$$

方程组 $(\lambda_1\boldsymbol{E}-\boldsymbol{C})\boldsymbol{x}=\boldsymbol{0}$ 的基础解系为

$$\boldsymbol{p}=(-1,1,-1)^{\mathrm{T}}$$

故 $\lambda_1=1$ 对应的全部特征向量为 $k\boldsymbol{p}(k\neq 0)$.

矩阵迹的性质

7.1.2　特征值与特征向量的性质

性质 7-1　n 阶方阵 $\boldsymbol{A}$ 在复数域内有且只有 n 个特征值(k 重特征值看作 k 个).

当 $n=2$ 时,

$$|\lambda\boldsymbol{E}-\boldsymbol{A}|=\begin{vmatrix}\lambda-a_{11} & -a_{12}\\ -a_{21} & \lambda-a_{22}\end{vmatrix}$$

$$=\lambda^2-(a_{11}+a_{22})\lambda+(a_{11}a_{22}-a_{21}a_{12})$$

当 $n>2$ 时,用归纳法可证明(略):

$$|\lambda\boldsymbol{E}-\boldsymbol{A}|=\lambda^n-\mathrm{tr}(\boldsymbol{A})\lambda^{n-1}+\cdots+(-1)^n|\boldsymbol{A}| \tag{7-1}$$

其中,$\mathrm{tr}(\boldsymbol{A})$ 叫作 $\boldsymbol{A}$ 的迹,它等于 $\boldsymbol{A}$ 的 n 个对角元之和.

根据代数学基本定理可知,特征方程 $|\lambda\boldsymbol{E}-\boldsymbol{A}|=0$ 在复数域内有且只有 n 个根,故性质 7-1 正确.

$|\lambda\boldsymbol{E}-\boldsymbol{A}|$ 称为 $\boldsymbol{A}$ 的特征多项式.

性质 7-2　若 n 阶方阵 $\boldsymbol{A}$ 的特征值为 $\lambda_1,\lambda_2,\cdots,\lambda_n$,则

(1) $\lambda_1+\lambda_2+\cdots+\lambda_n=\mathrm{tr}(\boldsymbol{A})$;

(2) $\lambda_1\lambda_2\cdots\lambda_n=|\boldsymbol{A}|$.

证明　由 $\boldsymbol{A}$ 的特征值为 $\lambda_1,\lambda_2,\cdots,\lambda_n$,得

$$|\lambda\boldsymbol{E}-\boldsymbol{A}|=(\lambda-\lambda_1)(\lambda-\lambda_2)\cdots(\lambda-\lambda_n)$$

$$=\lambda^n-\Big(\sum_{i=1}^{n}\lambda_i\Big)\lambda^{n-1}+\cdots+(-1)^n\lambda_1\lambda_2\cdots\lambda_n$$

比较上式与式(7-1)的系数和常数项可知性质 7-2 成立.

由性质 7-2 和“$\boldsymbol{A}$ 可逆$\Leftrightarrow|\boldsymbol{A}|\neq 0$”可得：

推论 7-1 方阵 $\boldsymbol{A}$ 可逆$\Leftrightarrow\boldsymbol{A}$ 的特征值都不为零.

性质 7-3 设 $\boldsymbol{A}$ 是 n 阶方阵，则 λ 是 $\boldsymbol{A}$ 的特征值且 $\boldsymbol{p}$ 是 λ 对应的特征向量$\Leftrightarrow$数 λ 和 n 元非零向量 $\boldsymbol{p}$ 满足 $\boldsymbol{Ap}=\lambda\boldsymbol{p}$.

证明 必要性 由 λ 是 $\boldsymbol{A}$ 的特征值，$\boldsymbol{p}$ 是 λ 对应的特征向量可得

$$(\lambda\boldsymbol{E}-\boldsymbol{A})\boldsymbol{p}=\boldsymbol{0}\text{ 且 }\boldsymbol{p}\neq\boldsymbol{0}$$

即

$$\boldsymbol{Ap}=\lambda\boldsymbol{p}\text{ 且 }\boldsymbol{p}\neq\boldsymbol{0}$$

充分性 由 $\boldsymbol{Ap}=\lambda\boldsymbol{p}$，得

$$(\lambda\boldsymbol{E}-\boldsymbol{A})\boldsymbol{p}=\boldsymbol{0}$$

这说明 $\boldsymbol{p}\neq\boldsymbol{0}$ 是$(\lambda\boldsymbol{E}-\boldsymbol{A})\boldsymbol{x}=\boldsymbol{0}$ 的非零解向量，根据定理 3-5 可得$|\lambda\boldsymbol{E}-\boldsymbol{A}|=0$，所以 λ 是 $\boldsymbol{A}$ 的特征值，$\boldsymbol{p}$ 是 λ 对应的特征向量.

这个性质很重要，它描述了矩阵与其特征值及其对应的特征向量之间的关系，常用于论证有关特征值和特征向量的某些问题. 也可用这个充要条件来定义方阵的特征值及其特征向量.

性质 7-4 若 λ 是方阵 $\boldsymbol{A}$ 的特征值，$\boldsymbol{p}$ 是对应的特征向量，k 是正整数，则 λ^k 是 $\boldsymbol{A}^k$ 的特征值，$\boldsymbol{p}$ 仍是对应的特征向量.

证明 由已知条件及性质 7-3，得

$$\boldsymbol{Ap}=\lambda\boldsymbol{p}\text{ 且 }\boldsymbol{p}\neq\boldsymbol{0}$$

$$\boldsymbol{A}^k\boldsymbol{p}=\boldsymbol{A}^{k-1}(\boldsymbol{Ap})=\lambda\boldsymbol{A}^{k-1}\boldsymbol{p}=\cdots=\lambda^k\boldsymbol{p}$$

故 λ^k 是 $\boldsymbol{A}^k$ 的特征值，$\boldsymbol{p}$ 仍为对应的特征向量.

由性质 7-3 和性质 7-4 可证明，若 λ 是 $\boldsymbol{A}$ 的特征值，$\boldsymbol{p}$ 是对应的特征向量，则

$$f(\lambda)=l_m\lambda^m+l_{m-1}\lambda^{m-1}+\cdots+l_1\lambda+l_0$$

是

$$f(\boldsymbol{A})=l_m\boldsymbol{A}^m+l_{m-1}\boldsymbol{A}^{m-1}+\cdots+l_1\boldsymbol{A}+l_0\boldsymbol{E}$$

的特征值，$\boldsymbol{p}$ 仍是对应的特征向量.

【例 7-4】 设方阵 $\boldsymbol{A}$ 满足 $\boldsymbol{A}^2=\boldsymbol{A}$，证明：$\boldsymbol{A}$ 的特征值为 1 或 0.

证明 令 $f(\boldsymbol{A})=\boldsymbol{A}^2-\boldsymbol{A}$，则 $f(\boldsymbol{A})=\boldsymbol{O}$，$f(\boldsymbol{A})$只有零特征值.

设 λ 是 $\boldsymbol{A}$ 的特征值，则 $f(\lambda)=\lambda^2-\lambda$ 是 $f(\boldsymbol{A})$的特征值，所以

$$\lambda^2-\lambda=0$$

故 $\lambda=1$ 或 0. 结论正确.

性质 7-5 设 λ 是可逆阵 $\boldsymbol{A}$ 的特征值，$\boldsymbol{p}$ 是对应的特征向量，则 λ^{-1} 和$|\boldsymbol{A}|\lambda^{-1}$分别是 $\boldsymbol{A}^{-1}$ 和 $\boldsymbol{A}^*$ 的特征值，$\boldsymbol{p}$ 仍是对应的特征向量.

证明 由 $\boldsymbol{A}$ 可逆及推论 7-1，得 $\lambda\neq 0$. 由性质 7-3 可得

$$\boldsymbol{Ap}=\lambda\boldsymbol{p}$$

用 $\lambda^{-1}\boldsymbol{A}^{-1}$左乘上式的两端，得

$$\lambda^{-1}\boldsymbol{p}=\boldsymbol{A}^{-1}\boldsymbol{p}$$

$$\boldsymbol{A}^{-1}\boldsymbol{p}=\lambda^{-1}\boldsymbol{p}$$

由 $\boldsymbol{A}^*=|\boldsymbol{A}|\boldsymbol{A}^{-1}$及上式，可得

$$\boldsymbol{A}^*\boldsymbol{p}=(|\boldsymbol{A}|\lambda^{-1})\boldsymbol{p}$$

因为 $\boldsymbol{p}\neq\boldsymbol{0}$，所以由性质 7-3 可知结论正确.

性质 7-6　方阵 $\boldsymbol{A}$ 与 $\boldsymbol{A}^{\mathrm{T}}$ 的特征值相同.

证明　由

$$|\lambda\boldsymbol{E}-\boldsymbol{A}^{\mathrm{T}}|=|(\lambda\boldsymbol{E}-\boldsymbol{A})^{\mathrm{T}}|=|\lambda\boldsymbol{E}-\boldsymbol{A}|$$

可知，$\boldsymbol{A}$ 与 $\boldsymbol{A}^{\mathrm{T}}$ 的特征多项式相同，所以 $\boldsymbol{A}$ 与 $\boldsymbol{A}^{\mathrm{T}}$ 的特征方程的根相同，即 $\boldsymbol{A}$ 与 $\boldsymbol{A}^{\mathrm{T}}$ 的特征值相同.

定理 7-1　设 $\lambda_1,\lambda_2,\cdots,\lambda_m$ 是方阵 $\boldsymbol{A}$ 的互异特征值，则它们分别对应的特征向量 $\boldsymbol{p}_1,\boldsymbol{p}_2,\cdots,\boldsymbol{p}_m$ 一定线性无关.

证明　对 $s(1\leqslant s\leqslant m)$做数学归纳法.

当 $s=1$ 时，由 $\boldsymbol{p}_1\neq\boldsymbol{0}$ 可知结论成立.

假设结论对 $s-1$ 成立，下面证明结论对 s 也成立. 设

$$k_1\boldsymbol{p}_1+k_2\boldsymbol{p}_2+\cdots+k_{s-1}\boldsymbol{p}_{s-1}+k_s\boldsymbol{p}_s=\boldsymbol{0} \quad ①$$

用 $\boldsymbol{A}$ 左乘上式的两端，并注意 $\boldsymbol{A}\boldsymbol{p}_j=\lambda_j\boldsymbol{p}_j(j=1,2,\cdots,m)$，得

$$k_1\lambda_1\boldsymbol{p}_1+k_2\lambda_2\boldsymbol{p}_2+\cdots+k_{s-1}\lambda_{s-1}\boldsymbol{p}_{s-1}+k_s\lambda_s\boldsymbol{p}_s=\boldsymbol{0} \quad ②$$

用 λ_s 乘以式①的两端，再与式②相减，得

$$k_1(\lambda_s-\lambda_1)\boldsymbol{p}_1+k_2(\lambda_s-\lambda_2)\boldsymbol{p}_2+\cdots+k_{s-1}(\lambda_s-\lambda_{s-1})\boldsymbol{p}_{s-1}=\boldsymbol{0}$$

由归纳假设 $\boldsymbol{p}_1,\boldsymbol{p}_2,\cdots,\boldsymbol{p}_{s-1}$线性无关，可得

$$k_j(\lambda_s-\lambda_j)=0 \quad (j=1,2,\cdots,s-1)$$

因为 $\lambda_s\neq\lambda_j$，所以 $k_j=0(j=1,2,\cdots,s-1)$. 这时，式①成为

$$k_s\boldsymbol{p}_s=\boldsymbol{0}$$

由特征向量 $\boldsymbol{p}_s\neq\boldsymbol{0}$，又可得 $k_s=0$，所以 $\boldsymbol{p}_1,\boldsymbol{p}_2,\cdots,\boldsymbol{p}_s$ 线性无关.

可将定理 7-1 推广为更一般的情形.

定理 7-2　设 $\lambda_1,\lambda_2,\cdots,\lambda_m$ 是方阵 $\boldsymbol{A}$ 的互异特征值，$\boldsymbol{p}_{i1},\boldsymbol{p}_{i2},\cdots,\boldsymbol{p}_{ir_i}$ 是 $\lambda_i(i=1,2,\cdots,m)$对应的线性无关的特征向量，则 $\boldsymbol{p}_{11},\boldsymbol{p}_{12},\cdots,\boldsymbol{p}_{1r_1},\cdots,\boldsymbol{p}_{m1},\boldsymbol{p}_{m2},\cdots,\boldsymbol{p}_{mr_m}$ 线性无关.

该定理的证明与定理 7-1 类似，留作练习.

注意　对于一般的向量组，如果各个部分都线性无关，则合并起来不一定线性无关. 上面定理反映的是特征向量所独有的性质.

思考题 7-1

1. 方阵 $\boldsymbol{A}$ 的两个不同特征值能否对应同一个特征向量？

2. 设 $\boldsymbol{A}$ 和 $\boldsymbol{B}$ 都是 n 阶方阵，$2n$ 阶分块对角阵 $\boldsymbol{C}=\mathrm{diag}(\boldsymbol{A},\boldsymbol{B})$的特征值与 $\boldsymbol{A}$ 和 $\boldsymbol{B}$ 的特征值有什么关系？

3. 若用初等变换将方阵 $\boldsymbol{A}$ 化为方阵 $\boldsymbol{B}$，则 $\boldsymbol{A}$ 和 $\boldsymbol{B}$ 的特征值是否相同？

4. 若 λ 和 μ 分别为方阵 $\boldsymbol{A}$ 和方阵 $\boldsymbol{B}$ 的特征值，则 $\lambda+\mu$ 是否为方阵 $\boldsymbol{A}+\boldsymbol{B}$ 的特征值？

5. 设三阶方阵 $\boldsymbol{A}$ 有一个二重特征值 $\lambda_1=-2$，$r(\boldsymbol{A}+\boldsymbol{E})=2$，则 $\mathrm{tr}(\boldsymbol{A})$和$|\boldsymbol{A}|$等于什么？

6. 若 $\boldsymbol{p}_1$ 和 $\boldsymbol{p}_2$ 都是 $\boldsymbol{A}$ 的特征值 μ 对应的特征向量，则对任意实数 k_1 和 k_2，$k_1\boldsymbol{p}_1+k_2\boldsymbol{p}_2$ 是否为 μ 对应的特征向量？

习题 7-1

1. 求下列方阵的特征值及对应的全部特征向量.

(1) $\boldsymbol{A}=\begin{pmatrix}-2&1&-1\\0&1&3\\0&1&-1\end{pmatrix}$；　(2) $\boldsymbol{A}=\begin{pmatrix}1&1&0\\0&1&1\\0&0&1\end{pmatrix}$；

(3) $\boldsymbol{A}=\begin{pmatrix}1&1&-1\\2&4&3\\-2&-1&0\end{pmatrix}$；　(4) $\boldsymbol{A}=\begin{pmatrix}1&0&-1\\1&2&1\\2&2&3\end{pmatrix}$；

(5) $\boldsymbol{A}=\begin{pmatrix}3&-1&-2\\2&0&-2\\2&-1&-1\end{pmatrix}$；　(6) $\boldsymbol{A}=\begin{pmatrix}k&1&\cdots&1\\1&k&\cdots&1\\\vdots&\vdots&&\vdots\\1&1&\cdots&k\end{pmatrix}$.

2. 已知方阵 $\boldsymbol{A}$ 满足 $\boldsymbol{A}^2+2\boldsymbol{A}-3\boldsymbol{E}=\boldsymbol{O}$，试确定 $\boldsymbol{A}$ 的特征值的可能取值.

3. 已知向量 $\boldsymbol{p}=\begin{pmatrix}1\\-1\\2\end{pmatrix}$ 是矩阵 $\boldsymbol{A}=\begin{pmatrix}2&2&1\\1&x&2\\y&2&-1\end{pmatrix}$ 的对应于特征值 λ_0 的特征向量，求 λ_0，x 和 y.

4. 设 λ_0 是可逆矩阵 $\boldsymbol{A}$ 的一个特征值且 $\det(\boldsymbol{A})=a$，试给出 $2\boldsymbol{A}^{-1}+\boldsymbol{A}^*$ 的一个特征值.

5. 已知 $\boldsymbol{A}$ 为四阶方阵，$\mathrm{tr}(\boldsymbol{A})=-1$，$-2$ 是 $\boldsymbol{A}$ 的二重特征值，1 是 $\boldsymbol{A}$ 的单特征值，求 $\boldsymbol{A}$ 的行列式及特征多项式.

6. 设 $\boldsymbol{A}$ 为方阵，若存在正整数 k 使 $\boldsymbol{A}^k=\boldsymbol{O}$，则称 $\boldsymbol{A}$ 为幂零矩阵. 证明幂零矩阵只有零特征值.

7. 设 n 阶对称阵 $\boldsymbol{A}$ 的每一列元素之和都为常数 k，证明 k 是 $\boldsymbol{A}$ 的一个特征值，且向量 $(1,1,\cdots,1)^{\mathrm{T}}$ 是 $\boldsymbol{A}$ 的对应于特征值 k 的特征向量.

8. 设 $\boldsymbol{A}$ 和 $\boldsymbol{B}$ 都是 n 阶方阵，λ 是 $\boldsymbol{AB}$ 的特征值，证明 λ 也是 $\boldsymbol{BA}$ 的特征值.

9. 设方阵 $\boldsymbol{A}$ 满足 $\boldsymbol{A}^2-6\boldsymbol{A}+9\boldsymbol{E}=\boldsymbol{O}$，证明 $\boldsymbol{A}+k\boldsymbol{E}$ 可逆 $\Leftrightarrow k\neq-3$.

提高题 7-1

1. 设 $\boldsymbol{a}=(a_1,a_2,\cdots,a_n)^{\mathrm{T}}$ 和 $\boldsymbol{b}=(b_1,b_2,\cdots,b_n)^{\mathrm{T}}$ 是两个相互正交的非零向量.

(1) 证明：$\boldsymbol{A}=\boldsymbol{ab}^{\mathrm{T}}$ 只有零特征值.

(2) 求 $\boldsymbol{A}$ 的全部特征向量.

2. 设 $\boldsymbol{A}$ 为 n 阶降秩阵，证明：$\boldsymbol{A}^*$ 的特征值要么全为零，要么有 $n-1$ 重零特征值和一个特征值 $\sum\limits_{i=1}^{n}A_{ii}$，其中，$A_{ii}$ 为 a_{ii} 的代数余子式.

3. 设 $\boldsymbol{u}=(-4,0,2)^{\mathrm{T}}$，三阶方阵 $\boldsymbol{A}$ 的特征值为 $\lambda_1=1$，$\lambda_2=-1$，$\lambda_3=2$，对应的特征向

量分别为 $\boldsymbol{p}_1=(-2,1,0)^{\mathrm{T}}$，$\boldsymbol{p}_2=(1,0,1)^{\mathrm{T}}$，$\boldsymbol{p}_3=(1,-2,3)^{\mathrm{T}}$，求 $\boldsymbol{A}^k\boldsymbol{u}$（$k$ 为正整数）.

4. 设 $\boldsymbol{\alpha},\boldsymbol{\beta}$ 为正交的三元单位列向量，求 $\boldsymbol{A}=\boldsymbol{\alpha}\boldsymbol{\alpha}^{\mathrm{T}}+2\boldsymbol{\beta}\boldsymbol{\beta}^{\mathrm{T}}$ 的特征值.

7.2　相似矩阵

矩阵的相似变换是化简矩阵的又一思路，通过相似变换将矩阵化为的对角阵包含了矩阵的特征值信息. 本节将讨论相似变换的概念、性质以及方阵可相似对角化的条件.

7.2.1　相似矩阵的概念与性质

定义 7-2　设 $\boldsymbol{A},\boldsymbol{B}$ 为 n 阶方阵，如果存在 n 阶可逆阵 $\boldsymbol{P}$，使得 $\boldsymbol{P}^{-1}\boldsymbol{A}\boldsymbol{P}=\boldsymbol{B}$，则称 $\boldsymbol{A}$ 与 $\boldsymbol{B}$ 相似；$\boldsymbol{P}^{-1}\boldsymbol{A}\boldsymbol{P}$ 称为对 $\boldsymbol{A}$ 进行相似变换；$\boldsymbol{P}$ 称为相似变换矩阵.

如果相似变换矩阵 $\boldsymbol{P}$ 是正交阵，则称 $\boldsymbol{A}$ 与 $\boldsymbol{B}$ 正交相似；$\boldsymbol{P}^{-1}\boldsymbol{A}\boldsymbol{P}$ 称为对 $\boldsymbol{A}$ 进行正交相似变换.

相似矩阵具有如下性质：

(1)自反性　$\boldsymbol{A}$ 与其自身相似；

(2)对称性　若 $\boldsymbol{A}$ 与 $\boldsymbol{B}$ 相似，则 $\boldsymbol{B}$ 与 $\boldsymbol{A}$ 也相似；

(3)传递性　若 $\boldsymbol{A}$ 与 $\boldsymbol{B}$ 相似，$\boldsymbol{B}$ 与 $\boldsymbol{C}$ 相似，则 $\boldsymbol{A}$ 与 $\boldsymbol{C}$ 相似；

(4)若 $\boldsymbol{A}$ 与 $\boldsymbol{B}$ 相似，则 $\boldsymbol{A}^k$ 与 $\boldsymbol{B}^k$ 相似（k 为正整数）；

(5)若 $\boldsymbol{A}$ 与 $\boldsymbol{B}$ 相似，则 $\boldsymbol{A}$ 和 $\boldsymbol{B}$ 有相同的特征多项式，从而 $\boldsymbol{A}$ 和 $\boldsymbol{B}$ 有相同的特征值、行列式及迹.

下面给出(4)和(5)的证明.

证明　(4)设 $\boldsymbol{P}^{-1}\boldsymbol{A}\boldsymbol{P}=\boldsymbol{B}$，则

$$\begin{aligned}\boldsymbol{B}^k&=(\boldsymbol{P}^{-1}\boldsymbol{A}\boldsymbol{P})^k=\overbrace{(\boldsymbol{P}^{-1}\boldsymbol{A}\boldsymbol{P})(\boldsymbol{P}^{-1}\boldsymbol{A}\boldsymbol{P})\cdots(\boldsymbol{P}^{-1}\boldsymbol{A}\boldsymbol{P})}^{k\text{个}}\\&=\boldsymbol{P}^{-1}\boldsymbol{A}(\boldsymbol{P}\boldsymbol{P}^{-1})\boldsymbol{A}(\boldsymbol{P}\boldsymbol{P}^{-1})\cdots\boldsymbol{A}(\boldsymbol{P}\boldsymbol{P}^{-1})\boldsymbol{A}\boldsymbol{P}\\&=\boldsymbol{P}^{-1}\boldsymbol{A}^k\boldsymbol{P}\end{aligned}$$

(5)设 $\boldsymbol{P}^{-1}\boldsymbol{A}\boldsymbol{P}=\boldsymbol{B}$，则

$$\begin{aligned}|\lambda\boldsymbol{E}-\boldsymbol{B}|&=|\boldsymbol{P}^{-1}(\lambda\boldsymbol{E})\boldsymbol{P}-\boldsymbol{P}^{-1}\boldsymbol{A}\boldsymbol{P}|=|\boldsymbol{P}^{-1}(\lambda\boldsymbol{E}-\boldsymbol{A})\boldsymbol{P}|\\&=|\boldsymbol{P}^{-1}|\cdot|\lambda\boldsymbol{E}-\boldsymbol{A}|\cdot|\boldsymbol{P}|=|\lambda\boldsymbol{E}-\boldsymbol{A}|\end{aligned}$$

所以 $\boldsymbol{A}$ 与 $\boldsymbol{B}$ 的特征多项式相同，从而 $\boldsymbol{A}$ 和 $\boldsymbol{B}$ 有相同的特征值.

由性质 7-2 可知

$$|\boldsymbol{A}|=|\boldsymbol{B}|,\quad \mathrm{tr}(\boldsymbol{A})=\mathrm{tr}(\boldsymbol{B})$$

7.2.2　相似对角化

定义 7-3　如果矩阵 $\boldsymbol{A}$ 能与对角阵相似，则称 $\boldsymbol{A}$ 可相似对角化.

当 $\boldsymbol{A}$ 可相似对角化时，与 $\boldsymbol{A}$ 相似的对角阵叫作 $\boldsymbol{A}$ 的相似标准形.

根据相似矩阵的性质可知，如果 $\boldsymbol{A}$ 相似于对角阵，那么这个对角阵的所有对角元为 $\boldsymbol{A}$ 的全部特征值. 我们首先举例说明不是所有方阵都可相似对角化，然后再给出方阵可相似对角化的条件及判定方法.

【例 7-5】 证明：$\boldsymbol{A}=\begin{pmatrix}1 & 1\\ 0 & 1\end{pmatrix}$不可相似对角化.

证明 显然，$\boldsymbol{A}$ 只有一个二重特征值 1. 若 $\boldsymbol{A}$ 可相似对角化，则存在可逆阵 $\boldsymbol{P}$，使 $\boldsymbol{P}^{-1}\boldsymbol{A}\boldsymbol{P}=\boldsymbol{\Lambda}$ 为对角阵.

由相似矩阵有相同的特征值及对角阵的特征值为其对角元可知，$\boldsymbol{\Lambda}=\boldsymbol{E}$. 于是，$\boldsymbol{A}=\boldsymbol{P}\boldsymbol{\Lambda}\boldsymbol{P}^{-1}=\boldsymbol{P}\boldsymbol{E}\boldsymbol{P}^{-1}=\boldsymbol{E}$，这与已知条件矛盾，所以 $\boldsymbol{A}$ 不可相似对角化.

下面我们来讨论方阵可相似对角化的条件.

定理 7-3 n 阶方阵 $\boldsymbol{A}$ 可相似对角化的充要条件是 $\boldsymbol{A}$ 有 n 个线性无关的特征向量.

证明 必要性 因为 $\boldsymbol{A}$ 可相似对角化，所以存在可逆阵 $\boldsymbol{P}=(\boldsymbol{p}_1,\boldsymbol{p}_2,\cdots,\boldsymbol{p}_n)$，使得 $\boldsymbol{P}^{-1}\boldsymbol{A}\boldsymbol{P}$ 为对角阵. 设

$$\boldsymbol{P}^{-1}\boldsymbol{A}\boldsymbol{P}=\operatorname{diag}(\lambda_1,\lambda_2,\cdots,\lambda_n)$$

则有

$$\boldsymbol{A}\boldsymbol{P}=\boldsymbol{P}\operatorname{diag}(\lambda_1,\lambda_2,\cdots,\lambda_n)$$

即

$$\boldsymbol{A}(\boldsymbol{p}_1,\boldsymbol{p}_2,\cdots,\boldsymbol{p}_n)=(\boldsymbol{p}_1,\boldsymbol{p}_2,\cdots,\boldsymbol{p}_n)\begin{pmatrix}\lambda_1 & & & \\ & \lambda_2 & & \\ & & \ddots & \\ & & & \lambda_n\end{pmatrix}$$

$$(\boldsymbol{A}\boldsymbol{p}_1,\boldsymbol{A}\boldsymbol{p}_2,\cdots,\boldsymbol{A}\boldsymbol{p}_n)=(\lambda_1\boldsymbol{p}_1,\lambda_2\boldsymbol{p}_2,\cdots,\lambda_n\boldsymbol{p}_n)$$

$$\boldsymbol{A}\boldsymbol{p}_j=\lambda_j\boldsymbol{p}_j\quad(j=1,2,\cdots,n)$$

因为 $\boldsymbol{P}$ 为可逆阵，所以 $\boldsymbol{p}_1,\boldsymbol{p}_2,\cdots,\boldsymbol{p}_n$ 都不是零向量且线性无关. 由性质 7-3 可知，$\lambda_1,\lambda_2,\cdots,\lambda_n$ 为 $\boldsymbol{A}$ 的特征值，$\boldsymbol{p}_1,\boldsymbol{p}_2,\cdots,\boldsymbol{p}_n$ 是它们分别对应的特征向量. 故 $\boldsymbol{A}$ 有 n 个线性无关的特征向量.

充分性 设 $\boldsymbol{A}$ 有 n 个线性无关的特征向量 $\boldsymbol{p}_1,\boldsymbol{p}_2,\cdots,\boldsymbol{p}_n$，它们分别对应的特征值为 $\lambda_1,\lambda_2,\cdots,\lambda_n$，则有

$$\boldsymbol{A}\boldsymbol{p}_j=\lambda_j\boldsymbol{p}_j\quad(j=1,2,\cdots,n)$$

令 $\boldsymbol{P}=(\boldsymbol{p}_1,\boldsymbol{p}_2,\cdots,\boldsymbol{p}_n)$，参考必要性的证明，可得

$$\boldsymbol{A}\boldsymbol{P}=\boldsymbol{P}\operatorname{diag}(\lambda_1,\lambda_2,\cdots,\lambda_n)$$

由 $\boldsymbol{p}_1,\boldsymbol{p}_2,\cdots,\boldsymbol{p}_n$ 线性无关可知，$\boldsymbol{P}$ 可逆. 于是得出

$$\boldsymbol{P}^{-1}\boldsymbol{A}\boldsymbol{P}=\operatorname{diag}(\lambda_1,\lambda_2,\cdots,\lambda_n)$$

所以 $\boldsymbol{A}$ 可相似对角化.

注意 (1)由上述证明可以看出，用来把 $\boldsymbol{A}$ 相似对角化的相似变换矩阵 $\boldsymbol{P}$ 是以 $\boldsymbol{A}$ 的 n 个线性无关的特征向量为列所构成的矩阵，所化为的对角阵 $\boldsymbol{\Lambda}$ 的对角元恰为 $\boldsymbol{A}$ 的 n 个特征值，并且特征值在 $\boldsymbol{\Lambda}$ 中的排列次序与特征向量在 $\boldsymbol{P}$ 中的排列次序相对应.

(2)通过求方程组$(\lambda_j\boldsymbol{E}-\boldsymbol{A})\boldsymbol{x}=\boldsymbol{0}$ 的基础解系可找到 $\boldsymbol{A}$ 的线性无关的特征向量，其中

λ_j 为 $\boldsymbol{A}$ 的特征值.

用定理 7-3 判别方阵是否可相似对角化，需要求出属于每个特征值的特征向量. 下面给出不用求特征向量的判别方法.

由定理 7-1 和定理 7-3 可得：

推论 7-2　若 n 阶方阵 $\boldsymbol{A}$ 的特征值都是单特征值，则 $\boldsymbol{A}$ 可相似对角化.

下面对 $\boldsymbol{A}$ 有重特征值的情况加以研究.

定理 7-4　设 μ 是 n 阶方阵 $\boldsymbol{A}$ 的 k 重特征值，$\boldsymbol{p}_1,\boldsymbol{p}_2,\cdots,\boldsymbol{p}_s$ 是 μ 对应的线性无关的特征向量，则 $s\leqslant k$.

***证明**　若 $s=n$，则 $\boldsymbol{A}$ 可相似对角化，所化为的对角阵的对角元全为 μ，μ 为 n 重特征值，$s=k$.

若 $s<n$，则 $\boldsymbol{p}_1,\boldsymbol{p}_2,\cdots,\boldsymbol{p}_s$ 可扩充成全体 n 元向量所构成的向量空间的一个基 $\boldsymbol{p}_1,\boldsymbol{p}_2,\cdots,\boldsymbol{p}_s,\boldsymbol{p}_{s+1},\cdots,\boldsymbol{p}_n$. 令 $\boldsymbol{P}=(\boldsymbol{p}_1,\boldsymbol{p}_2,\cdots,\boldsymbol{p}_s,\boldsymbol{p}_{s+1},\cdots,\boldsymbol{p}_n)$，则 $\boldsymbol{P}$ 可逆. 由已知条件可得 $\boldsymbol{A}\boldsymbol{p}_i=\mu\boldsymbol{p}_i(i=1,2,\cdots,s)$. 由 $\boldsymbol{A}\boldsymbol{p}_j(j=s+1,\cdots,n)$ 为 n 元向量可知，$\boldsymbol{A}\boldsymbol{p}_j$ 都可由基 $\boldsymbol{p}_1,\boldsymbol{p}_2,\cdots,\boldsymbol{p}_s,\boldsymbol{p}_{s+1},\cdots,\boldsymbol{p}_n$ 线性表示. 设

$$\begin{cases}\boldsymbol{A}\boldsymbol{p}_{s+1}=b_{1,s+1}\boldsymbol{p}_1+b_{2,s+1}\boldsymbol{p}_2+\cdots+b_{s,s+1}\boldsymbol{p}_s+b_{s+1,s+1}\boldsymbol{p}_{s+1}+\cdots+b_{n,s+1}\boldsymbol{p}_n\\ \quad\vdots\\ \boldsymbol{A}\boldsymbol{p}_n=b_{1n}\boldsymbol{p}_1+b_{2n}\boldsymbol{p}_2+\cdots+b_{sn}\boldsymbol{p}_s+b_{s+1,n}\boldsymbol{p}_{s+1}+\cdots+b_{nn}\boldsymbol{p}_n\end{cases}$$

于是，有

$$\begin{aligned}\boldsymbol{A}\boldsymbol{P}&=(\boldsymbol{A}\boldsymbol{p}_1,\boldsymbol{A}\boldsymbol{p}_2,\cdots,\boldsymbol{A}\boldsymbol{p}_s,\boldsymbol{A}\boldsymbol{p}_{s+1},\cdots,\boldsymbol{A}\boldsymbol{p}_n)\\ &=(\boldsymbol{p}_1,\boldsymbol{p}_2,\cdots,\boldsymbol{p}_s,\boldsymbol{p}_{s+1},\cdots,\boldsymbol{p}_n)\begin{pmatrix}\mu&0&\cdots&0&b_{1,s+1}&\cdots&b_{1n}\\0&\mu&\cdots&0&b_{2,s+1}&\cdots&b_{2n}\\ \vdots&\vdots&&\vdots&\vdots&&\vdots\\0&0&\cdots&\mu&b_{s,s+1}&\cdots&b_{sn}\\0&0&\cdots&0&b_{s+1,s+1}&\cdots&b_{s+1,n}\\ \vdots&\vdots&&\vdots&\vdots&&\vdots\\0&0&\cdots&0&b_{n,s+1}&\cdots&b_{nn}\end{pmatrix}\end{aligned}$$

记上式最后一个矩阵为 $\boldsymbol{B}$，则有 $\boldsymbol{A}\boldsymbol{P}=\boldsymbol{P}\boldsymbol{B}$，$\boldsymbol{P}^{-1}\boldsymbol{A}\boldsymbol{P}=\boldsymbol{B}$，$\boldsymbol{B}$ 与 $\boldsymbol{A}$ 相似，所以 $\boldsymbol{A}$ 和 $\boldsymbol{B}$ 的特征值相同. 通过计算可知，μ 至少为 $\boldsymbol{B}$ 的 s 重特征值，所以 μ 至少为 $\boldsymbol{A}$ 的 s 重特征值，所以 $k\geqslant s$.

注意　定理 7-4 表明，特征值 μ 所对应的线性无关特征向量的个数不会超过其重数.

定理 7-5　n 阶方阵 $\boldsymbol{A}$ 可相似对角化的充要条件是 $\boldsymbol{A}$ 的每个特征值所对应的线性无关特征向量的个数都恰好等于其重数.

证明　设 $\boldsymbol{A}$ 的互异特征值为 $\lambda_1,\lambda_2,\cdots,\lambda_m$，重数分别为 $k_1,k_2,\cdots,k_m$，则

$$|\lambda\boldsymbol{E}-\boldsymbol{A}|=(\lambda-\lambda_1)^{k_1}(\lambda-\lambda_2)^{k_2}\cdots(\lambda-\lambda_m)^{k_m}$$

$$k_1+k_2+\cdots+k_m=n$$

必要性　因为 $\boldsymbol{A}$ 可相似对角化，所以存在可逆阵 $\boldsymbol{P}$，使得 $\boldsymbol{P}^{-1}\boldsymbol{A}\boldsymbol{P}=\boldsymbol{\Lambda}$ 为对角阵. $\boldsymbol{\Lambda}$ 的 n 个对角元为 $\boldsymbol{A}$ 的全部特征值，其中有 k_i 个 $\lambda_i(i=1,2,\cdots,m)$. 由于 $\boldsymbol{P}$ 中与 λ_i 相对应的列向量为 λ_i 对应的线性无关的特征向量，由定理 7-4 还知，λ_i 最多只能对应 n_i 个线性无关

的特征向量，所以 λ_i 所对应的线性无关特征向量的个数恰好等于其重数 k_i.

充分性 根据定理 7-2，若 $\lambda_i(i=1,2,\cdots,m)$ 对应的线性无关特征向量的个数恰好等于其重数 k_i，则合并起来正好有 n 个线性无关的特征向量，再根据定理 7-3 可知 $\boldsymbol{A}$ 可相似对角化.

根据定理 7-5，例 7-2 中的矩阵 $\boldsymbol{B}$ 是可相似对角化的，例 7-3 中的矩阵是不可相似对角化的.

由 $(\lambda_i\boldsymbol{E}-\boldsymbol{A})\boldsymbol{x}=\boldsymbol{0}$ 的基础解系中所含向量的个数等于 $n-r(\lambda_i\boldsymbol{E}-\boldsymbol{A})$，可得：

推论 7-3 n 阶方阵 $\boldsymbol{A}$ 可相似对角化的充要条件是每个特征值 λ_i 都满足 $r(\lambda_i\boldsymbol{E}-\boldsymbol{A})=n-k_i$，其中，$k_i$ 为 λ_i 的重数.

注意 讨论方阵 $\boldsymbol{A}$ 是否可相似对角化时，单特征值不需讨论.

【例 7-6】 设

$$\boldsymbol{A}=\begin{pmatrix}2 & 1 & -1\\ 1 & 2 & -1\\ 1 & 1 & 0\end{pmatrix}$$

(1)求一个可逆阵 $\boldsymbol{P}$，使 $\boldsymbol{P}^{-1}\boldsymbol{AP}$ 为对角阵，并写出该对角阵；

(2)求 $\boldsymbol{A}^k$，其中，k 为正整数.

解 (1)由

$$|\lambda\boldsymbol{E}-\boldsymbol{A}|=\begin{vmatrix}\lambda-2 & -1 & 1\\ -1 & \lambda-2 & 1\\ -1 & -1 & \lambda\end{vmatrix}\xlongequal[r_3-r_1]{r_2-r_1}\begin{vmatrix}\lambda-2 & -1 & 1\\ -(\lambda-1) & \lambda-1 & 0\\ -(\lambda-1) & 0 & \lambda-1\end{vmatrix}$$

$$=(\lambda-1)^2\begin{vmatrix}\lambda-2 & -1 & 1\\ -1 & 1 & 0\\ -1 & 0 & 1\end{vmatrix}=(\lambda-1)^2(\lambda-2)=0$$

求得 $\boldsymbol{A}$ 的特征值为 $\lambda_1=1$(二重)，$\lambda_2=2$(单).

对于 $\lambda_1=1$，由

$$\lambda_1\boldsymbol{E}-\boldsymbol{A}=\begin{pmatrix}-1 & -1 & 1\\ -1 & -1 & 1\\ -1 & -1 & 1\end{pmatrix}\xrightarrow[r_3-r_1]{r_2-r_1}\begin{pmatrix}-1 & -1 & 1\\ 0 & 0 & 0\\ 0 & 0 & 0\end{pmatrix}$$

可知，方程组 $(\lambda_1\boldsymbol{E}-\boldsymbol{A})\boldsymbol{x}=\boldsymbol{0}$ 可化为

$$-\boldsymbol{x}_1-\boldsymbol{x}_2+\boldsymbol{x}_3=0$$

方程组 $(\boldsymbol{\lambda}_1\boldsymbol{E}-\boldsymbol{A})\boldsymbol{x}=\boldsymbol{0}$ 的基础解系为

$$\boldsymbol{p}_1=(-1,1,0)^{\mathrm{T}},\quad \boldsymbol{p}_2=(1,0,1)^{\mathrm{T}}$$

注意 方程组 $(\lambda_1\boldsymbol{E}-\boldsymbol{A})\boldsymbol{x}=\boldsymbol{0}$ 的基础解系是特征值 λ_1 对应的线性无关的特征向量.

对于 $\lambda_2=2$，由

$$\lambda_2\boldsymbol{E}-\boldsymbol{A}=\begin{pmatrix}0 & -1 & 1\\ -1 & 0 & 1\\ -1 & -1 & 2\end{pmatrix}\xrightarrow{r_3-r_1-r_2}\begin{pmatrix}0 & -1 & 1\\ -1 & 0 & 1\\ 0 & 0 & 0\end{pmatrix}$$

可知，方程组 $(\lambda_2\boldsymbol{E}-\boldsymbol{A})\boldsymbol{x}=\boldsymbol{0}$ 可化为

$$\begin{cases} \quad\ \ -x_2+x_3=0 \\ -x_1\qquad +x_3=0 \end{cases}$$

方程组$(\lambda_2\boldsymbol{E}-\boldsymbol{A})\boldsymbol{x}=\boldsymbol{0}$的基础解系为

$$\boldsymbol{p}_3=(1,1,1)^{\mathrm{T}}$$

令

$$\boldsymbol{P}=(\boldsymbol{p}_1,\boldsymbol{p}_2,\boldsymbol{p}_3)=\begin{pmatrix} -1 & 1 & 1 \\ 1 & 0 & 1 \\ 0 & 1 & 1 \end{pmatrix}$$

则

$$\boldsymbol{P}^{-1}\boldsymbol{A}\boldsymbol{P}=\begin{pmatrix} 1 & & \\ & 1 & \\ & & 2 \end{pmatrix}$$

(2)根据相似变换的性质可知，$\boldsymbol{P}^{-1}\boldsymbol{A}^k\boldsymbol{P}=\boldsymbol{\Lambda}^k$，其中，$\boldsymbol{\Lambda}$为(1)中所求得的对角阵. 故

$$\boldsymbol{A}^k=\boldsymbol{P}\boldsymbol{\Lambda}^k\boldsymbol{P}^{-1}=\begin{pmatrix} -1 & 1 & 1 \\ 1 & 0 & 1 \\ 0 & 1 & 1 \end{pmatrix}\begin{pmatrix} 1 & & \\ & 1 & \\ & & 2^k \end{pmatrix}\begin{pmatrix} -1 & 0 & 1 \\ -1 & -1 & 2 \\ 1 & 1 & -1 \end{pmatrix}$$

$$=\begin{pmatrix} 2^k & 2^k-1 & 1-2^k \\ 2^k-1 & 2^k & 1-2^k \\ 2^k-1 & 2^k-1 & 2-2^k \end{pmatrix}$$

若尔当标准形

思考题 7-2

1. 若$\boldsymbol{A}$可相似对角化，则$\boldsymbol{A}$的相似标准形是否唯一？

2. 设$\boldsymbol{A}$为n阶方阵且存在可逆阵$\boldsymbol{P}$，使得

$$\boldsymbol{P}^{-1}\boldsymbol{A}\boldsymbol{P}=\mathrm{diag}(\lambda_1,\lambda_2,\cdots,\lambda_n)$$

则$\boldsymbol{P}$是否唯一？为什么？

3. 如果$\boldsymbol{A},\boldsymbol{B}$中有一个可逆，则$\boldsymbol{AB}$与$\boldsymbol{BA}$是否相似？

4. 举例说明特征值完全相同的两个矩阵不一定相似.

5. 方阵$\boldsymbol{A}$的秩等于其非零特征值的个数，这个结论是否成立？若不成立，加上什么条件就一定成立？

6. 若$\boldsymbol{M}\boldsymbol{A}\boldsymbol{M}^{-1}=\boldsymbol{B}$，其中$\boldsymbol{M}$可逆，则$\boldsymbol{A}$与$\boldsymbol{B}$是否相似？

7. 对角元互异的上三角阵是否可相似对角化？为什么？

8. 设$\boldsymbol{A}$为三阶方阵，$\boldsymbol{p}_1,\boldsymbol{p}_2,\boldsymbol{p}_3$为线性无关的三元列向量组，$\boldsymbol{A}\boldsymbol{p}_1=\boldsymbol{p}_1$，$\boldsymbol{A}\boldsymbol{p}_2=\boldsymbol{p}_2$，$\boldsymbol{A}\boldsymbol{p}_3=-\boldsymbol{p}_3$，$\boldsymbol{P}^{-1}\boldsymbol{A}\boldsymbol{P}=\mathrm{diag}(-1,1,1)$，试问取$\boldsymbol{P}=(-\boldsymbol{p}_3,2\boldsymbol{p}_1,\boldsymbol{p}_1+\boldsymbol{p}_2)$是否可以？

习题 7-2

1. 已知矩阵$\boldsymbol{A}=\begin{pmatrix} -1 & 1 & 0 \\ x & 2 & 0 \\ 0 & 0 & 2 \end{pmatrix}$与矩阵$\boldsymbol{B}=\begin{pmatrix} 2 & 0 & 0 \\ 0 & y & 0 \\ 0 & 0 & -1 \end{pmatrix}$相似，求$x$和$y$.

2. 设三阶方阵 $\boldsymbol{A}$ 相似于矩阵 $\text{diag}(-1,2,1)$，求 $|\boldsymbol{E}+\boldsymbol{A}^2|$.

3. 判断下列矩阵是否可相似对角化：

(1) $\boldsymbol{A}=\begin{pmatrix}0&-1\\1&2\end{pmatrix}$；　　(2) $\boldsymbol{A}=\begin{pmatrix}0&1&5\\1&1&0\\1&0&1\end{pmatrix}$；

(3) $\boldsymbol{A}=\begin{pmatrix}-1&0&1\\0&2&1\\0&0&2\end{pmatrix}$；　　(4) $\boldsymbol{A}=\begin{pmatrix}-1&2&2\\-2&3&1\\0&0&2\end{pmatrix}$.

4. 设下列矩阵为 $\boldsymbol{A}$，求一个可逆阵 $\boldsymbol{P}$，使 $\boldsymbol{P}^{-1}\boldsymbol{A}\boldsymbol{P}$ 为对角阵，并写出该对角阵.

(1) $\begin{pmatrix}1&0&0\\1&2&1\\2&0&3\end{pmatrix}$；　　(2) $\begin{pmatrix}0&2&2\\-2&4&2\\2&-2&0\end{pmatrix}$.

5. 设 $\boldsymbol{A}$ 为三阶方阵，且 $\boldsymbol{E}-2\boldsymbol{A}$，$\boldsymbol{E}+2\boldsymbol{A}$ 及 $\boldsymbol{E}-3\boldsymbol{A}$ 的秩都小于 3，证明 $\boldsymbol{A}$ 可逆并求 $|\boldsymbol{E}+6\boldsymbol{A}|$ 和 $|2\boldsymbol{E}+\boldsymbol{A}^{-1}|$.

6. 当 k 为何值时，方阵 $\boldsymbol{A}=\begin{pmatrix}2&-5&k\\1&-4&1\\0&0&1\end{pmatrix}$ 可相似对角化？

7. 已知三阶方阵 $\boldsymbol{A}$ 的特征值为 $\lambda_1=\lambda_2=1$ 和 $\lambda_3=2$；$\boldsymbol{p}_1=(1,1,1)^{\mathrm{T}}$，$\boldsymbol{p}_2=(1,0,1)^{\mathrm{T}}$ 是特征值 1 对应的特征向量，$\boldsymbol{p}_3=(1,2,3)^{\mathrm{T}}$ 是特征值 2 对应的特征向量，求 $\boldsymbol{A}$ 和 $\boldsymbol{A}^k$.

8. 设 $\boldsymbol{A}$ 与 $\boldsymbol{B}$ 相似，$f(x)$ 是 x 的多项式，证明 $f(\boldsymbol{A})$ 与 $f(\boldsymbol{B})$ 也相似.

9. 设 $\boldsymbol{P}^{-1}\boldsymbol{A}\boldsymbol{P}=\boldsymbol{B}$，$\boldsymbol{\alpha}$ 是 $\boldsymbol{A}$ 的特征值 μ 对应的特征向量，证明：$\boldsymbol{P}^{-1}\boldsymbol{\alpha}$ 是 $\boldsymbol{B}$ 的特征值 μ 对应的特征向量.

10. 设方阵 $\boldsymbol{A}$ 可相似对角化，证明：存在可逆阵 $\boldsymbol{B}$，使得 $\boldsymbol{A}\boldsymbol{B}-\boldsymbol{B}\boldsymbol{A}^{\mathrm{T}}=\boldsymbol{O}$.

提高题 7-2

1. 设 $\boldsymbol{A}$ 为 2 阶方阵，$\boldsymbol{\alpha}_1$，$\boldsymbol{\alpha}_2$ 为线性无关的二元列向量，$\boldsymbol{A}\boldsymbol{\alpha}_1=\boldsymbol{\alpha}_1+\boldsymbol{\alpha}_2$，$\boldsymbol{A}\boldsymbol{\alpha}_2=4\boldsymbol{\alpha}_1+\boldsymbol{\alpha}_2$，求 $\boldsymbol{A}$ 的特征值。

2. 证明：若矩阵 $\boldsymbol{A}$ 可逆，$\boldsymbol{B}=\boldsymbol{P}^{-1}\boldsymbol{A}\boldsymbol{P}$，则 $\boldsymbol{A}^{-1}$ 与 $\boldsymbol{B}^{-1}$ 相似，$\boldsymbol{A}^*$ 与 $\boldsymbol{B}^*$ 相似.

3. 已知方阵 $\boldsymbol{A}$ 满足 $\boldsymbol{A}^2+2\boldsymbol{A}-3\boldsymbol{E}=\boldsymbol{O}$，证明 $\boldsymbol{A}$ 可相似对角化，并写出其相似标准形.

4. 设 $\boldsymbol{\alpha}$，$\boldsymbol{\beta}$ 是三元列向量，$\boldsymbol{\alpha}\boldsymbol{\beta}^{\mathrm{T}}$ 相似于 $\begin{pmatrix}2&&\\&0&\\&&0\end{pmatrix}$，求 $\boldsymbol{\beta}^{\mathrm{T}}\boldsymbol{\alpha}$.

7.3　实对称阵的相似对角化

在可相似对角化的矩阵中，实对称阵是非常重要的一类. 很多问题都可归结为实对称阵的性质，例如，后面要讨论的二次型的标准化，特别是二次曲线和二次曲面的研究、多元函数的极值的判断以及线性偏微分方程的分类等问题都涉及实对称阵. 因此,弄清实对称阵有哪些特性是很有必要的. 本节将主要介绍实对称阵的特征值、特征向量及可相似对角化的性质.

7.3.1　共轭矩阵

为了研究实对称阵的特征值的性质,先简单介绍共轭矩阵的概念及性质.

定义 7-4　设 $\boldsymbol{A}=(a_{ij})_{m\times n}$ 为复矩阵,把 $\overline{\boldsymbol{A}}=(\overline{a_{ij}})_{m\times n}$ 叫作 $\boldsymbol{A}$ 的共轭矩阵.

根据共轭矩阵的定义及共轭复数的运算性质,容易验证共轭矩阵具有如下性质:

(1)$\overline{\overline{\boldsymbol{A}}}=\boldsymbol{A}$;　(2)$\overline{\boldsymbol{A}+\boldsymbol{B}}=\overline{\boldsymbol{A}}+\overline{\boldsymbol{B}}$;　(3)$\overline{k\boldsymbol{A}}=\overline{k}\,\overline{\boldsymbol{A}}$;　(4)$\overline{\boldsymbol{AB}}=\overline{\boldsymbol{A}}\,\overline{\boldsymbol{B}}$;　(5)$\overline{\boldsymbol{A}^{\mathrm{T}}}=\overline{\boldsymbol{A}}^{\mathrm{T}}$.

对于任一个复向量 $\boldsymbol{x}=(x_1,x_2,\cdots,x_n)^{\mathrm{T}}$,因为

$$\begin{aligned}\overline{\boldsymbol{x}}^{\mathrm{T}}\boldsymbol{x}&=(\overline{x}_1,\overline{x}_2,\cdots,\overline{x}_n)\begin{pmatrix}x_1\\x_2\\\vdots\\x_n\end{pmatrix}\\&=\overline{x}_1x_1+\overline{x}_2x_2+\cdots+\overline{x}_nx_n\\&=|x_1|^2+|x_2|^2+\cdots+|x_n|^2\end{aligned}$$

其中,$|x_i|$ 是复数 x_i 的模($i=1,2,\cdots,n$). 所以

$$\overline{\boldsymbol{x}}^{\mathrm{T}}\boldsymbol{x}\geqslant 0,\quad \overline{\boldsymbol{x}}^{\mathrm{T}}\boldsymbol{x}=0\Leftrightarrow\boldsymbol{x}=\boldsymbol{0}$$

7.3.2　实对称阵的性质

定理 7-6　实对称阵 $\boldsymbol{A}$ 的特征值都是实数.

证明　由 $\boldsymbol{A}$ 为实对称阵,则 $\overline{\boldsymbol{A}}=\boldsymbol{A}$,$\boldsymbol{A}^{\mathrm{T}}=\boldsymbol{A}$,故 $\boldsymbol{A}=\overline{\boldsymbol{A}}^{\mathrm{T}}$.

设 λ 是 $\boldsymbol{A}$ 的任一特征值,$\boldsymbol{p}$ 为对应的特征向量,则

$$\boldsymbol{Ap}=\lambda\boldsymbol{p}\ \text{且}\ \boldsymbol{p}\neq\boldsymbol{0}$$

实对称阵的每个特征值有实特征向量

由

$$\lambda\overline{\boldsymbol{p}}^{\mathrm{T}}\boldsymbol{p}=\overline{\boldsymbol{p}}^{\mathrm{T}}(\lambda\boldsymbol{p})=\overline{\boldsymbol{p}}^{\mathrm{T}}(\boldsymbol{Ap})=\overline{\boldsymbol{p}}^{\mathrm{T}}\overline{\boldsymbol{A}}^{\mathrm{T}}\boldsymbol{p}=(\overline{\boldsymbol{Ap}})^{\mathrm{T}}\boldsymbol{p}=(\overline{\lambda\boldsymbol{p}})^{\mathrm{T}}\boldsymbol{p}=\overline{\lambda}\,\overline{\boldsymbol{p}}^{\mathrm{T}}\boldsymbol{p}$$

得

$$(\lambda-\overline{\lambda})\overline{\boldsymbol{p}}^{\mathrm{T}}\boldsymbol{p}=0$$

由 $\boldsymbol{p}\neq 0$ 可知,$\overline{\boldsymbol{p}}^{\mathrm{T}}\boldsymbol{p}>0$,所以 $\lambda-\overline{\lambda}=0$,即 $\lambda=\overline{\lambda}$,故 λ 为实数.

注意　若 λ_i 是实对称阵 $\boldsymbol{A}$ 的特征值,则 λ_i 为实数,$\lambda_i\boldsymbol{E}-\boldsymbol{A}$ 为实矩阵,$(\lambda_i\boldsymbol{E}-\boldsymbol{A})\boldsymbol{x}=\boldsymbol{0}$ 的基础解系可取为实向量,故 λ_i 对应的特征向量可取为实向量. 如无特别注明,下面所讲的实对称阵的特征向量均为实向量.

定理 7-7　实对称阵 $\boldsymbol{A}$ 的相异特征值 λ 和 μ 分别对应的特征向量 $\boldsymbol{p}$ 和 $\boldsymbol{q}$ 一定正交.

证明　由题意,得

$$\boldsymbol{Ap}=\lambda\boldsymbol{p},\quad \boldsymbol{Aq}=\mu\boldsymbol{q},\quad \boldsymbol{A}^{\mathrm{T}}=\boldsymbol{A}$$

于是,有

$$\lambda \boldsymbol{p}^{\mathrm{T}} \boldsymbol{q}=(\lambda \boldsymbol{p})^{\mathrm{T}} \boldsymbol{q}=(\boldsymbol{A} \boldsymbol{p})^{\mathrm{T}} \boldsymbol{q}=\boldsymbol{p}^{\mathrm{T}} \boldsymbol{A}^{\mathrm{T}} \boldsymbol{q}=\boldsymbol{p}^{\mathrm{T}}(\boldsymbol{A} \boldsymbol{q})=\mu \boldsymbol{p}^{\mathrm{T}} \boldsymbol{q}$$

即

$$(\lambda-\mu) \boldsymbol{p}^{\mathrm{T}} \boldsymbol{q}=0$$

因为 $\lambda \neq \mu$，所以 $\boldsymbol{p}^{\mathrm{T}} \boldsymbol{q}=0$，即 $\boldsymbol{p}$ 与 $\boldsymbol{q}$ 正交.

上一节我们研究了方阵可相似对角化的条件，并给出了不可相似对角化的例子. 下面的定理告诉我们，实对称阵都可相似对角化，并且可用正交相似变换将其相似对角化，这是实对称阵的一个非常重要的性质.

定理 7-8 对于任意 n 阶实对称阵 $\boldsymbol{A}$，都存在正交阵 $\boldsymbol{Q}$，使得

$$\boldsymbol{Q}^{-1} \boldsymbol{A} \boldsymbol{Q}=\operatorname{diag}(\lambda_1, \lambda_2, \cdots, \lambda_n)$$

其中，$\lambda_1, \lambda_2, \cdots, \lambda_n$ 是 $\boldsymbol{A}$ 的特征值.

***证明** 用归纳法.

当 $n=1$ 时，结论显然成立.

假设结论对 $n-1$ 阶实对称阵都成立，下面证明对 n 阶实对称阵 $\boldsymbol{A}$ 结论也成立.

设 $\boldsymbol{p}_1$ 是属于 $\boldsymbol{A}$ 的特征值 λ_1 的单位特征向量，则

$$\boldsymbol{A} \boldsymbol{p}_1=\lambda_1 \boldsymbol{p}_1$$

将 $\boldsymbol{p}_1$ 扩充成 $\mathbf{R}^n$ 的一个基 $\boldsymbol{p}_1, \boldsymbol{p}_2, \cdots, \boldsymbol{p}_n$，然后按施密特正交化方法将其正交化并单位化，所得向量记作 $\boldsymbol{q}_1, \boldsymbol{q}_2, \cdots, \boldsymbol{q}_n$，其中 $\boldsymbol{q}_1=\boldsymbol{p}_1$. 令 $\boldsymbol{Q}_1=(\boldsymbol{q}_1, \boldsymbol{q}_2, \cdots, \boldsymbol{q}_n)$，则 $\boldsymbol{Q}_1$ 为正交阵，且 $\boldsymbol{Q}_1 \boldsymbol{e}_1=\boldsymbol{p}_1$，$\boldsymbol{Q}_1^{-1} \boldsymbol{p}_1=\boldsymbol{e}_1$.

用 $\boldsymbol{Q}_1^{-1}$ 左乘 $\boldsymbol{A} \boldsymbol{p}_1=\lambda_1 \boldsymbol{p}_1$ 的两端，得

$$\boldsymbol{Q}_1^{-1} \boldsymbol{A} \boldsymbol{Q}_1 \boldsymbol{Q}_1^{-1} \boldsymbol{p}_1=\lambda_1 \boldsymbol{Q}_1^{-1} \boldsymbol{p}_1$$

即

$$(\boldsymbol{Q}_1^{-1} \boldsymbol{A} \boldsymbol{Q}_1) \boldsymbol{e}_1=\lambda_1 \boldsymbol{e}_1$$

由 $\boldsymbol{Q}_1^{-1}=\boldsymbol{Q}_1^{\mathrm{T}}$ 可知，$\boldsymbol{Q}_1^{-1} \boldsymbol{A} \boldsymbol{Q}_1=\boldsymbol{Q}_1^{\mathrm{T}} \boldsymbol{A} \boldsymbol{Q}_1$. 由此式可验证 $\boldsymbol{Q}_1^{-1} \boldsymbol{A} \boldsymbol{Q}_1$ 为实对称阵. 于是，$\boldsymbol{Q}_1^{-1} \boldsymbol{A} \boldsymbol{Q}_1$ 的形式为

$$\boldsymbol{Q}_1^{-1} \boldsymbol{A} \boldsymbol{Q}_1=\begin{pmatrix} \lambda_1 & \mathbf{0}^{\mathrm{T}} \\ \mathbf{0} & \boldsymbol{B} \end{pmatrix}$$

其中，$\boldsymbol{B}$ 为 $n-1$ 阶实对称阵.

由相似矩阵具有相同的特征值可知，$\boldsymbol{Q}_1^{-1} \boldsymbol{A} \boldsymbol{Q}_1$ 与 $\boldsymbol{A}$ 的特征值相同，故 $\boldsymbol{B}$ 的特征值为 $\lambda_2, \lambda_3, \cdots, \lambda_n$.

由归纳假设可知，存在正交阵 $\boldsymbol{Q}_2$，使得

$$\boldsymbol{Q}_2^{-1} \boldsymbol{B} \boldsymbol{Q}_2=\boldsymbol{\Lambda}_1=\operatorname{diag}(\lambda_2, \lambda_3, \cdots, \lambda_n)$$

令 $\boldsymbol{Q}=\boldsymbol{Q}_1 \begin{pmatrix} 1 & \mathbf{0}^{\mathrm{T}} \\ \mathbf{0} & \boldsymbol{Q}_2 \end{pmatrix}$，由

$$\boldsymbol{Q}^{\mathrm{T}} \boldsymbol{Q}=\begin{pmatrix} 1 & \mathbf{0}^{\mathrm{T}} \\ \mathbf{0} & \boldsymbol{Q}_2^{\mathrm{T}} \end{pmatrix} \boldsymbol{Q}_1^{\mathrm{T}} \boldsymbol{Q}_1 \begin{pmatrix} 1 & \mathbf{0}^{\mathrm{T}} \\ \mathbf{0} & \boldsymbol{Q}_2 \end{pmatrix}=\boldsymbol{E}$$

可知，$\boldsymbol{Q}$ 为正交阵. 这时，有

$$\boldsymbol{Q}^{-1} \boldsymbol{A} \boldsymbol{Q}=\begin{pmatrix} 1 & \mathbf{0}^{\mathrm{T}} \\ \mathbf{0} & \boldsymbol{Q}_2^{-1} \end{pmatrix} \boldsymbol{Q}_1^{-1} \boldsymbol{A} \boldsymbol{Q}_1 \begin{pmatrix} 1 & \mathbf{0}^{\mathrm{T}} \\ \mathbf{0} & \boldsymbol{Q}_2 \end{pmatrix}$$

$$=\begin{pmatrix}1 & \mathbf{0}^{\mathrm{T}}\\ \mathbf{0} & \boldsymbol{Q}_2^{-1}\end{pmatrix}\begin{pmatrix}\lambda_1 & \mathbf{0}^{\mathrm{T}}\\ \mathbf{0} & \boldsymbol{B}\end{pmatrix}\begin{pmatrix}1 & \mathbf{0}^{\mathrm{T}}\\ \mathbf{0} & \boldsymbol{Q}_2\end{pmatrix}=\begin{pmatrix}\lambda_1 & \mathbf{0}^{\mathrm{T}}\\ \mathbf{0} & \boldsymbol{Q}_2^{-1}\boldsymbol{B}\boldsymbol{Q}_2\end{pmatrix}$$

$$=\begin{pmatrix}\lambda_1 & \mathbf{0}^{\mathrm{T}}\\ \mathbf{0} & \boldsymbol{\Lambda}_1\end{pmatrix}=\mathrm{diag}(\lambda_1,\lambda_2,\cdots,\lambda_n)$$

由定理 7-5 和定理 7-8 可得：

推论 7-4　实对称阵的每个特征值所对应的线性无关特征向量的个数恰好等于其重数.

【例 7-7】　两个同阶的实对称阵相似的充要条件是它们有相同的特征值.

证明　**充分性**　设 $\boldsymbol{A}$ 与 $\boldsymbol{B}$ 为同阶的实对称阵，且有相同的特征值 $\lambda_1,\lambda_2,\cdots,\lambda_n$，则存在正交阵 $\boldsymbol{Q}_1$ 和 $\boldsymbol{Q}_2$，使

$$\boldsymbol{Q}_1^{-1}\boldsymbol{A}\boldsymbol{Q}_1=\boldsymbol{\Lambda}=\boldsymbol{Q}_2^{-1}\boldsymbol{B}\boldsymbol{Q}_2$$

其中

$$\boldsymbol{\Lambda}=\begin{pmatrix}\lambda_1 & & & \\ & \lambda_2 & & \\ & & \ddots & \\ & & & \lambda_n\end{pmatrix}$$

由矩阵相似的传递性可知，$\boldsymbol{A}$ 与 $\boldsymbol{B}$ 相似.

必要性在相似矩阵的性质中已证明.

7.3.3　正交相似变换矩阵的求法

当实对称阵 $\boldsymbol{A}$ 的特征值都是单特征值时，求出每个特征值 λ_i 对应的方程组 $(\lambda_i\boldsymbol{E}-\boldsymbol{A})\boldsymbol{x}=\mathbf{0}$ 的基础解系，然后将它们单位化，可得到 $\boldsymbol{A}$ 的两两正交的单位特征向量，把它们作为 $\boldsymbol{Q}$ 的列向量，则 $\boldsymbol{Q}$ 就是所求的正交相似变换矩阵.

【例 7-8】　设 $\boldsymbol{A}=\begin{pmatrix}3 & 2 & 0\\ 2 & 0 & 0\\ 0 & 0 & 2\end{pmatrix}$，求一个正交阵 $\boldsymbol{Q}$，使得 $\boldsymbol{Q}^{-1}\boldsymbol{A}\boldsymbol{Q}$ 为对角阵.

解　由

$$|\lambda\boldsymbol{E}-\boldsymbol{A}|=\begin{vmatrix}\lambda-3 & -2 & 0\\ -2 & \lambda & 0\\ 0 & 0 & \lambda-2\end{vmatrix}=(\lambda-2)(\lambda+1)(\lambda-4)=0$$

求得 $\boldsymbol{A}$ 的特征值为 $\lambda_1=2,\lambda_2=-1,\lambda_3=4$.

对于 $\lambda_1=2$，由

$$\lambda_1\boldsymbol{E}-\boldsymbol{A}=\begin{pmatrix}-1 & -2 & 0\\ -2 & 2 & 0\\ 0 & 0 & 0\end{pmatrix}\xrightarrow{r_2-2r_1}\begin{pmatrix}-1 & -2 & 0\\ 0 & 6 & 0\\ 0 & 0 & 0\end{pmatrix}$$

可知，方程组 $(\lambda_1\boldsymbol{E}-\boldsymbol{A})\boldsymbol{x}=\mathbf{0}$ 可化为

$$\begin{cases}-x_1-2x_2=0\\ 6x_2=0\end{cases}$$

方程组$(\lambda_1\boldsymbol{E}-\boldsymbol{A})\boldsymbol{x}=\boldsymbol{0}$的基础解系为

$$\boldsymbol{p}_1=(0,0,1)^{\mathrm{T}}$$

注意 方程组$(\lambda_1\boldsymbol{E}-\boldsymbol{A})\boldsymbol{x}=\boldsymbol{0}$的基础解系是特征值$\lambda_1$对应的线性无关的特征向量.

对于$\lambda_2=-1$,由

$$\lambda_2\boldsymbol{E}-\boldsymbol{A}=\begin{pmatrix}-4&-2&0\\-2&-1&0\\0&0&-3\end{pmatrix}\xrightarrow{r_1-2r_2}\begin{pmatrix}0&0&0\\-2&-1&0\\0&0&-3\end{pmatrix}$$

可知,方程组$(\lambda_2\boldsymbol{E}-\boldsymbol{A})\boldsymbol{x}=\boldsymbol{0}$可化为

$$\begin{cases}-2x_1-x_2=0\\ -3x_3=0\end{cases}$$

方程组$(\lambda_2\boldsymbol{E}-\boldsymbol{A})\boldsymbol{x}=\boldsymbol{0}$的基础解系为

$$\boldsymbol{p}_2=(1,-2,0)^{\mathrm{T}}$$

对于$\lambda_3=4$,由

$$\lambda_3\boldsymbol{E}-\boldsymbol{A}=\begin{pmatrix}1&-2&0\\-2&4&0\\0&0&2\end{pmatrix}\xrightarrow{r_2+2r_1}\begin{pmatrix}1&-2&0\\0&0&0\\0&0&2\end{pmatrix}$$

可知,方程组$(\lambda_3\boldsymbol{E}-\boldsymbol{A})\boldsymbol{x}=\boldsymbol{0}$可化为

$$\begin{cases}x_1-2x_2=0\\ 2x_3=0\end{cases}$$

方程组$(\lambda_3\boldsymbol{E}-\boldsymbol{A})\boldsymbol{x}=\boldsymbol{0}$的基础解系为

$$\boldsymbol{p}_3=(2,1,0)^{\mathrm{T}}$$

将$\boldsymbol{p}_1,\boldsymbol{p}_2,\boldsymbol{p}_3$单位化,得

$$\boldsymbol{q}_1=\begin{pmatrix}0\\0\\1\end{pmatrix},\quad \boldsymbol{q}_2=\begin{pmatrix}\frac{1}{\sqrt{5}}\\-\frac{2}{\sqrt{5}}\\0\end{pmatrix},\quad \boldsymbol{q}_3=\begin{pmatrix}\frac{2}{\sqrt{5}}\\\frac{1}{\sqrt{5}}\\0\end{pmatrix}$$

令

$$\boldsymbol{Q}=(\boldsymbol{q}_1,\boldsymbol{q}_2,\boldsymbol{q}_3)=\begin{pmatrix}0&\frac{1}{\sqrt{5}}&\frac{2}{\sqrt{5}}\\0&-\frac{2}{\sqrt{5}}&\frac{1}{\sqrt{5}}\\1&0&0\end{pmatrix}$$

则$\boldsymbol{Q}$为正交阵,且

$$\boldsymbol{Q}^{-1}\boldsymbol{A}\boldsymbol{Q}=\mathrm{diag}(2,-1,4)$$

当实对称阵$\boldsymbol{A}$有重特征值时,求正交相似变换矩阵$\boldsymbol{Q}$的步骤如下:

(1)求出 $\boldsymbol{A}$ 的全部特征值；

(2)对于各个不同的特征值 λ_i，分别求出齐次线性方程组

$$(\lambda_i\boldsymbol{E}-\boldsymbol{A})\boldsymbol{x}=\boldsymbol{0}$$

的基础解系，并将其正交化和单位化；

(3)以上面所得的两两正交的单位特征向量为列即得正交相似变换矩阵 $\boldsymbol{Q}$.

注意　正交化是对各个特征值 λ_i 所对应的线性无关的特征向量分别进行的.

【例 7-9】　设 $\boldsymbol{A}=\begin{pmatrix}0&-1&1\\-1&0&1\\1&1&0\end{pmatrix}$，求一个正交阵 $\boldsymbol{Q}$，使得 $\boldsymbol{Q}^{-1}\boldsymbol{A}\boldsymbol{Q}$ 为对角阵.

解　由

$$|\lambda\boldsymbol{E}-\boldsymbol{A}|=\begin{vmatrix}\lambda&1&-1\\1&\lambda&-1\\-1&-1&\lambda\end{vmatrix}\xlongequal[r_3+r_1]{r_2-r_1}\begin{vmatrix}\lambda&1&-1\\1-\lambda&\lambda-1&0\\\lambda-1&0&\lambda-1\end{vmatrix}$$

$$=(\lambda-1)^2\begin{vmatrix}\lambda&1&-1\\-1&1&0\\1&0&1\end{vmatrix}=(\lambda-1)^2(\lambda+2)=0$$

求得 $\boldsymbol{A}$ 的特征值为 $\lambda_1=1$(二重)，$\lambda_2=-2$(单).

对于 $\lambda_1=1$，由

$$\lambda_1\boldsymbol{E}-\boldsymbol{A}=\begin{pmatrix}1&1&-1\\1&1&-1\\-1&-1&1\end{pmatrix}\xrightarrow[r_3+r_1]{r_2-r_1}\begin{pmatrix}1&1&-1\\0&0&0\\0&0&0\end{pmatrix}$$

可知，方程组 $(\lambda_1\boldsymbol{E}-\boldsymbol{A})\boldsymbol{x}=\boldsymbol{0}$ 可化为

$$x_1+x_2-x_3=0$$

方程组 $(\lambda_1\boldsymbol{E}-\boldsymbol{A})\boldsymbol{x}=\boldsymbol{0}$ 的基础解系为

$$\boldsymbol{p}_1=(-1,1,0)^{\mathrm{T}},\quad \boldsymbol{p}_2=(1,0,1)^{\mathrm{T}}$$

注意　方程组 $(\lambda_1\boldsymbol{E}-\boldsymbol{A})\boldsymbol{x}=\boldsymbol{0}$ 的基础解系是特征值 λ_1 对应的线性无关的特征向量.

将 $\boldsymbol{p}_1,\boldsymbol{p}_2$ 正交化，取

$$\boldsymbol{u}_1=\boldsymbol{p}_1$$

$$\boldsymbol{u}_2=\boldsymbol{p}_2-\frac{\boldsymbol{u}_1^T\boldsymbol{p}_2}{\|\boldsymbol{u}_1\|^2}\boldsymbol{u}_1=\begin{pmatrix}1\\0\\1\end{pmatrix}-\frac{-1}{2}\begin{pmatrix}-1\\1\\0\end{pmatrix}=\frac{1}{2}\begin{pmatrix}1\\1\\2\end{pmatrix}$$

再将 $\boldsymbol{u}_1,\boldsymbol{u}_2$ 单位化，得

$$\boldsymbol{q}_1=\frac{1}{\sqrt{2}}\begin{pmatrix}-1\\1\\0\end{pmatrix},\quad \boldsymbol{q}_2=\frac{1}{\sqrt{6}}\begin{pmatrix}1\\1\\2\end{pmatrix}$$

对于 $\lambda_2=-2$，由

$$\lambda_2\boldsymbol{E}-\boldsymbol{A}=\begin{pmatrix}-2&1&-1\\1&-2&-1\\-1&-1&-2\end{pmatrix}\xrightarrow[r_3+r_2]{r_1+r_2-r_3}\begin{pmatrix}0&0&0\\1&-2&-1\\0&-3&-3\end{pmatrix}$$

可知，方程组$(\lambda_2\boldsymbol{E}-\boldsymbol{A})\boldsymbol{x}=\boldsymbol{0}$可化为

$$\begin{cases}x_1-2x_2-x_3=0\\-3x_2-3x_3=0\end{cases}$$

方程组$(\lambda_2\boldsymbol{E}-\boldsymbol{A})\boldsymbol{x}=\boldsymbol{0}$的基础解系为

$$\boldsymbol{p}_3=(-1,-1,1)^{\mathrm{T}}$$

由于λ_2是单特征值，所以不需要正交化过程，但必须单位化。将$\boldsymbol{p}_3$单位化，得

$$\boldsymbol{q}_3=\begin{pmatrix}-\frac{1}{\sqrt{3}}\\-\frac{1}{\sqrt{3}}\\\frac{1}{\sqrt{3}}\end{pmatrix}$$

令

$$\boldsymbol{Q}=(\boldsymbol{q}_1,\boldsymbol{q}_2,\boldsymbol{q}_3)=\begin{pmatrix}-\frac{1}{\sqrt{2}}&\frac{1}{\sqrt{6}}&-\frac{1}{\sqrt{3}}\\\frac{1}{\sqrt{2}}&\frac{1}{\sqrt{6}}&-\frac{1}{\sqrt{3}}\\0&\frac{2}{\sqrt{6}}&\frac{1}{\sqrt{3}}\end{pmatrix}$$

则$\boldsymbol{Q}$为正交阵，且

$$\boldsymbol{Q}^{-1}\boldsymbol{A}\boldsymbol{Q}=\mathrm{diag}(1,1,-2)$$

埃尔米特矩阵

思考题 7-3

1. 实对称阵$\boldsymbol{A}$的非零特征值的个数是否为$r(\boldsymbol{A})$？

2. 若$\boldsymbol{A}$不是实对称阵，则能否用正交相似变换将$\boldsymbol{A}$化为对角阵？

3. 将实对称阵的k重$(k\geqslant 2)$特征值λ_j对应的k个线性无关的特征向量正交化后得到的k个向量还是λ_j对应的特征向量吗？为什么？

习题 7-3

1. 设下列实对称阵为$\boldsymbol{A}$，求正交阵$\boldsymbol{Q}$，使$\boldsymbol{Q}^{-1}\boldsymbol{A}\boldsymbol{Q}$为对角阵.

(1) $\begin{pmatrix}2&1&1\\1&2&1\\1&1&2\end{pmatrix}$；　(2) $\begin{pmatrix}2&2&-2\\2&5&-4\\-2&-4&5\end{pmatrix}$；

(3) $\begin{pmatrix}2&1&0\\1&2&0\\0&0&4\end{pmatrix}$；　(4) $\begin{pmatrix}2&-2&0\\-2&1&-2\\0&-2&0\end{pmatrix}$.

2. 已知 6,3,3 是三阶实对称阵$\boldsymbol{A}$的特征值，对应于特征值 6 的一个特征向量为$\boldsymbol{\alpha}_1=(1,1,1)^{\mathrm{T}}$，求实对称阵$\boldsymbol{A}$.

3. 求三阶实对称阵 $\boldsymbol{A}$，使其特征值为 2，2，0，并且对应于特征值 2 的特征向量为 $\boldsymbol{\alpha}_1=(-1,1,0)^{\mathrm{T}}$，$\boldsymbol{\alpha}_2=(0,0,1)^{\mathrm{T}}$.

4. 设 n 阶实对称阵 $\boldsymbol{A}$ 满足 $\mathrm{tr}(\boldsymbol{A})<0$，证明：存在向量 $\boldsymbol{\alpha}\in\mathbf{R}^n$，使得 $\boldsymbol{\alpha}^{\mathrm{T}}\boldsymbol{A}\boldsymbol{\alpha}<0$.

5. 设 $\boldsymbol{\alpha}\in\mathbf{R}^n$ 为单位向量. 求：

(1)矩阵 $\boldsymbol{A}=\boldsymbol{\alpha}\boldsymbol{\alpha}^{\mathrm{T}}$ 的秩、迹和特征值.

(2)矩阵 $\boldsymbol{B}=\boldsymbol{E}-2\boldsymbol{\alpha}\boldsymbol{\alpha}^{\mathrm{T}}$ 的秩、迹和特征值.

6. 设实对称阵 $\boldsymbol{A}$ 满足 $(\boldsymbol{A}-\boldsymbol{E})(\boldsymbol{A}^2+\boldsymbol{A}+3\boldsymbol{E})=\boldsymbol{O}$，证明 $\boldsymbol{A}=\boldsymbol{E}$.

提高题 7-3

1. 设 $\boldsymbol{A}$ 是 n 阶实对称阵，$\boldsymbol{A}^2=\boldsymbol{A}$，$r(\boldsymbol{A})=r(0<r<n)$，证明：$\boldsymbol{A}$ 相似于 $\begin{pmatrix}\boldsymbol{E}_r & \boldsymbol{O}\\ \boldsymbol{O} & \boldsymbol{O}\end{pmatrix}$.

2. 证明：正交阵的特征值的模为 1.

3. 证明：实的反对称阵的特征值为零或纯虚数.

*7.4　应用举例

【例 7-10】 (预测从事各种职业人数之发展趋势)设某城市共有 30 万人从事农业、工业、商业工作，假定这个总人数在若干年内保持不变. 社会调查表明：

(1)在 30 万就业人员中，目前约有 15 万人从事农业，9 万人从事工业，6 万人经商；

(2)在从农人员中，每年约有 20%改为从工，10%改为经商；

(3)在从工人员中，每年约有 20%改为从农，10%改为经商；

(4)在经商人员中，每年约有 10%改为从农，10%改为从工.

试预测若干年后，从事各种职业人员总数之发展趋势.

解　用 $\boldsymbol{x}^{(i)}=(x_1^{(i)},x_2^{(i)},x_3^{(i)})^{\mathrm{T}}$ 表示第 i 年后从事农业、工业、商业的总人数所构成的向量. 由题意，得

$$\boldsymbol{x}^{(0)}=(15,9,6)^{\mathrm{T}}$$
$$\boldsymbol{x}^{(n)}=\boldsymbol{A}\boldsymbol{x}^{(n-1)}$$

其中

$$\boldsymbol{A}=\begin{pmatrix}0.7 & 0.2 & 0.1\\ 0.2 & 0.7 & 0.1\\ 0.1 & 0.1 & 0.8\end{pmatrix}$$

于是，有

$$\boldsymbol{x}^{(n)}=\boldsymbol{A}\boldsymbol{x}^{(n-1)}=\boldsymbol{A}^2\boldsymbol{x}^{(n-2)}=\cdots=\boldsymbol{A}^n\boldsymbol{x}^{(0)}$$

通过计算，可求得 $\boldsymbol{A}$ 的特征值为 $\lambda_1=1$，$\lambda_2=0.7$，$\lambda_3=0.5$，因而存在可逆阵 $\boldsymbol{P}$，使

$$\boldsymbol{P}^{-1}\boldsymbol{A}\boldsymbol{P}=\boldsymbol{\Lambda}$$

其中

$$\boldsymbol{\Lambda}=\mathrm{diag}(1,0.7,0.5)$$

这时,有

$$A = P\Lambda P^{-1}$$
$$A^n = P\Lambda^n P^{-1}$$
$$x^n = (P\Lambda^n P^{-1})x^{(0)}$$

由

$$\Lambda^n = \text{diag}(1, 0.7^n, 0.5^n)$$

可知,当 $n\to\infty$ 时,

$$\Lambda^n \to \text{diag}(1,0,0)$$

因而 x^n 将趋于一确定的向量 x^*. 因 x^{n-1} 也趋于 x^*,所以由

$$x^n = Ax^{n-1}$$

可知,x^* 满足

$$x^* = Ax^*$$

故 x^* 是矩阵 A 的属于特征值 $\lambda_1=1$ 的特征向量.

求出 $\lambda_1=1$ 对应的特征向量,可知

$$x^* = k\begin{pmatrix}1\\1\\1\end{pmatrix}$$

由 $k+k+k=30$,得 $k=10$. 这说明多年之后从事三种职业的人数将趋于相等,均有 10 万人.

在种群迁移、市场预测、生态与环境保护、生物繁殖、物种培育、遗传病的预防与控制、隐性连锁基因等问题的研究中都经常用到例 7-10 的研究方法.

【例 7-11】 (隐性连锁基因问题)人类隐性连锁基因是位于 X 染色体的基因,例如,蓝、绿色盲就是一种隐性连锁基因. 为了描述某地区居民中色盲的变化情况与性别的关系,我们假设男性与女性的比例为 1∶1. 以 $x_1^{(0)}$ 和 $x_2^{(0)}$ 分别表示该地区男性与女性居民中带有色盲基因的比例. 因男性从母亲接受一个 X 染色体,故第二代色盲男性的比例 $x_1^{(1)}$ 与第一代带有色盲基因的女性的比例 $x_2^{(0)}$ 相等;因女性从父母双方各接受一个 X 染色体,第二代带有色盲基因的女性的比例 $x_2^{(1)}$ 应为 $x_1^{(0)}$ 与 $x_2^{(0)}$ 的平均值. 故

$$\begin{cases} x_1^{(1)} = x_2^{(0)} \\ x_2^{(1)} = \dfrac{1}{2}x_1^{(0)} + \dfrac{1}{2}x_2^{(0)} \end{cases}$$

假定 $x_1^{(0)} \neq x_2^{(0)}$,并且以下每一代的比例不变. 引进符号

$$A = \begin{pmatrix} 0 & 1 \\ \dfrac{1}{2} & \dfrac{1}{2} \end{pmatrix}, \quad x^{(n)} = \begin{pmatrix} x_1^{(n)} \\ x_2^{(n)} \end{pmatrix}$$

$x_1^{(n)}$,$x_2^{(n)}$ 分别表示第 $n+1$ 代男性居民与女性居民中带有色盲基因的比例,则显然有

$$x^{(n)} = A^n x^{(0)}$$

利用相似对角化可得

$$A=\begin{pmatrix}1&-2\\1&1\end{pmatrix}\begin{pmatrix}1&0\\0&-\frac{1}{2}\end{pmatrix}\begin{pmatrix}\frac{1}{3}&\frac{2}{3}\\-\frac{1}{3}&\frac{1}{3}\end{pmatrix}$$

于是,有

$$\begin{aligned}\boldsymbol{x}^{(n)}&=\begin{pmatrix}1&-2\\1&1\end{pmatrix}\begin{pmatrix}1&0\\0&\left(-\frac{1}{2}\right)^{n}\end{pmatrix}\begin{pmatrix}\frac{1}{3}&\frac{2}{3}\\-\frac{1}{3}&\frac{1}{3}\end{pmatrix}\begin{pmatrix}x_1^{(0)}\\x_2^{(0)}\end{pmatrix}\\&=\frac{1}{3}\begin{pmatrix}1-\left(-\frac{1}{2}\right)^{n-1}&2+\left(-\frac{1}{2}\right)^{n-1}\\1-\left(-\frac{1}{2}\right)^{n}&2+\left(-\frac{1}{2}\right)^{n}\end{pmatrix}\begin{pmatrix}x_1^{(0)}\\x_2^{(0)}\end{pmatrix}\end{aligned}$$

故

$$\lim_{n\to\infty}\boldsymbol{x}^{(n)}=\frac{1}{3}\begin{pmatrix}1&2\\1&2\end{pmatrix}\begin{pmatrix}x_1^{(0)}\\x_2^{(0)}\end{pmatrix}=\frac{1}{3}\begin{pmatrix}x_1^{(0)}+2x_2^{(0)}\\x_1^{(0)}+2x_2^{(0)}\end{pmatrix}$$

上式表明,当世代增加时,在男性与女性中具有色盲基因的比例将趋于相同的值.若假设男性色盲基因的比例为 p,则女性色盲基因的比例也是 p,因为色盲是隐性的,可以预测色盲女性的比例将是 p^2.

【例 7-12】　(线性常系数常微分方程组)对于 $n\times n$ 型齐次线性常系数常微分方程组

$$\begin{cases}\dfrac{\mathrm{d}x_1}{\mathrm{d}t}=a_{11}x_1+a_{12}x_2+\cdots+a_{1n}x_n\\\dfrac{\mathrm{d}x_2}{\mathrm{d}t}=a_{21}x_1+a_{22}x_2+\cdots+a_{2n}x_n\\\quad\vdots\\\dfrac{\mathrm{d}x_n}{\mathrm{d}t}=a_{n1}x_1+a_{n2}x_2+\cdots+a_{nn}x_n\end{cases}\tag{7-2}$$

其中,$x_1,x_2,\cdots,x_n$ 是 t 的未知函数,系数 a_{ij} 是常数.若记 $\boldsymbol{x}=(x_1,x_2,\cdots,x_n)^{\mathrm{T}}$,$\boldsymbol{A}=(a_{ij})_{n\times n}$,并规定

$$\frac{\mathrm{d}\boldsymbol{x}}{\mathrm{d}t}=\left(\frac{\mathrm{d}x_1}{\mathrm{d}t},\frac{\mathrm{d}x_2}{\mathrm{d}t},\cdots,\frac{\mathrm{d}x_n}{\mathrm{d}t}\right)^{\mathrm{T}}$$

则可把式(7-2)写成矩阵形式

$$\frac{\mathrm{d}\boldsymbol{x}}{\mathrm{d}t}=\boldsymbol{A}\boldsymbol{x}$$

当 $\boldsymbol{A}$ 可相似对角化时,可用矩阵方法简单地求出该方程组的解.设

$$\boldsymbol{P}^{-1}\boldsymbol{A}\boldsymbol{P}=\mathrm{diag}(\lambda_1,\lambda_2,\cdots,\lambda_n)=\boldsymbol{\Lambda}$$

作变换 $\boldsymbol{x}=\boldsymbol{P}\boldsymbol{y}$,得

$$\frac{\mathrm{d}(\boldsymbol{P}\boldsymbol{y})}{\mathrm{d}t}=\boldsymbol{A}\boldsymbol{P}\boldsymbol{y}$$

即

$$\frac{d\boldsymbol{y}}{dt}=(\boldsymbol{P}^{-1}\boldsymbol{A}\boldsymbol{P})\boldsymbol{y}$$

亦即

$$\frac{d\boldsymbol{y}}{dt}=\boldsymbol{\Lambda}\boldsymbol{y}$$

具体写出该方程组为

$$\begin{cases}\dfrac{dy_1}{dt}=\lambda_1 y_1\\ \dfrac{dy_2}{dt}=\lambda_2 y_2\\ \quad\vdots\\ \dfrac{dy_n}{dt}=\lambda_n y_n\end{cases}$$

求得

$$y_i=C_i e^{\lambda_i t}\quad (i=1,2,\cdots,n)$$

其中，$C_1,C_2,\cdots,C_n$ 为积分常数. 于是，有

$$\boldsymbol{x}=\boldsymbol{P}\boldsymbol{y}=(\boldsymbol{p}_1,\boldsymbol{p}_2,\cdots,\boldsymbol{p}_n)\begin{pmatrix}C_1 e^{\lambda_1 t}\\ C_2 e^{\lambda_2 t}\\ \vdots\\ C_n e^{\lambda_n t}\end{pmatrix}$$

$$=\sum_{i=1}^{n}C_i e^{\lambda_i t}\boldsymbol{p}_i$$

其中，$\lambda_1,\lambda_2,\cdots,\lambda_n$ 为 $\boldsymbol{A}$ 的特征值；$\boldsymbol{p}_1,\boldsymbol{p}_2,\cdots,\boldsymbol{p}_n$ 为对应的特征向量.

第8章

二次型

二次曲线和二次曲面的二次项部分决定了曲线和曲面的主要性质，因此，要弄清这类曲线和曲面的几何特征，需要研究二次项部分所形成的二次齐次式的性质，这是研究二次型的几何背景. 二次型除了有其几何背景和应用外，在物理、力学等学科中也有广泛的应用. 本章将讨论二次型的一般理论，包括二次型的化简和正定二次型的性质.

8.1 二次型的概念及标准形

8.1.1 二次型的概念及矩阵表示

定义 8-1 关于 n 个变量 $x_1, x_2, \cdots, x_n$ 的二次齐次函数

$$f(x_1, x_2, \cdots, x_n) = a_{11}x_1^2 + a_{22}x_2^2 + \cdots + a_{nn}x_n^2 + 2a_{12}x_1x_2 + 2a_{13}x_1x_3 + \cdots + 2a_{n-1,n}x_{n-1}x_n \tag{8-1}$$

称为 n 元二次型.

系数全为实数的二次型叫作实二次型. 本书只讨论实二次型.

只含平方项的二次型

$$g(y_1, y_2, \cdots, y_n) = d_1y_1^2 + d_2y_2^2 + \cdots + d_ny_n^2$$

称为标准二次型.

形如

$$h(z_1, z_2, \cdots, z_n) = z_1^2 + z_2^2 + \cdots + z_p^2 - z_{p+1}^2 - \cdots - z_{p+q}^2$$

的二次型称为规范二次型.

为了便于二次型的研究，我们给出二次型的矩阵形式.

当 $j > i$ 时，令 $a_{ji} = a_{ij}$，则 $2a_{ij}x_ix_j = a_{ij}x_ix_j + a_{ji}x_jx_i$，式(8-1)可写成

$$\begin{aligned} & f(x_1, x_2, \cdots, x_n) \\ = & a_{11}x_1^2 + a_{12}x_1x_2 + \cdots + a_{1n}x_1x_n + \\ & a_{21}x_2x_1 + a_{22}x_2^2 + \cdots + a_{2n}x_2x_n + \cdots + \\ & a_{n1}x_nx_1 + a_{n2}x_nx_2 + \cdots + a_{nn}x_n^2 \end{aligned}$$

$$
\begin{aligned}
&=x_1(a_{11}x_1+a_{12}x_2+\cdots+a_{1n}x_n)+\\
&\quad x_2(a_{21}x_1+a_{22}x_2+\cdots+a_{2n}x_n)+\cdots+\\
&\quad x_n(a_{n1}x_1+a_{n2}x_2+\cdots+a_{nn}x_n)\\
&=(x_1,x_2,\cdots,x_n)\begin{pmatrix}a_{11}x_1+a_{12}x_2+\cdots+a_{1n}x_n\\a_{21}x_1+a_{22}x_2+\cdots+a_{2n}x_n\\\vdots\\a_{n1}x_1+a_{n2}x_2+\cdots+a_{nn}x_n\end{pmatrix}\\
&=(x_1,x_2,\cdots,x_n)\begin{pmatrix}a_{11}&a_{12}&\cdots&a_{1n}\\a_{21}&a_{22}&\cdots&a_{2n}\\\vdots&\vdots&&\vdots\\a_{n1}&a_{n2}&\cdots&a_{nn}\end{pmatrix}\begin{pmatrix}x_1\\x_2\\\vdots\\x_n\end{pmatrix}
\end{aligned}
$$

若记 $\boldsymbol{A}=(a_{ij})_{n\times n}$，$\boldsymbol{x}=(x_1,x_2,\cdots,x_n)^{\mathrm{T}}$，则式(8-1)可写成矩阵形式

$$f(\boldsymbol{x})=\boldsymbol{x}^{\mathrm{T}}\boldsymbol{A}\boldsymbol{x}$$

其中，$\boldsymbol{A}$ 为对称阵，叫作二次型 $f(\boldsymbol{x})$ 的矩阵.

如无特别注明，本书以后在二次型的矩阵形式 $f(\boldsymbol{x})=\boldsymbol{x}^{\mathrm{T}}\boldsymbol{A}\boldsymbol{x}$ 中均假定 $\boldsymbol{A}$ 为对称阵.

注意 $\boldsymbol{A}$ 的对角元 a_{ii} 为 x_i^2 的系数，$\boldsymbol{A}$ 的非对角元 $a_{ij}(i\neq j)$ 为 x_ix_j 的系数的 1/2.

由上述讨论可以看出，二次型与对称阵之间是一一对应的. 因此，我们既可把二次型的问题转换成对称阵的问题进行研究，又可把对称阵的问题转换成二次型的问题进行研究.

对称阵 $\boldsymbol{A}$ 的秩叫作二次型 $f(\boldsymbol{x})=\boldsymbol{x}^{\mathrm{T}}\boldsymbol{A}\boldsymbol{x}$ 的秩.

【例 8-1】 二次型 $f(x_1,x_2,x_3)=x_2^2+2x_1x_2-4x_2x_3$ 的矩阵形式为

$$f(\boldsymbol{x})=\boldsymbol{x}^{\mathrm{T}}\boldsymbol{A}\boldsymbol{x}$$

其中

$$\boldsymbol{A}=\begin{pmatrix}0&1&0\\1&1&-2\\0&-2&0\end{pmatrix},\quad \boldsymbol{x}=\begin{pmatrix}x_1\\x_2\\x_3\end{pmatrix}$$

显然，$r(\boldsymbol{A})=2$. 因此，该二次型的秩为 2.

8.1.2 线性变换与相合变换

在解析几何中，为了便于研究二次曲线

$$ax^2+bxy+cy^2=1$$

的几何性质，我们可以选择适当的坐标变换

$$\begin{cases}x=x_1\cos\theta-y_1\sin\theta\\y=x_1\sin\theta+y_1\cos\theta\end{cases}$$

把二次曲线方程化为标准形

$$d_1x_1^2+d_2y_1^2=1$$

为了研究二次型，我们也需要通过变量替换将其化为标准形. 为此，先介绍线性变换的概念.

定义 8-2 设 $\boldsymbol{A}$ 和 $\boldsymbol{x}$ 分别是 $m\times n$ 型矩阵和 n 元列向量，把 $\boldsymbol{y}=\boldsymbol{A}\boldsymbol{x}$ 叫作从 n 元向量 $\boldsymbol{x}$ 到 m 元向量 $\boldsymbol{y}$ 的线性变换.

当 $\boldsymbol{A}$ 为可逆阵时，$\boldsymbol{y}=\boldsymbol{A}\boldsymbol{x}$ 叫作可逆变换.

当 $\boldsymbol{A}$ 为正交阵时，$\boldsymbol{y}=\boldsymbol{A}\boldsymbol{x}$ 叫作正交变换.

正交变换是一种特殊的可逆变换，它具有下面的性质.

性质 8-1 设 $\boldsymbol{Q}$ 为 n 阶正交阵，$\boldsymbol{x}_1,\boldsymbol{x}_2\in\mathbf{R}^n$，$\boldsymbol{y}_1=\boldsymbol{Q}\boldsymbol{x}_1$，$\boldsymbol{y}_2=\boldsymbol{Q}\boldsymbol{x}_2$，$\boldsymbol{x}_1$ 与 $\boldsymbol{x}_2$ 的夹角为 θ，$\boldsymbol{y}_1$ 与 $\boldsymbol{y}_2$ 的夹角为 φ，则

$$(\boldsymbol{y}_1,\boldsymbol{y}_2)=(\boldsymbol{x}_1,\boldsymbol{x}_2),\quad \|\boldsymbol{y}_1\|=\|\boldsymbol{x}_1\|,\quad \varphi=\theta$$

证明 由 $\boldsymbol{Q}$ 为正交阵，可得 $\boldsymbol{Q}^{\mathrm{T}}\boldsymbol{Q}=\boldsymbol{E}$. 于是，有

$$(\boldsymbol{y}_1,\boldsymbol{y}_2)=\boldsymbol{y}_1^{\mathrm{T}}\boldsymbol{y}_2=(\boldsymbol{Q}\boldsymbol{x}_1)^{\mathrm{T}}(\boldsymbol{Q}\boldsymbol{x}_2)=\boldsymbol{x}_1^{\mathrm{T}}\boldsymbol{Q}^{\mathrm{T}}\boldsymbol{Q}\boldsymbol{x}_2=\boldsymbol{x}_1^{\mathrm{T}}\boldsymbol{x}_2=(\boldsymbol{x}_1,\boldsymbol{x}_2)$$

$$\|\boldsymbol{y}_1\|=(\boldsymbol{y}_1,\boldsymbol{y}_1)^{\frac{1}{2}}=(\boldsymbol{x}_1,\boldsymbol{x}_1)^{\frac{1}{2}}=\|\boldsymbol{x}_1\|$$

$$\varphi=\arccos\left(\frac{(\boldsymbol{y}_1,\boldsymbol{y}_2)}{\|\boldsymbol{y}_1\|\,\|\boldsymbol{y}_2\|}\right)=\arccos\left(\frac{(\boldsymbol{x}_1,\boldsymbol{x}_2)}{\|\boldsymbol{x}_1\|\,\|\boldsymbol{x}_2\|}\right)=\theta$$

性质 8-1 表明，正交变换保持向量的内积、长度和夹角不变，因而在几何空间中保持几何图形不变.

下面考查在可逆变换下二次型的变化规律.

对二次型 $f(\boldsymbol{x})=\boldsymbol{x}^{\mathrm{T}}\boldsymbol{A}\boldsymbol{x}$ 进行可逆变换 $\boldsymbol{x}=\boldsymbol{P}\boldsymbol{y}$，由

$$f(\boldsymbol{x})=(\boldsymbol{P}\boldsymbol{y})^{\mathrm{T}}\boldsymbol{A}(\boldsymbol{P}\boldsymbol{y})=\boldsymbol{y}^{\mathrm{T}}(\boldsymbol{P}^{\mathrm{T}}\boldsymbol{A}\boldsymbol{P})\boldsymbol{y}$$

可知，此时得到一个新的二次型 $g(\boldsymbol{y})=\boldsymbol{y}^{\mathrm{T}}\boldsymbol{B}\boldsymbol{y}$，其中 $\boldsymbol{B}=\boldsymbol{P}^{\mathrm{T}}\boldsymbol{A}\boldsymbol{P}$.

根据 $\boldsymbol{A}$ 与 $\boldsymbol{B}$ 的关系，我们给出下面的定义.

定义 8-3 对于 n 阶方阵 $\boldsymbol{A}$ 和 $\boldsymbol{B}$，若存在可逆阵 $\boldsymbol{P}$，使 $\boldsymbol{P}^{\mathrm{T}}\boldsymbol{A}\boldsymbol{P}=\boldsymbol{B}$，则称 $\boldsymbol{A}$ 与 $\boldsymbol{B}$ 相合(也称 $\boldsymbol{A}$ 与 $\boldsymbol{B}$ 合同). 变换 $\boldsymbol{P}^{\mathrm{T}}\boldsymbol{A}\boldsymbol{P}$ 叫作对 $\boldsymbol{A}$ 进行相合变换(也叫作合同变换).

当 $\boldsymbol{A}$ 为对称阵时，由

$$\boldsymbol{B}^{\mathrm{T}}=(\boldsymbol{P}^{\mathrm{T}}\boldsymbol{A}\boldsymbol{P})^{\mathrm{T}}=\boldsymbol{P}^{\mathrm{T}}\boldsymbol{A}^{\mathrm{T}}(\boldsymbol{P}^{\mathrm{T}})^{\mathrm{T}}=\boldsymbol{P}^{\mathrm{T}}\boldsymbol{A}\boldsymbol{P}=\boldsymbol{B}$$

可知，$\boldsymbol{B}$ 也为对称阵，即相合变换不改变矩阵的对称性.

由上面的讨论可以看出，对二次型进行可逆变换的实质是对其矩阵进行相合变换.

8.1.3 用正交变换化二次型为标准形

二次型的一个重要问题是用可逆变换将二次型化为标准形(标准二次型). 由前面的讨论及标准形的矩阵为对角阵可知，若 $\boldsymbol{P}$ 可逆，且 $\boldsymbol{P}^{\mathrm{T}}\boldsymbol{A}\boldsymbol{P}=\boldsymbol{B}$ 为对角阵，则可逆变换 $\boldsymbol{x}=\boldsymbol{P}\boldsymbol{y}$ 将二次型 $f(\boldsymbol{x})=\boldsymbol{x}^{\mathrm{T}}\boldsymbol{A}\boldsymbol{x}$ 化为标准形 $g(\boldsymbol{y})=\boldsymbol{y}^{\mathrm{T}}\boldsymbol{B}\boldsymbol{y}$.

由定理 7-8 可知，对于任何实对称阵 $\boldsymbol{A}$，都存在正交阵 $\boldsymbol{Q}$，使 $\boldsymbol{Q}^{\mathrm{T}}\boldsymbol{A}\boldsymbol{Q}(\boldsymbol{Q}^{-1}\boldsymbol{A}\boldsymbol{Q})$ 为对角阵，因而通过正交变换 $\boldsymbol{x}=\boldsymbol{Q}\boldsymbol{y}$，可将二次型 $f(\boldsymbol{x})=\boldsymbol{x}^{\mathrm{T}}\boldsymbol{A}\boldsymbol{x}$ 化为标准形. 于是，有

定理 8-1 对于任给的 n 元二次型 $f(\boldsymbol{x})=\boldsymbol{x}^{\mathrm{T}}\boldsymbol{A}\boldsymbol{x}$，总有正交变换 $\boldsymbol{x}=\boldsymbol{Q}\boldsymbol{y}$，把 $f(\boldsymbol{x})$ 化为标准形

$$g(\boldsymbol{y})=f(\boldsymbol{Q}\boldsymbol{y})=\lambda_1 y_1^2+\lambda_2 y_2^2+\cdots+\lambda_n y_n^2$$

其中，$\lambda_1,\lambda_2,\cdots,\lambda_n$ 是 $\boldsymbol{A}$ 的特征值.

注意 $\lambda_1,\lambda_2,\cdots,\lambda_n$ 在标准形中的排列次序与它们对应的特征向量在正交阵 $\boldsymbol{Q}$ 中的排列次序是一一对应的.

【例 8-2】 求一正交变换 $\boldsymbol{x}=\boldsymbol{Q}\boldsymbol{y}$,将二次型

$$f(x_1,x_2,x_3)=-2x_1x_2+2x_1x_3+2x_2x_3$$

化为标准形.

解 ①二次型的矩阵形式为 $f(\boldsymbol{x})=\boldsymbol{x}^{\mathrm{T}}\boldsymbol{A}\boldsymbol{x}$,其中

$$\boldsymbol{A}=\begin{pmatrix}0&-1&1\\-1&0&1\\1&1&0\end{pmatrix}$$

②按照例 7-9 的方法,可求得正交阵

$$\boldsymbol{Q}=\begin{pmatrix}-\frac{1}{\sqrt{2}}&\frac{1}{\sqrt{6}}&-\frac{1}{\sqrt{3}}\\\frac{1}{\sqrt{2}}&\frac{1}{\sqrt{6}}&-\frac{1}{\sqrt{3}}\\0&\frac{2}{\sqrt{6}}&\frac{1}{\sqrt{3}}\end{pmatrix}$$

使

$$\boldsymbol{Q}^{-1}\boldsymbol{A}\boldsymbol{Q}=\mathrm{diag}(1,1,-2)$$

③正交变换 $\boldsymbol{x}=\boldsymbol{Q}\boldsymbol{y}$ 将该二次型化为标准形

$$g(\boldsymbol{y})=y_1^2+y_2^2-2y_3^2$$

【例 8-3】 方程 $-2xy+2xz+2yz=1$ 在空间直角坐标系下表示什么曲面?

注意 由于正交变换保持几何图形不变,因此我们可以通过正交变换将曲面的方程化为标准方程,然后再来研究其几何性质.

解 由例 8-2 可知,通过正交变换可将所给方程化为

$$x_1^2+y_1^2-2z_1^2=1$$

该方程表示一个旋转单叶双曲面.

8.1.4 用配方法化二次型为标准形

用正交变换化二次型为标准形具有保持几何图形不变的优点.除了用正交变换外,有些问题也可用普通的可逆变换把二次型化为标准形,方法有很多,这里只介绍拉格朗日配方法.下面举例说明这种方法.

【例 8-4】 设 $f(x_1,x_2,x_3)=x_1^2+2x_2^2+3x_3^2+2x_1x_2+2x_1x_3+8x_2x_3$,求一可逆变换,将该二次型化为标准形.

解 由于该二次型中含有变量 x_1 的平方项,故把含 x_1 的项集中起来,配方可得

$$\begin{aligned}f(x_1,x_2,x_3)&=(x_1^2+2x_1x_2+2x_1x_3)+2x_2^2+3x_3^2+8x_2x_3\\&=(x_1+x_2+x_3)^2-x_2^2-x_3^2-2x_2x_3+2x_2^2+3x_3^2+8x_2x_3\\&=(x_1+x_2+x_3)^2+x_2^2+6x_2x_3+2x_3^2\end{aligned}$$

上式右端除第一项外已不再含有 x_1. 由于剩下的部分含有 x_2^2，再对含有 x_2 的项配方，可得

$$f(x_1,x_2,x_3)=(x_1+x_2+x_3)^2+(x_2+3x_3)^2-7x_3^2$$

令

$$\begin{cases} y_1=x_1+x_2+x_3 \\ y_2=x_2+3x_3 \\ y_3=x_3 \end{cases}$$

即

$$\begin{cases} x_1=y_1-y_2+2y_3 \\ x_2=y_2-3y_3 \\ x_3=y_3 \end{cases}$$

则把所给二次型化为标准形

$$g(y_1,y_2,y_3)=y_1^2+y_2^2-7y_3^2$$

所用的可逆变换为 $\boldsymbol{x}=\boldsymbol{P}\boldsymbol{y}$，其中

$$\boldsymbol{P}=\begin{pmatrix} 1 & -1 & 2 \\ 0 & 1 & -3 \\ 0 & 0 & 1 \end{pmatrix}$$

$\boldsymbol{P}$ 为可逆阵.

注意　如果再令

$$\begin{cases} z_1=y_1 \\ z_2=y_2 \\ z_3=\sqrt{7}\,y_3 \end{cases}$$

则可把所给二次型化为规范形

$$h(z_1,z_2,z_3)=z_1^2+z_2^2-z_3^2$$

【例 8-5】　设 $f(x_1,x_2,x_3)=-2x_1x_2+2x_1x_3+2x_2x_3$，求一可逆变换，将该二次型化为标准形.

解　由于该二次型中不含平方项，但含有混合项 x_1x_2，故令

$$\begin{cases} x_1=y_1+y_2 \\ x_2=y_1-y_2 \\ x_3=y_3 \end{cases} \tag{8-2}$$

可得含有平方项的二次型

$$g(y_1,y_2,y_3)=-2y_1^2+2y_2^2+4y_1y_3$$

对含有 y_1 的项配方，得

$$g(y_1,y_2,y_3)=-2(y_1-y_3)^2+2y_2^2+2y_3^2$$

令

$$\begin{cases} z_1=y_1-y_3 \\ z_2=y_2 \\ z_3=y_3 \end{cases}$$

即

$$\begin{cases} y_1 = z_1 + z_3 \\ y_2 = z_2 \\ y_3 = z_3 \end{cases} \tag{8-3}$$

则把所给二次型化为标准形

$$h(z_1, z_2, z_3) = -2z_1^2 + 2z_2^2 + 2z_3^2$$

将式(8-2)和式(8-3)复合,可得所求的可逆变换

$$\begin{cases} x_1 = z_1 + z_2 + z_3 \\ x_2 = z_1 - z_2 + z_3 \\ x_3 = z_3 \end{cases}$$

其系数矩阵为

$$\boldsymbol{P} = \begin{pmatrix} 1 & 1 & 1 \\ 1 & -1 & 1 \\ 0 & 0 & 1 \end{pmatrix}$$

通过上面两个例子可以看出,如果二次型不含有平方项,可先用一个可逆变换将其化为含有平方项的二次型;对于含有 x_i^2 的二次型,可先将含有 x_i 的项集中起来进行配方. 对剩下的 $n-1$ 元二次型,仍按上述方法进行. 如此反复,就可得到标准形. 对于多次变换的情况,需要将各次变换复合起来,求出总的可逆变换的表达式及矩阵.

用初等变换法求二次型标准形

8.1.5 惯性定理

由例 8-2 和例 8-5 可以看出,用不同的方法将二次型所化为的标准形一般是不同的,但是标准形所含的平方项的项数是相同的,并且正、负平方项的项数对应相等,这反映了二次型在可逆变换下的一个不变的性质,称为二次型的惯性定理.

若可逆变换 $\boldsymbol{x}=\boldsymbol{P}\boldsymbol{y}$ 将二次型 $f(\boldsymbol{x})=\boldsymbol{x}^{\mathrm{T}}\boldsymbol{A}\boldsymbol{x}$ 化为标准形 $g(\boldsymbol{y})=\boldsymbol{y}^{\mathrm{T}}\boldsymbol{B}\boldsymbol{y}$,则 $\boldsymbol{P}^{\mathrm{T}}\boldsymbol{A}\boldsymbol{P}=\boldsymbol{B}$ 且 $\boldsymbol{B}$ 为对角阵. 由 $\boldsymbol{P}$ 为可逆阵可得 $r(\boldsymbol{B})=r(\boldsymbol{A})$. 由于标准形 $g(\boldsymbol{y})$ 中平方项的项数等于 $\boldsymbol{B}$ 的非零对角元的个数($r(\boldsymbol{B})$),所以标准形 $g(\boldsymbol{y})$ 中平方项的项数等于 $r(\boldsymbol{A})$.

定理 8-2 (惯性定理)用任何可逆变换 $\boldsymbol{x}=\boldsymbol{P}\boldsymbol{y}$ 将 n 元二次型 $f(\boldsymbol{x})=\boldsymbol{x}^{\mathrm{T}}\boldsymbol{A}\boldsymbol{x}$ 所化为的标准形的正、负平方项的项数都对应相等.

***证明** 设 $r(\boldsymbol{A})=r$,可逆变换 $\boldsymbol{x}=\boldsymbol{P}_1\boldsymbol{y}$ 和 $\boldsymbol{x}=\boldsymbol{P}_2\boldsymbol{z}$ 分别将二次型 $f(\boldsymbol{x})=\boldsymbol{x}^{\mathrm{T}}\boldsymbol{A}\boldsymbol{x}$ 化为标准形

$$g_1(y_1, y_2, \cdots, y_n) = c_1 y_1^2 + c_2 y_2^2 + \cdots + c_s y_s^2 - c_{s+1} y_{s+1}^2 - \cdots - c_r y_r^2$$

和

$$g_2(z_1, z_2, \cdots, z_n) = d_1 z_1^2 + d_2 z_2^2 + \cdots + d_t z_t^2 - d_{t+1} z_{t+1}^2 - \cdots - d_r z_r^2$$

其中,$c_i>0, d_i>0 (i=1,2,\cdots,r)$.

下面用反证法证明 $s=t$. 假设 $s\neq t$,并不妨设 $t>s$.

由 $\boldsymbol{x}=\boldsymbol{P}_1\boldsymbol{y}$ 和 $\boldsymbol{x}=\boldsymbol{P}_2\boldsymbol{z}$ 可得可逆变换 $\boldsymbol{y}=\boldsymbol{P}\boldsymbol{z}$,其中 $\boldsymbol{P}=\boldsymbol{P}_1^{-1}\boldsymbol{P}_2$. 在可逆变换 $\boldsymbol{y}=\boldsymbol{P}\boldsymbol{z}$ 下,$g_1(\boldsymbol{y})=g_2(\boldsymbol{z})$.

下面考查齐次线性方程组

$$\begin{cases} y_1=0 \\ y_2=0 \\ \vdots \\ y_s=0 \\ z_{t+1}=0 \\ \vdots \\ z_n=0 \end{cases}$$

注意，$y_1, y_2, \cdots, y_s$ 都是关于 $z_1, z_2, \cdots, z_n$ 的线性表达式. 由于 $z_{t+1}=\cdots=z_n=0$，所以

$$\begin{cases} y_1=0 \\ y_2=0 \\ \vdots \\ y_s=0 \end{cases}$$

可看作是关于 $z_1, z_2, \cdots, z_t$ 的一个齐次线性方程组. 因为该方程组中方程个数 s 小于未知数个数 t，所以它一定有非零解 $z_1^*, z_2^*, \cdots, z_t^*$，从而存在向量

$$\boldsymbol{z}^*=(z_1^*, z_2^*, \cdots, z_t^*, 0, \cdots, 0)^{\mathrm{T}} \neq \boldsymbol{0}$$

以及

$$\boldsymbol{y}^*=(0, \cdots, 0, y_{s+1}^*, \cdots, y_n^*)^{\mathrm{T}}=\boldsymbol{P}\boldsymbol{z}^* \neq \boldsymbol{0}$$

于是，有

$$g_1(\boldsymbol{y}^*) \leqslant 0 \text{ 和 } g_2(\boldsymbol{z}^*)>0$$

相矛盾，所以 $s=t$.

由惯性定理可知，一个二次型的标准形中正、负平方项的项数由该二次型唯一确定，与所用可逆变换无关，这两个数能反映一个二次型的某些特征，因而我们给出下面的定义.

定义 8-4　一个二次型的标准形的正、负平方项的项数分别叫作该二次型的正、负惯性指数.

进一步，可得下面的推论.

推论 8-1　若二次型 $f(\boldsymbol{x})=\boldsymbol{x}^{\mathrm{T}}\boldsymbol{A}\boldsymbol{x}$ 的正、负惯性指数分别为 p 和 q，则存在可逆变换 $\boldsymbol{x}=\boldsymbol{P}\boldsymbol{y}$，将该二次型化为规范形

$$y_1^2+y_2^2+\cdots+y_p^2-y_{p+1}^2-\cdots-y_{p+q}^2$$

由于用可逆变换 $\boldsymbol{x}=\boldsymbol{P}\boldsymbol{y}$ 将二次型 $f(\boldsymbol{x})=\boldsymbol{x}^{\mathrm{T}}\boldsymbol{A}\boldsymbol{x}$ 化为标准形等价于用相合变换 $\boldsymbol{P}^{\mathrm{T}}\boldsymbol{A}\boldsymbol{P}$ 将矩阵 $\boldsymbol{A}$ 化为对角阵. 因此，也可给出实对称阵的惯性定理及正、负惯性指数的概念.

定理 8-2′　**(实对称阵的惯性定理)**用任何相合变换将实对称阵 $\boldsymbol{A}$ 所化为的对角阵的正、负对角元的个数都对应相等.

定义 8-4′　与实对称阵 $\boldsymbol{A}$ 相合的对角阵的正、负对角元的个数分别叫作 $\boldsymbol{A}$ 的正、负惯性指数.

实对称阵 $\boldsymbol{A}$ 的正、负惯性指数分别等于二次型 $f(\boldsymbol{x})=\boldsymbol{x}^{\mathrm{T}}\boldsymbol{A}\boldsymbol{x}$ 的正、负惯性指数，可通

过将二次型化为标准形的方法来求，也可通过 $\boldsymbol{A}$ 的特征值来求.

与推论 8-1 相对应，我们有下面的推论.

推论 8-1′ 若实对称阵 $\boldsymbol{A}$ 的正、负惯性指数分别为 p 和 q，则 $\boldsymbol{A}$ 相合于对角阵 $\mathrm{diag}(\boldsymbol{E}_p,-\boldsymbol{E}_q,\boldsymbol{O})$，即存在可逆阵$\boldsymbol{P}$，使

$$\boldsymbol{P}^{\mathrm{T}}\boldsymbol{A}\boldsymbol{P}=\mathrm{diag}(\boldsymbol{E}_p,-\boldsymbol{E}_q,\boldsymbol{O})$$

把 $\mathrm{diag}(\boldsymbol{E}_p,-\boldsymbol{E}_q,\boldsymbol{O})$称为实对称阵 $\boldsymbol{A}$ 的相合标准形.

定理 8-3 相合的实对称阵 $\boldsymbol{A}$ 和 $\boldsymbol{B}$ 具有相同的正、负惯性指数.

证明 设 $\boldsymbol{P}^{\mathrm{T}}\boldsymbol{A}\boldsymbol{P}=\boldsymbol{B}$，其中 $\boldsymbol{P}$ 可逆.

由推论 8-1′可知，存在可逆阵 $\boldsymbol{Q}$，使 $\boldsymbol{Q}^{\mathrm{T}}\boldsymbol{B}\boldsymbol{Q}=\boldsymbol{D}$ 为对角阵. 这时，也有$(\boldsymbol{P}\boldsymbol{Q})^{\mathrm{T}}\boldsymbol{A}(\boldsymbol{P}\boldsymbol{Q})=\boldsymbol{Q}^{\mathrm{T}}\boldsymbol{B}\boldsymbol{Q}=\boldsymbol{D}$，$\boldsymbol{A}$ 和 $\boldsymbol{B}$ 相合于同一对角阵. 所以 $\boldsymbol{A}$ 和 $\boldsymbol{B}$ 的正、负惯性指数对应相等.

思考题 8-1

1. 若 $\boldsymbol{A}$ 与 $\boldsymbol{B}$ 相合，$\boldsymbol{B}$ 与 $\boldsymbol{C}$ 相合，则 $\boldsymbol{A}$ 与 $\boldsymbol{C}$ 是否相合？

2. 若两个实对称阵的正、负惯性指数相同，则这两个矩阵是否相合？两个实对称阵相合的充要条件是什么？

3. 两个相合的实对称阵的正、负特征值的个数是否对应相等？

习题 8-1

1. 写出下列二次型的矩阵，并求二次型的秩：

(1) $f(x_1,x_2,x_3)=x_1^2+3x_1x_2-x_2^2+2x_2x_3+x_3^2$；

(2) $f(x_1,x_2,x_3,x_4)=2x_1x_2-2x_2x_3+2x_3x_4$.

2. 求一个正交变换将二次型化为标准形，并求其正、负惯性指数.

(1) $f(x_1,x_2,x_3)=2x_1^2+3x_2^2+3x_3^2+4x_2x_3$；

(2) $f(x_1,x_2,x_3)=x_1^2-x_2^2+4x_1x_3-4x_2x_3$.

3. 用配方法将下列二次型化为标准形，并写出所用的可逆变换.

(1) $f(x_1,x_2,x_3)=x_2^2+4x_1x_2-6x_2x_3$；

(2) $f(x_1,x_2,x_3)=x_1x_2-2x_2x_3$.

4. 已知二次型 $f(x_1,x_2,x_3)=(x_1+x_2)^2+(x_2+x_3)^2+(x_1-x_3)^2$，求一可逆变换将该二次型化为规范形.

5. 设用正交变换 $\boldsymbol{x}=\boldsymbol{Q}\boldsymbol{y}$ 将二次型

$$f(x_1,x_2,x_3)=2x_1^2+2x_2^2+ax_3^2+2bx_1x_2$$

化为标准形 $g(y_1,y_2,y_3)=y_1^2+3y_2^2+4y_3^2$，求正整数 a 和 b，以及正交阵 $\boldsymbol{Q}$.

6. 设 $a<5$，用正交变换 $\boldsymbol{x}=\boldsymbol{Q}\boldsymbol{y}$ 把二次型

$$f(x_1,x_2,x_3)=2a(x_1^2+x_3^2)+x_2^2+2(x_1x_2+x_2x_3)$$

化为标准形 $g(y_1,y_2,y_3)=by_1^2+2y_2^2+3y_3^2$，求 a 和 b，以及正交阵 $\boldsymbol{Q}$.

7. 设 n 阶实对称阵 $\boldsymbol{A}$ 的特征值为$\lambda_1\leqslant\lambda_2\leqslant\cdots\leqslant\lambda_n$，证明：对于任何 n 元单位向量 $\boldsymbol{x}$，都有 $\lambda_1\leqslant\boldsymbol{x}^{\mathrm{T}}\boldsymbol{A}\boldsymbol{x}\leqslant\lambda_n$.

8. 证明：二次型的矩阵是唯一的，即若 $\boldsymbol{x}^{\mathrm{T}}\boldsymbol{A}\boldsymbol{x}=\boldsymbol{x}^{\mathrm{T}}\boldsymbol{B}\boldsymbol{x}$，$\boldsymbol{A}$ 和 $\boldsymbol{B}$ 都为实对称阵，则 $\boldsymbol{A}=\boldsymbol{B}$［提示：$(\boldsymbol{e}_i+\boldsymbol{e}_j)^{\mathrm{T}}\boldsymbol{A}(\boldsymbol{e}_i+\boldsymbol{e}_j)=a_{ii}+a_{jj}+a_{ij}+a_{ji}$］.

8.2　正定二次型与正定阵

定义 8-5　对于 n 元二次型 $f(\boldsymbol{x})=\boldsymbol{x}^{\mathrm{T}}\boldsymbol{A}\boldsymbol{x}$，若对任意的 n 元非零实向量 $\boldsymbol{x}$，都有 $f(\boldsymbol{x})>0$，则称 $f(\boldsymbol{x})$ 为正定二次型，并称 $\boldsymbol{A}$ 为正定阵；若对任意的 n 元非零实向量 $\boldsymbol{x}$，都有 $f(\boldsymbol{x})<0$，则称 $f(\boldsymbol{x})$ 为负定二次型，并称 $\boldsymbol{A}$ 为负定阵.

注意　正(负)定阵都要求是实对称阵，要判断一个矩阵是否为正(负)定阵，首先要判断它是否为实对称阵.

由于 $\boldsymbol{x}^{\mathrm{T}}\boldsymbol{A}\boldsymbol{x}>0\Leftrightarrow\boldsymbol{x}^{\mathrm{T}}(-\boldsymbol{A})\boldsymbol{x}<0$，所以 $\boldsymbol{A}$ 为正定阵$\Leftrightarrow-\boldsymbol{A}$ 为负定阵. 基于正定阵与负定阵之间的这种关系，我们下面重点研究正定阵的性质，作为推论可得出负定阵相应的性质.

定理 8-4　设 $f(\boldsymbol{x})=\boldsymbol{x}^{\mathrm{T}}\boldsymbol{A}\boldsymbol{x}$ 为 n 元二次型，则下列命题互为充要条件.

(1) $f(\boldsymbol{x})$ 为正定二次型，即 $\boldsymbol{A}$ 为正定阵；

(2) $\boldsymbol{A}$ 的特征值都为正数；

(3) $\boldsymbol{A}$ 的正惯性指数为 n；

(4) $\boldsymbol{A}$ 相合于单位阵(存在可逆阵 $\boldsymbol{P}$，使 $\boldsymbol{P}^{\mathrm{T}}\boldsymbol{A}\boldsymbol{P}=\boldsymbol{E}$)；

(5) 存在 n 阶可逆阵 $\boldsymbol{B}$，使 $\boldsymbol{A}=\boldsymbol{B}^{\mathrm{T}}\boldsymbol{B}$.

证明　采用循环证法.

(1)⇒(2)　设 λ 为 $\boldsymbol{A}$ 的任一特征值，$\boldsymbol{p}$ 为对应的实特征向量，则有 $\boldsymbol{A}\boldsymbol{p}=\lambda\boldsymbol{p}$ 且 $\boldsymbol{p}\neq\boldsymbol{0}$. 由 $f(\boldsymbol{x})$ 为正定二次型，可得

$$\lambda\boldsymbol{p}^{\mathrm{T}}\boldsymbol{p}=\boldsymbol{p}^{\mathrm{T}}\boldsymbol{A}\boldsymbol{p}=f(\boldsymbol{p})>0$$

再由 $\boldsymbol{p}^{\mathrm{T}}\boldsymbol{p}=\|\boldsymbol{p}\|^2>0$，可得 $\lambda>0$.

(2)⇒(3)　由 $\boldsymbol{A}$ 的正惯性指数等于 $\boldsymbol{A}$ 的正特征值的个数可知，结论成立.

(3)⇒(4)　由推论 8-1′可知结论正确.

(4)⇒(5)　令 $\boldsymbol{B}=\boldsymbol{P}^{-1}$ 即可.

(5)⇒(1)　对任意 n 元非零实向量 $\boldsymbol{x}$，由 $\boldsymbol{B}$ 可逆可得 $\boldsymbol{B}\boldsymbol{x}\neq\boldsymbol{0}$. 于是，有

$$f(\boldsymbol{x})=\boldsymbol{x}^{\mathrm{T}}\boldsymbol{A}\boldsymbol{x}=\boldsymbol{x}^{\mathrm{T}}\boldsymbol{B}^{\mathrm{T}}\boldsymbol{B}\boldsymbol{x}=(\boldsymbol{B}\boldsymbol{x})^{\mathrm{T}}(\boldsymbol{B}\boldsymbol{x})=\|\boldsymbol{B}\boldsymbol{x}\|^2>0$$

故 $f(\boldsymbol{x})$ 为正定二次型.

推论 8-2　若 $\boldsymbol{A}=(a_{ij})_{n\times n}$ 是正定阵，则

(1) $\boldsymbol{A}$ 的对角元 $a_{ii}>0(i=1,2,\cdots,n)$；

(2) $|\boldsymbol{A}|>0$.

证明　(1) 由定义 8-5 及 $\boldsymbol{A}$ 为正定阵可知，对于 $\boldsymbol{e}_i\in\mathbf{R}^n(i=1,2,\cdots,n)$，有

$$a_{ii}=\boldsymbol{e}_i^{\mathrm{T}}\boldsymbol{A}\boldsymbol{e}_i>0$$

(2) 由定理 8-4 及 $\boldsymbol{A}$ 为正定阵可知，$\boldsymbol{A}$ 的特征值全大于零. 再由 $|\boldsymbol{A}|$ 等于 $\boldsymbol{A}$ 的 n 个特征值之积可知，$|\boldsymbol{A}|>0$.

注意 推论 8-2 是 $\boldsymbol{A}$ 为正定阵的必要条件，不是充分条件. 根据推论 8-2，当 $\boldsymbol{A}$ 的对角元不全为正数时，$\boldsymbol{A}$ 一定不是正定阵. 但是，当 $\boldsymbol{A}$ 的对角元全为正数时，不能肯定 $\boldsymbol{A}$ 为正定阵，需做进一步的论证才能判断. 下面给出一种非常有效的判别 $\boldsymbol{A}$ 为正定阵的方法.

定义 8-6 $\boldsymbol{A}=(a_{ij})_{n\times n}$ 的左上角 k 阶子阵称为 $\boldsymbol{A}$ 的 k 阶顺序主子阵，记作 $\boldsymbol{A}_k$，即 $\boldsymbol{A}_k=(a_{ij})_{k\times k}$. $\boldsymbol{A}_k$ 的行列式叫作 $\boldsymbol{A}$ 的 k 阶顺序主子式.

定理 8-5 实对称阵 $\boldsymbol{A}=(a_{ij})_{n\times n}$ 为正定阵的充要条件是 $\boldsymbol{A}$ 的各阶顺序主子式都大于零.

***证明** **必要性** 设 $\boldsymbol{A}_r$ 为 $\boldsymbol{A}$ 的 r 阶顺序主子阵，由 $\boldsymbol{A}$ 为实对称阵可知，$\boldsymbol{A}_r$ 也为实对称阵. 将 $\boldsymbol{A}$ 分块为 $\boldsymbol{A}=\begin{pmatrix}\boldsymbol{A}_r & \boldsymbol{A}_{12}\\ \boldsymbol{A}_{21} & \boldsymbol{A}_{22}\end{pmatrix}$.

对任意 r 元非零向量 $\boldsymbol{x}$，令 $\boldsymbol{y}=\begin{pmatrix}\boldsymbol{x}\\ \boldsymbol{0}\end{pmatrix}\in\mathbf{R}^n$.

由 $\boldsymbol{A}$ 为正定阵，得

$$0<\boldsymbol{y}^{\mathrm{T}}\boldsymbol{A}\boldsymbol{y}=(\boldsymbol{x}^{\mathrm{T}},\boldsymbol{0}^{\mathrm{T}})\begin{pmatrix}\boldsymbol{A}_r & \boldsymbol{A}_{12}\\ \boldsymbol{A}_{21} & \boldsymbol{A}_{22}\end{pmatrix}\begin{pmatrix}\boldsymbol{x}\\ \boldsymbol{0}\end{pmatrix}=\boldsymbol{x}^{\mathrm{T}}\boldsymbol{A}_r\boldsymbol{x}$$

所以 $\boldsymbol{A}_r$ 为正定阵. 由推论 8-2 可知，$|\boldsymbol{A}_r|>0$. 由 r 的任意性可知必要性正确.

充分性 用归纳法.

当 $n=1$ 时，$\boldsymbol{A}=(a_{11})$，$|\boldsymbol{A}|=a_{11}>0$，结论成立.

假设结论对 $n-1$ 阶实对称阵成立，下面证明结论对 n 阶实对称阵也成立. 将 $\boldsymbol{A}$ 分块为 $\boldsymbol{A}=\begin{pmatrix}\boldsymbol{A}_{n-1} & \boldsymbol{\alpha}\\ \boldsymbol{\alpha}^{\mathrm{T}} & a_{nn}\end{pmatrix}$，其中 $\boldsymbol{\alpha}=(a_{1n},a_{2n},\cdots,a_{n-1,n})^{\mathrm{T}}$. 由于 $\boldsymbol{A}_{n-1}$ 为实对称阵且 $\boldsymbol{A}_{n-1}$ 的各阶顺序主子式都大于零，故由归纳假设可知 $\boldsymbol{A}_{n-1}$ 为正定阵. 由定理 8-4(4)可知，存在可逆阵 $\boldsymbol{G}$，使 $\boldsymbol{G}^{\mathrm{T}}\boldsymbol{A}_{n-1}\boldsymbol{G}=\boldsymbol{E}_{n-1}$，显然 $\boldsymbol{A}_{n-1}$ 可逆.

取 $\boldsymbol{P}_1=\begin{pmatrix}\boldsymbol{G} & -\boldsymbol{A}_{n-1}^{-1}\boldsymbol{\alpha}\\ \boldsymbol{0}^{\mathrm{T}} & 1\end{pmatrix}$，则 $\boldsymbol{P}_1$ 可逆. 这时，有

$$\begin{aligned}\boldsymbol{P}_1^{\mathrm{T}}\boldsymbol{A}\boldsymbol{P}_1&=\begin{pmatrix}\boldsymbol{G}^{\mathrm{T}} & \boldsymbol{0}\\ -\boldsymbol{\alpha}^{\mathrm{T}}\boldsymbol{A}_{n-1}^{-1} & 1\end{pmatrix}\begin{pmatrix}\boldsymbol{A}_{n-1} & \boldsymbol{\alpha}\\ \boldsymbol{\alpha}^{\mathrm{T}} & a_{nn}\end{pmatrix}\begin{pmatrix}\boldsymbol{G} & -\boldsymbol{A}_{n-1}^{-1}\boldsymbol{\alpha}\\ \boldsymbol{0}^{\mathrm{T}} & 1\end{pmatrix}\\&=\begin{pmatrix}\boldsymbol{G}^{\mathrm{T}}\boldsymbol{A}_{n-1} & \boldsymbol{G}^{\mathrm{T}}\boldsymbol{\alpha}\\ \boldsymbol{0}^{\mathrm{T}} & a_{nn}-\boldsymbol{\alpha}^{\mathrm{T}}\boldsymbol{A}_{n-1}^{-1}\boldsymbol{\alpha}\end{pmatrix}\begin{pmatrix}\boldsymbol{G} & -\boldsymbol{A}_{n-1}^{-1}\boldsymbol{\alpha}\\ \boldsymbol{0}^{\mathrm{T}} & 1\end{pmatrix}\\&=\begin{pmatrix}\boldsymbol{E}_{n-1} & \boldsymbol{0}\\ \boldsymbol{0}^{\mathrm{T}} & b\end{pmatrix}\end{aligned}$$

其中，$b=a_{nn}-\boldsymbol{\alpha}^{\mathrm{T}}\boldsymbol{A}_{n-1}^{-1}\boldsymbol{\alpha}$. 由 $|\boldsymbol{P}_1^{\mathrm{T}}\boldsymbol{A}\boldsymbol{P}_1|=|\boldsymbol{P}_1|^2|\boldsymbol{A}|>0$，可知 $b>0$. 再取 $\boldsymbol{P}_2=\begin{pmatrix}\boldsymbol{E}_{n-1} & \boldsymbol{0}\\ \boldsymbol{0}^{\mathrm{T}} & \frac{1}{\sqrt{b}}\end{pmatrix}$，则 $\boldsymbol{P}_2$ 可逆，且有 $\boldsymbol{P}_2^{\mathrm{T}}\boldsymbol{P}_1^{\mathrm{T}}\boldsymbol{A}\boldsymbol{P}_1\boldsymbol{P}_2=\boldsymbol{E}$，即 $\boldsymbol{A}$ 相合于单位阵，故 $\boldsymbol{A}$ 为正定阵.

【例 8-6】 证明 $\boldsymbol{A}=\begin{pmatrix}1 & -1 & 2\\ -1 & 2 & -1\\ 2 & -1 & 7\end{pmatrix}$ 为正定阵.

证明　由 $\boldsymbol{A}$ 为实对称阵及

$$|\boldsymbol{A}_1|=1>0,\quad |\boldsymbol{A}_2|=\begin{vmatrix}1&-1\\-1&2\end{vmatrix}=1>0$$

$$|\boldsymbol{A}_3|=|\boldsymbol{A}|=\begin{vmatrix}1&-1&2\\-1&2&-1\\2&-1&7\end{vmatrix}=\begin{vmatrix}1&-1&2\\0&1&1\\0&1&3\end{vmatrix}=\begin{vmatrix}1&-1&2\\0&1&1\\0&0&2\end{vmatrix}=2>0$$

可知，$\boldsymbol{A}$ 为正定阵.

【例 8-7】　确定 t 的取值范围，使二次型

$$f(x_1,x_2,x_3)=x_1^2+4x_2^2+5x_3^2+2tx_1x_2-2x_1x_3+8x_2x_3$$

为正定二次型.

解　该二次型的矩阵为

$$\boldsymbol{A}=\begin{pmatrix}1&t&-1\\t&4&4\\-1&4&5\end{pmatrix}$$

由定理 8-5 知，该二次型为正定二次型的充要条件是 $\boldsymbol{A}$ 的各阶顺序主子式都大于零，即

$$|\boldsymbol{A}_1|=1>0$$
$$|\boldsymbol{A}_2|=4-t^2>0$$
$$|\boldsymbol{A}_3|=|\boldsymbol{A}|=-5t^2-8t>0$$

解上面的不等式，得 $-\dfrac{8}{5}<t<0$. 故当 $-\dfrac{8}{5}<t<0$ 时，该二次型为正定二次型.

【例 8-8】　证明：相合变换不改变实对称阵的正定性.

证法 1　由定理 8-3 及定理 8-4(3)可知，结论正确.

证法 2　设 $\boldsymbol{P}^{\mathrm{T}}\boldsymbol{A}\boldsymbol{P}=\boldsymbol{B}$，$\boldsymbol{P}$ 可逆，$\boldsymbol{A}$ 为 n 阶正定阵. 由 $\boldsymbol{A}$ 为正定阵可知，$\boldsymbol{A}$ 为对称阵. 再由相合变换保持对称性不变可知，$\boldsymbol{B}$ 为对称阵. 由定理 8-4(5)可知，存在可逆阵 $\boldsymbol{C}$，使 $\boldsymbol{A}=\boldsymbol{C}^{\mathrm{T}}\boldsymbol{C}$. 于是，有 $\boldsymbol{B}=(\boldsymbol{C}\boldsymbol{P})^{\mathrm{T}}(\boldsymbol{C}\boldsymbol{P})$，且 $\boldsymbol{C}\boldsymbol{P}$ 可逆，再根据定理 8-4(5)可知，$\boldsymbol{B}$ 为正定阵.

证法 3　设 $\boldsymbol{P}^{\mathrm{T}}\boldsymbol{A}\boldsymbol{P}=\boldsymbol{B}$，$\boldsymbol{P}$ 可逆，$\boldsymbol{A}$ 为 n 阶正定阵. 由 $\boldsymbol{A}$ 为正定阵可知，$\boldsymbol{A}$ 为对称阵. 再由相合变换保持对称性不变可知，$\boldsymbol{B}$ 为对称阵. 对任意 n 元非零向量 $\boldsymbol{x}$，由 $\boldsymbol{P}$ 可逆可知，$\boldsymbol{P}\boldsymbol{x}\neq\boldsymbol{0}$. 由 $\boldsymbol{A}$ 为正定阵，可得

$$(\boldsymbol{P}\boldsymbol{x})^{\mathrm{T}}\boldsymbol{A}(\boldsymbol{P}\boldsymbol{x})>0$$

即

$$\boldsymbol{x}^{\mathrm{T}}\boldsymbol{B}\boldsymbol{x}>0$$

故 $\boldsymbol{B}$ 为正定阵.

【例 8-9】　设 $\boldsymbol{A}$ 为 n 阶实对称阵，证明：$\boldsymbol{A}$ 为正定阵$\Leftrightarrow$存在正定阵 $\boldsymbol{B}$，使 $\boldsymbol{A}=\boldsymbol{B}^2$.

证明　充分性　由 $\boldsymbol{B}$ 为正定阵可知，$\boldsymbol{B}$ 可逆且 $\boldsymbol{B}^{\mathrm{T}}=\boldsymbol{B}$，于是，$\boldsymbol{A}=\boldsymbol{B}^{\mathrm{T}}\boldsymbol{B}$，由定理 8-4(5)

可知，$\boldsymbol{A}$ 为正定阵.

必要性 由 $\boldsymbol{A}$ 为实对称阵可知，存在正交阵 $\boldsymbol{Q}$，使

$$\boldsymbol{Q}^{-1}\boldsymbol{A}\boldsymbol{Q}=\mathrm{diag}(\lambda_1,\lambda_2,\cdots,\lambda_n)$$

其中，$\lambda_1,\lambda_2,\cdots,\lambda_n$ 为 $\boldsymbol{A}$ 的特征值，由 $\boldsymbol{A}$ 为正定阵可知，它们都大于零. 令 $\boldsymbol{\Lambda}=\mathrm{diag}(\lambda_1,\lambda_2,\cdots,\lambda_n)$，$\boldsymbol{D}=\mathrm{diag}(\lambda_1^{\frac{1}{2}},\lambda_2^{\frac{1}{2}},\cdots,\lambda_n^{\frac{1}{2}})$，则 $\boldsymbol{Q}^{-1}\boldsymbol{A}\boldsymbol{Q}=\boldsymbol{\Lambda}$. 于是，有

$$\boldsymbol{A}=\boldsymbol{Q}\boldsymbol{\Lambda}\boldsymbol{Q}^{-1}=\boldsymbol{Q}\boldsymbol{D}\boldsymbol{Q}^{\mathrm{T}}\boldsymbol{Q}\boldsymbol{D}\boldsymbol{Q}^{\mathrm{T}}$$

令 $\boldsymbol{B}=\boldsymbol{Q}\boldsymbol{D}\boldsymbol{Q}^{\mathrm{T}}$，由例 8-8 可知，$\boldsymbol{B}$ 为正定阵，且 $\boldsymbol{A}=\boldsymbol{B}^2$.

若令 $\boldsymbol{C}=-\boldsymbol{B}$，则有结论："$\boldsymbol{A}$ 为正定阵$\Leftrightarrow$存在负定阵 $\boldsymbol{C}$，使 $\boldsymbol{A}=\boldsymbol{C}^2$". 可见，正定阵具有与正数类似的性质.

通过正定阵的定义和特征值，可以证明正定阵具有下列性质：

设 $\boldsymbol{A}$ 和 $\boldsymbol{B}$ 是同阶正定阵，数 $c>0$，k 为正整数，则 $\boldsymbol{A}+\boldsymbol{B}$，$c\boldsymbol{A}$，$\boldsymbol{A}^k$，$\boldsymbol{A}^{-1}$ 和 $\boldsymbol{A}^*$ 均为正定阵.

根据"$\boldsymbol{A}$ 为负定阵$\Leftrightarrow -\boldsymbol{A}$ 为正定阵"，我们可以得到负定阵的相应结论.

定理 8-6 设 $f(\boldsymbol{x})=\boldsymbol{x}^{\mathrm{T}}\boldsymbol{A}\boldsymbol{x}$ 为 n 元二次型，则下列命题互为充要条件.

实二次型的分类

(1) $f(\boldsymbol{x})$ 为负定二次型，即 $\boldsymbol{A}$ 为负定阵；

(2) $\boldsymbol{A}$ 的特征值都为负数；

(3) $\boldsymbol{A}$ 的负惯性指数为 n；

(4) $\boldsymbol{A}$ 相合于 $-\boldsymbol{E}$；

(5) 存在 n 阶可逆阵 $\boldsymbol{B}$，使 $\boldsymbol{A}=-\boldsymbol{B}^{\mathrm{T}}\boldsymbol{B}$；

(6) $\boldsymbol{A}$ 的奇数阶顺序主子式都小于零，偶数阶顺序主子式都大于零.

大家在学习时，可重点掌握正定阵的研究方法，对于负定阵的问题，可直接讨论，也可通过添加负号转换成正定阵的问题进行研究.

定义 8-7 对于二次型 $f(\boldsymbol{x})=\boldsymbol{x}^{\mathrm{T}}\boldsymbol{A}\boldsymbol{x}$，若对任意的 $\boldsymbol{x}\neq 0$，都有 $f(\boldsymbol{x})\geqslant 0$，则称 $f(\boldsymbol{x})$ 为半正定二次型，并称 $\boldsymbol{A}$ 为半正定阵；若对任意的 $\boldsymbol{x}\neq\boldsymbol{0}$，都有 $f(\boldsymbol{x})\leqslant 0$，则称 $f(\boldsymbol{x})$ 为半负定二次型，并称 $\boldsymbol{A}$ 为半负定阵；若既存在 $\boldsymbol{y}\neq\boldsymbol{0}$ 使 $f(\boldsymbol{y})>0$，又存在 $\boldsymbol{z}\neq\boldsymbol{0}$ 使 $f(\boldsymbol{z})<0$，则称 $f(\boldsymbol{x})$ 为不定二次型，并称 $\boldsymbol{A}$ 为不定阵.

关于半正定二次型和半负定二次型的结论，读者可依照前面的讨论自己给出.

思考题 8-2

1. 写出 n 元正定二次型的规范形.

2. 负定阵的行列式是否一定小于零？

3. 负定阵的对角元是否一定小于零？

4. 若 $\boldsymbol{A}$ 为负定阵，则 $\boldsymbol{A}^k$（k 为正整数）是否为负定阵？

5. 设 n 阶实对称阵 $\boldsymbol{A}$ 的特征值从小到大排列为 $\lambda_1,\lambda_2,\cdots,\lambda_n$，则 k 满足什么条件时，$\boldsymbol{A}+k\boldsymbol{E}$ 为正定阵？k 满足什么条件时，$\boldsymbol{A}-k\boldsymbol{E}$ 为负定阵？

6. “$C=\text{diag}(A,B)$为正定阵$\Leftrightarrow A$ 和 B 都为正定阵”是否正确？为什么？

7. 从行列式、秩、特征值、特征值的符号及正定性方面讨论等价变换、相似变换、相合变换和正交相似变换的不变性.

习题 8-2

1. 判别下列对称阵是正定阵还是负定阵,并说明理由.

(1) $\begin{pmatrix} 2 & -1 & 0 \\ -1 & 2 & -1 \\ 0 & -1 & 2 \end{pmatrix}$；　(2) $\begin{pmatrix} -2 & 1 & -1 \\ 1 & -2 & 1 \\ -1 & 1 & -2 \end{pmatrix}$.

2. 判断下列二次型是否为正定二次型.

(1) $f(x_1,x_2,x_3)=x_1^2+2x_2^2+3x_3^2+2x_1x_2+2x_1x_3+4x_2x_3$；

(2) $f(x_1,x_2,\cdots,x_n)=\sum\limits_{i=1}^{n}x_i^2+\sum\limits_{1\leqslant i<j\leqslant n}x_ix_j$；

(3) $f(x_1,x_2,x_3)=3x_1^2+4x_2^2+5x_3^2+4x_1x_2-4x_2x_3$.

3. 按要求确定下面二次型或实对称阵中参数的取值范围.

(1) $f(x_1,x_2,x_3)=x_1^2+4x_3^2+k(x_2^2+2x_1x_3)$是正定二次型；

(2) $f(x_1,x_2,x_3)=-2x_1^2-kx_2^2-x_3^2-2kx_1x_2-2x_1x_3-2x_2x_3$ 是负定二次型；

(3) $\begin{pmatrix} 1 & k & 0 & 0 \\ k & 4 & 0 & 0 \\ 0 & 0 & k & 2 \\ 0 & 0 & 2 & 4 \end{pmatrix}$是正定阵；

(4) $\begin{pmatrix} k & 2 & 2 \\ 2 & k & 2 \\ 2 & 2 & k \end{pmatrix}$是负定阵；

(5) $\begin{pmatrix} -1 & 1 & 0 & 0 \\ 1 & -2 & -1 & 0 \\ 0 & -1 & k & -2 \\ 0 & 0 & -2 & -4 \end{pmatrix}$是负定阵.

4. 设 A 为 n 阶正定阵,证明:$|A+E|>1$.

5. 设 A 为 n 阶负定阵,证明:当 n 为奇数时,A^* 为正定阵;当 n 为偶数时,A^* 为负定阵.

6. 设 A 为 m 阶正定阵,P 是秩为 r 的 $m\times r$ 型矩阵,$B=P^{\mathrm{T}}AP$,证明:B 是正定阵.

7. 设 A 为 $m\times n$ 型矩阵,证明:$A^{\mathrm{T}}A$ 为正定阵$\Leftrightarrow r(A)=n$.

8. 设 A 既是正交阵又是正定阵,证明:A 为单位阵.

提高题 8-2

1. 设 $\boldsymbol{A}$ 和 $\boldsymbol{B}$ 都是 n 阶实对称阵且 $\boldsymbol{B}$ 正定. 证明：存在可逆阵 $\boldsymbol{P}$，使 $\boldsymbol{P}^{\mathrm{T}}\boldsymbol{AP}$ 和 $\boldsymbol{P}^{\mathrm{T}}\boldsymbol{BP}$ 都是对角阵.

2. 设 $\boldsymbol{A}$ 和 $\boldsymbol{B}$ 为同阶正定阵，证明：$\boldsymbol{AB}$ 也为正定阵 $\Leftrightarrow \boldsymbol{AB}=\boldsymbol{BA}$.

3. 设 $\boldsymbol{A}$ 为 n 阶正定阵，$\boldsymbol{x}=(x_1,x_2,\cdots,x_n)^{\mathrm{T}}$，证明 $f(\boldsymbol{x})=\begin{vmatrix}\boldsymbol{A} & \boldsymbol{x}\\ \boldsymbol{x}^{\mathrm{T}} & 0\end{vmatrix}$ 是负定二次型.

*8.3 应用举例

我们可以利用正负定二次型的结论研究多元函数的极值问题.

设 n 元函数 $f(x_1,x_2,\cdots,x_n)$ 在 $\boldsymbol{x}_0=(x_1^0,x_2^0,\cdots,x_n^0)$ 的某邻域内有一阶、二阶连续偏导数. 另设 $(x_1^0+h_1,x_2^0+h_2,\cdots,x_n^0+h_n)$ 为该邻域中的任意一点.

由多元函数的泰勒公式知

$$f(\boldsymbol{x}_0+\boldsymbol{h})=f(\boldsymbol{x}_0)+\sum_{i=1}^{n}f_i(\boldsymbol{x}_0)h_i+\frac{1}{2!}\sum_{i=1}^{n}\sum_{j=1}^{n}f_{ij}(\boldsymbol{x}_0+\theta\boldsymbol{h})h_ih_j$$

其中

$$0<\theta<1,\quad \boldsymbol{x}_0=(x_1^0,x_2^0,\cdots,x_n^0),\quad \boldsymbol{h}=(h_1,h_2,\cdots,h_n)$$

$$f_i(\boldsymbol{x}_0)=\frac{\partial f(\boldsymbol{x}_0)}{\partial x_i}\quad (i=1,2,\cdots,n)$$

$$f_{ij}(\boldsymbol{x}_0+\theta\boldsymbol{h})=f_{ji}(\boldsymbol{x}_0+\theta\boldsymbol{h})=\frac{\partial^2 f(\boldsymbol{x}_0+\theta\boldsymbol{h})}{\partial x_i\partial x_j}=\frac{\partial^2 f(\boldsymbol{x}_0+\theta\boldsymbol{h})}{\partial x_j\partial x_i}\quad (i,j=1,2,\cdots,n)$$

当 $\boldsymbol{x}_0=(x_1^0,x_2^0,\cdots,x_n^0)$ 是 $f(\boldsymbol{x}_0)$ 的驻点时，有 $f_i(\boldsymbol{x}_0)=0(i=1,2,\cdots,n)$，于是 $f(\boldsymbol{x}_0)$ 是否为 $f(\boldsymbol{x})$ 的极值取决于 $\sum\limits_{i=1}^{n}\sum\limits_{j=1}^{n}f_{ij}(\boldsymbol{x}_0+\theta\boldsymbol{h})h_ih_j$ 的符号. 由 $f_{ij}(\boldsymbol{x})$ 在 $\boldsymbol{x}_0$ 的某邻域内连续可知，在该邻域内，$\sum\limits_{i=1}^{n}\sum\limits_{j=1}^{n}f_{ij}(\boldsymbol{x}_0+\theta\boldsymbol{h})h_ih_j$ 的符号可由 $\sum\limits_{i=1}^{n}\sum\limits_{j=1}^{n}f_{ij}(\boldsymbol{x}_0)h_ih_j$ 的符号决定. 而 $\sum\limits_{i=1}^{n}\sum\limits_{j=1}^{n}f_{ij}(\boldsymbol{x}_0)h_ih_j$ 是 $h_1,h_2,\cdots,h_n$ 的一个 n 元二次型，它的符号取决于对称阵

$$\boldsymbol{H}(\boldsymbol{x}_0)=\begin{pmatrix}f_{11}(\boldsymbol{x}_0) & f_{12}(\boldsymbol{x}_0) & \cdots & f_{1n}(\boldsymbol{x}_0)\\ f_{21}(\boldsymbol{x}_0) & f_{22}(\boldsymbol{x}_0) & \cdots & f_{2n}(\boldsymbol{x}_0)\\ \vdots & \vdots & & \vdots\\ f_{n1}(\boldsymbol{x}_0) & f_{n2}(\boldsymbol{x}_0) & \cdots & f_{nn}(\boldsymbol{x}_0)\end{pmatrix}$$

的正负定性. 我们称这个矩阵为 $f(\boldsymbol{x})$ 在 $\boldsymbol{x}_0$ 处的 n 阶海色(Hessen)矩阵，其 k 阶顺序主子式记作 $|\boldsymbol{H}_k(\boldsymbol{x}_0)|(k=1,2,\cdots,n)$.

我们有下面的结论：

(1)当$|\boldsymbol{H}_k(\boldsymbol{x}_0)|>0(k=1,2,\cdots,n)$时,$f(\boldsymbol{x}_0)$为$f(\boldsymbol{x})$的极小值.

(2)当$(-1)^k|\boldsymbol{H}_k(\boldsymbol{x}_0)|>0(k=1,2,\cdots,n)$时,$f(\boldsymbol{x}_0)$为$f(\boldsymbol{x})$的极大值.

(3)当$\boldsymbol{H}(\boldsymbol{x}_0)$为不定阵时,$f(\boldsymbol{x}_0)$不是$f(\boldsymbol{x})$的极值.

(4)当$\boldsymbol{H}(\boldsymbol{x}_0)$为半正定或半负定阵时,$f(\boldsymbol{x}_0)$可能是极值,也可能不是极值,需要用其他方法来判定.

【例 8-10】 求函数$f(x,y)=4(x-y)-x^2-y^2$的极值.

解 由

$$\begin{cases} f_x(x,y)=4-2x=0 \\ f_y(x,y)=-4-2y=0 \end{cases}$$

求得驻点为(2,−2).

由$f_{xx}=-2, f_{xy}=f_{yx}=0, f_{yy}=-2$可知,$f(x,y)$在驻点(2,−2)处的海色矩阵为

$$\boldsymbol{H}=\begin{pmatrix} -2 & 0 \\ 0 & -2 \end{pmatrix}$$

显然,$\boldsymbol{H}$为负定阵,故$f(x,y)$在点(2,−2)取得极大值,极大值为$f(2,-2)=8$.

第9章

线性空间及其线性变换

线性空间及其线性变换是线性代数的两个重要的基本概念和研究对象.线性空间是具有线性性质的几何空间和向量空间的推广,线性变换是线性空间之间保持线性关系不变的变换,是向量的线性变换的推广.在本章将看到,由线性空间与向量空间同构,线性变换与矩阵一一对应就可以化抽象为具体,使得对抽象事物的研究具有了可行性.

线性空间及其线性变换的内容比较丰富,在此仅简要介绍实数域上的线性空间和内积空间及其维数、基和坐标,线性空间中的线性变换及其矩阵表示等基本知识.

9.1 线性空间与内积空间

9.1.1 线性空间

定义 9-1 设 V 是一个非空集合,$\mathbf{R}$ 为实数域.如果在集合 V 的元素之间定义了一种叫作加法的运算,即对 V 中任意两个元素 $\boldsymbol{\alpha}$ 与 $\boldsymbol{\beta}$,在 V 中都有唯一的一个元素 $\boldsymbol{\gamma}$ 与之对应,称为 $\boldsymbol{\alpha}$ 与 $\boldsymbol{\beta}$ 的和,记作 $\boldsymbol{\gamma}=\boldsymbol{\alpha}+\boldsymbol{\beta}$;在实数域 $\mathbf{R}$ 与集合 V 的元素之间还定义了一种叫作数乘的运算,即对任意的 $k\in\mathbf{R}$ 与任意的 $\boldsymbol{\alpha}\in V$,都有唯一的 $\boldsymbol{\delta}\in V$ 与之对应,称为 k 与 $\boldsymbol{\alpha}$ 的积,记作 $\boldsymbol{\delta}=k\boldsymbol{\alpha}$;并且这两种运算满足以下运算规律(设 $\boldsymbol{\alpha},\boldsymbol{\beta},\boldsymbol{\gamma}\in V;k,l\in\mathbf{R}$):

(1)$\boldsymbol{\alpha}+\boldsymbol{\beta}=\boldsymbol{\beta}+\boldsymbol{\alpha}$;

(2)$(\boldsymbol{\alpha}+\boldsymbol{\beta})+\boldsymbol{\gamma}=\boldsymbol{\alpha}+(\boldsymbol{\beta}+\boldsymbol{\gamma})$;

(3)存在零元素 $\mathbf{0}\in V$,使得对任意 $\boldsymbol{\alpha}\in V$,都有 $\boldsymbol{\alpha}+\mathbf{0}=\boldsymbol{\alpha}$;

(4)对任意 $\boldsymbol{\alpha}\in V$,都存在负元素 $\boldsymbol{\beta}\in V$,使得 $\boldsymbol{\alpha}+\boldsymbol{\beta}=\mathbf{0}$;

(5)$k(l\boldsymbol{\alpha})=(kl)\boldsymbol{\alpha}$;

(6)对任意 $\boldsymbol{\alpha}\in V$,都有 $1\boldsymbol{\alpha}=\boldsymbol{\alpha}$;

(7)$(k+l)\boldsymbol{\alpha}=k\boldsymbol{\alpha}+l\boldsymbol{\alpha}$;

(8)$k(\boldsymbol{\alpha}+\boldsymbol{\beta})=k\boldsymbol{\alpha}+k\boldsymbol{\beta}$.

则称 V 是实数域 $\mathbf{R}$ 上的线性空间;满足上述运算规律的加法与数乘运算统称为线性运算.

注意　在定义 9-1 中,没有规定非空集合 V 中元素的具体形式,也没有规定加法和数乘如何运算,只给出了它们应该满足的性质.正是由于这个原因,线性空间的应用非常广泛.在给出一个具体的线性空间时,需要说明这个集合的元素及加法、数乘的具体定义.验证 V 是否为线性空间时,不仅要验证在 V 上是否定义了加法和数乘,还要验证它们是否满足上面的 8 条运算规律.

由于线性空间是向量空间概念的推广,因而线性空间 V 中的元素不论其本来属性如何,统称为向量.

若 L 是线性空间 V 的非空子集,并且按 V 的线性运算也构成线性空间,则称 L 为 V 的线性子空间.

若 L 是线性空间 V 的非空子集,则 L 是 V 的子空间$\Leftrightarrow L$ 对 V 中的线性运算封闭.

【例 9-1】　所有 $m\times n$ 型实矩阵的全体构成的集合 $\mathbf{R}^{m\times n}$ 关于矩阵的加法与数乘运算是一个线性空间.

【例 9-2】　次数不超过 n 的实系数多项式的全体构成的集合(n 为固定的正整数):

$$P_n[x]=\{p(x)=a_nx^n+a_{n-1}x^{n-1}+\cdots+a_1x+a_0\,|\,a_n,a_{n-1},\cdots,a_1,a_0\in\mathbf{R}\}$$

按照通常的多项式加法和数与多项式的乘法是一个线性空间.

【例 9-3】　n 次实系数多项式的全体(n 为固定的正整数):

$$Q_n(x)=\{p(x)=a_nx^n+a_{n-1}x^{n-1}+\cdots+a_1x+a_0\,|\,a_n,a_{n-1},\cdots,a_1,a_0\in\mathbf{R},a_n\neq 0\}$$

按照通常的多项式加法和数与多项式的乘法不是线性空间.这是因为

$$0p(x)=0x^n+\cdots+0x+0\overline{\in}Q_n(x)$$

即 $Q_n(x)$ 对运算不封闭.

【例 9-4】　区间$[a,b]$上的连续函数的全体所构成的集合 $C[a,b]$,关于函数的加法及实数与函数的乘法是一个线性空间.

下面讨论线性空间的性质,线性空间 V 具有下列性质:

(1)V 中的零元素是唯一的;

(2)V 中每个元素的负元素是唯一的,记 $\boldsymbol{\alpha}$ 的负元素为$-\boldsymbol{\alpha}$;

(3)$0\boldsymbol{\alpha}=\mathbf{0},(-1)\boldsymbol{\alpha}=-\boldsymbol{\alpha},k\mathbf{0}=\mathbf{0}$;

(4)若 $k\boldsymbol{\alpha}=\mathbf{0}$,则 $k=0$ 或 $\boldsymbol{\alpha}=\mathbf{0}$.

证明　(1)设 $\mathbf{0}_1$ 和 $\mathbf{0}_2$ 都是 V 中的零元素,则对任何 $\boldsymbol{\alpha}\in V$,都有

$$\boldsymbol{\alpha}+\mathbf{0}_1=\boldsymbol{\alpha},\quad \boldsymbol{\alpha}+\mathbf{0}_2=\boldsymbol{\alpha}$$

特别地,有

$$\mathbf{0}_2+\mathbf{0}_1=\mathbf{0}_2,\quad \mathbf{0}_1+\mathbf{0}_2=\mathbf{0}_1$$

故

$$\mathbf{0}_1=\mathbf{0}_1+\mathbf{0}_2=\mathbf{0}_2+\mathbf{0}_1=\mathbf{0}_2$$

(2)设 $\boldsymbol{\alpha}$ 有两个负元素 $\boldsymbol{\beta}$ 和 $\boldsymbol{\gamma}$,即 $\boldsymbol{\alpha}+\boldsymbol{\beta}=\mathbf{0},\boldsymbol{\alpha}+\boldsymbol{\gamma}=\mathbf{0}$.于是

$$\boldsymbol{\beta}=\boldsymbol{\beta}+\mathbf{0}=\boldsymbol{\beta}+(\boldsymbol{\alpha}+\boldsymbol{\gamma})=(\boldsymbol{\alpha}+\boldsymbol{\beta})+\boldsymbol{\gamma}=\mathbf{0}+\boldsymbol{\gamma}=\boldsymbol{\gamma}$$

(3)由 $\boldsymbol{\alpha}+0\boldsymbol{\alpha}=1\boldsymbol{\alpha}+0\boldsymbol{\alpha}=(1+0)\boldsymbol{\alpha}=1\boldsymbol{\alpha}=\boldsymbol{\alpha}$,得 $0\boldsymbol{\alpha}=\mathbf{0}$.

由 $\boldsymbol{\alpha}+(-1)\boldsymbol{\alpha}=[1+(-1)]\boldsymbol{\alpha}=0\boldsymbol{\alpha}=\mathbf{0}$,得$(-1)\boldsymbol{\alpha}=-\boldsymbol{\alpha}$.

$$k\mathbf{0}=k[\boldsymbol{\alpha}+(-1)\boldsymbol{\alpha}]=k\boldsymbol{\alpha}+(-k)\boldsymbol{\alpha}=[k+(-k)]\boldsymbol{\alpha}=0\boldsymbol{\alpha}=\mathbf{0}$$

(4)若 $k\neq 0$,在 $k\boldsymbol{\alpha}=\mathbf{0}$ 的两端乘以 $\frac{1}{k}$ 可得,$\boldsymbol{\alpha}=\mathbf{0}$.

9.1.2 内积空间

为了使线性空间具有度量性质,我们引入内积的概念.

定义 9-2 设 V 是一个线性空间,映射 σ 将 V 中的两个元素 $\boldsymbol{\alpha}$ 和 $\boldsymbol{\beta}$ 映射成一个实数并记为 $(\boldsymbol{\alpha},\boldsymbol{\beta})$. 若它满足下列性质:

(1)$(\boldsymbol{\alpha},\boldsymbol{\beta})=(\boldsymbol{\beta},\boldsymbol{\alpha})$;

(2)$(\boldsymbol{\alpha}+\boldsymbol{\beta},\boldsymbol{\gamma})=(\boldsymbol{\alpha},\boldsymbol{\gamma})+(\boldsymbol{\beta},\boldsymbol{\gamma})$;

(3)$(k\boldsymbol{\alpha},\boldsymbol{\beta})=k(\boldsymbol{\alpha},\boldsymbol{\beta})$;

(4)$(\boldsymbol{\alpha},\boldsymbol{\alpha})\geqslant 0,(\boldsymbol{\alpha},\boldsymbol{\alpha})=0\Leftrightarrow\boldsymbol{\alpha}=\mathbf{0}$;

其中,$\boldsymbol{\alpha},\boldsymbol{\beta},\boldsymbol{\gamma}$ 为 V 中任意元素,$k\in\mathbf{R}$,则称 $(\boldsymbol{\alpha},\boldsymbol{\beta})$ 为 $\boldsymbol{\alpha}$ 与 $\boldsymbol{\beta}$ 的内积.

定义了内积的线性空间叫作内积空间. 实数域上的内积空间称为欧几里得空间,简称为欧氏空间.

【例 9-5】 在线性空间 $C[a,b]$ 中,若对任何 $f(x),g(x)\in C[a,b]$,定义

$$(f,g)=\int_a^b f(x)g(x)\mathrm{d}x$$

则利用定积分的性质可以证明这是一个内积.

【例 9-6】 设 $\boldsymbol{A}$ 是 n 阶正定阵,对任何 $\boldsymbol{\alpha},\boldsymbol{\beta}\in\mathbf{R}^n$,若定义

$$(\boldsymbol{\alpha},\boldsymbol{\beta})=\boldsymbol{\alpha}^{\mathrm{T}}\boldsymbol{A}\boldsymbol{\beta}$$

则可验证它是 $\mathbf{R}^n$ 上的内积.

定义 9-3 在欧氏空间 V 中,定义元素 $\boldsymbol{\alpha}\in V$ 的长度为 $\|\boldsymbol{\alpha}\|=\sqrt{(\boldsymbol{\alpha},\boldsymbol{\alpha})}$;当 $\|\boldsymbol{\alpha}\|=1$ 时,称 $\boldsymbol{\alpha}$ 为单位元素.

长度具有下列性质($\boldsymbol{\alpha},\boldsymbol{\beta}\in V,k\in\mathbf{R}$):

(1) $\|\boldsymbol{\alpha}\|\geqslant 0,\|\boldsymbol{\alpha}\|=0\Leftrightarrow\boldsymbol{\alpha}=\mathbf{0}$;　　(2) $\|k\boldsymbol{\alpha}\|=|k|\,\|\boldsymbol{\alpha}\|$;

(3) $\|\boldsymbol{\alpha}+\boldsymbol{\beta}\|\leqslant\|\boldsymbol{\alpha}\|+\|\boldsymbol{\beta}\|$;　　(4) $|(\boldsymbol{\alpha},\boldsymbol{\beta})|\leqslant\|\boldsymbol{\alpha}\|\,\|\boldsymbol{\beta}\|$.

定义 9-4 设 $\boldsymbol{\alpha}$ 与 $\boldsymbol{\beta}$ 是欧氏空间 V 中的两个非零向量,定义 $\boldsymbol{\alpha}$ 与 $\boldsymbol{\beta}$ 的夹角为

$$\varphi=\arccos\left(\frac{(\boldsymbol{\alpha},\boldsymbol{\beta})}{\|\boldsymbol{\alpha}\|\,\|\boldsymbol{\beta}\|}\right)$$

若 $(\boldsymbol{\alpha},\boldsymbol{\beta})=0$,则称 $\boldsymbol{\alpha}$ 与 $\boldsymbol{\beta}$ 正交.

习题 9-1

1. 验证下列集合是线性空间.

(1)全体三阶实对称阵的集合,对于矩阵的加法及数乘运算.

(2)全体三阶实上三角阵的集合,对于矩阵的加法及数乘运算.

(3)几何空间中与平面 $x-2y+z+1=0$ 平行的全体几何向量的集合,对于向量的加法及数乘运算.

2. 设 λ 是 n 阶实对称阵 $\mathbf{A}$ 的一个特征值，

$$V=\{\boldsymbol{v}\mid(\lambda\mathbf{E}-\mathbf{A})\boldsymbol{v}=\mathbf{0},\boldsymbol{v}\in\mathbf{R}^n\}$$

证明：V 是一个线性空间（把 V 称为 $\mathbf{A}$ 关于特征值 λ 的特征子空间）.

3. 设 $\mathbf{A}$ 为 $m\times n$ 型实矩阵，$r(\mathbf{A})=n$，对于 $\boldsymbol{x},\boldsymbol{y}\in\mathbf{R}^n$，定义

$$f(\boldsymbol{x},\boldsymbol{y})=\boldsymbol{x}^{\mathrm{T}}\mathbf{A}^{\mathrm{T}}\mathbf{A}\boldsymbol{y}$$

证明：$f(\boldsymbol{x},\boldsymbol{y})$ 是 $\mathbf{R}^n$ 的内积.

4. 求 $C[0,\pi]$ 中元素 $\sin x$ 与 $\cos x$ 的内积（内积按例 9-5 定义）.

9.2 线性空间的基、维数与坐标

9.2.1 基、维数与坐标的概念

在第 4 章中，我们曾介绍过向量组的线性组合、线性相关、线性无关、极大无关组和秩等概念，以及有关线性运算的若干性质. 这些概念和性质对于一般线性空间中的向量仍然适用，我们将直接引用这些概念和性质.

在第 6 章中我们已经介绍过基、维数与坐标的概念，它们当然也适用于一般的线性空间. 由于它们反映了线性空间的主要特性，所以在这里再强调一次.

定义 9-5 在线性空间 V 中，如果存在 n 个元素 $\boldsymbol{\alpha}_1,\boldsymbol{\alpha}_2,\cdots,\boldsymbol{\alpha}_n$，满足

(1) $\boldsymbol{\alpha}_1,\boldsymbol{\alpha}_2,\cdots,\boldsymbol{\alpha}_n$ 线性无关；

(2) V 中任一元素 $\boldsymbol{\alpha}$ 都可由 $\boldsymbol{\alpha}_1,\boldsymbol{\alpha}_2,\cdots,\boldsymbol{\alpha}_n$ 线性表示.

则称 $\boldsymbol{\alpha}_1,\boldsymbol{\alpha}_2,\cdots,\boldsymbol{\alpha}_n$ 为线性空间 V 的一个基，并称基中所含元素的个数 n 为线性空间 V 的维数.

维数为 n 的线性空间称为 n 维线性空间，记为 V_n.

只含零元素的线性空间没有基，规定它的维数为 0.

注意 线性空间的维数可以为无穷，对于无穷维的线性空间，本书不作讨论.

【例 9-7】 容易验证

$$\boldsymbol{E}_{11}=\begin{pmatrix}1&0&0\\0&0&0\end{pmatrix},\quad \boldsymbol{E}_{12}=\begin{pmatrix}0&1&0\\0&0&0\end{pmatrix},\quad \boldsymbol{E}_{13}=\begin{pmatrix}0&0&1\\0&0&0\end{pmatrix}$$

$$\boldsymbol{E}_{21}=\begin{pmatrix}0&0&0\\1&0&0\end{pmatrix},\quad \boldsymbol{E}_{22}=\begin{pmatrix}0&0&0\\0&1&0\end{pmatrix},\quad \boldsymbol{E}_{23}=\begin{pmatrix}0&0&0\\0&0&1\end{pmatrix}$$

是 $\mathbf{R}^{2\times 3}$ 的基，因而 $\mathbf{R}^{2\times 3}$ 的维数是 6.

对于 n 维线性空间 V_n，若已知 V_n 的一个基 $\boldsymbol{\alpha}_1,\boldsymbol{\alpha}_2,\cdots,\boldsymbol{\alpha}_n$，则 V_n 可表示为

$$V_n=\{\boldsymbol{\alpha}=x_1\boldsymbol{\alpha}_1+x_2\boldsymbol{\alpha}_2+\cdots+x_n\boldsymbol{\alpha}_n\mid x_1,x_2,\cdots,x_n\in\mathbf{R}\}$$

这样就比较清楚地显示出了线性空间 V_n 的结构.

若 $\boldsymbol{\alpha}_1,\boldsymbol{\alpha}_2,\cdots,\boldsymbol{\alpha}_n$ 是 V_n 的一个基，则对任何 $\boldsymbol{\alpha}\in V_n$，都有唯一的一组有序数 $x_1,x_2,\cdots,x_n$，使

$$\boldsymbol{\alpha}=x_1\boldsymbol{\alpha}_1+x_2\boldsymbol{\alpha}_2+\cdots+x_n\boldsymbol{\alpha}_n\in V_n$$

反之，任给一组有序数 $x_1,x_2,\cdots,x_n$，总有唯一的元素

$$\boldsymbol{\alpha}=x_1\boldsymbol{\alpha}_1+x_2\boldsymbol{\alpha}_2+\cdots+x_n\boldsymbol{\alpha}_n\in V_n$$

这样，V_n 的元素 $\boldsymbol{\alpha}$ 与有序数 $x_1,x_2,\cdots,x_n$ 之间存在着一种一一对应关系.

这组有序数 $x_1,x_2,\cdots,x_n$ 就叫作元素 $\boldsymbol{\alpha}$ 在基 $\boldsymbol{\alpha}_1,\boldsymbol{\alpha}_2,\cdots,\boldsymbol{\alpha}_n$ 下的坐标，并称 $\boldsymbol{x}=(x_1,x_2,\cdots,x_n)^{\mathrm{T}}$ 为 $\boldsymbol{\alpha}$ 在这个基下的坐标向量.

【例 9-8】 在线性空间 $P_3[x]$中，$\boldsymbol{p}_1=1,\boldsymbol{p}_2=x,\boldsymbol{p}_3=x^2,\boldsymbol{p}_4=x^3$ 是它的一个基. 任一次数不超过 3 的多项式

$$\boldsymbol{p}=a_0+a_1x+a_2x^2+a_3x^3$$

都可表示成

$$\boldsymbol{p}=a_0\boldsymbol{p}_1+a_1\boldsymbol{p}_2+a_2\boldsymbol{p}_3+a_3\boldsymbol{p}_4$$

因此，$\boldsymbol{p}$ 在这个基下的坐标向量为$(a_0,a_1,a_2,a_3)^{\mathrm{T}}$.

若另取一个基 $\boldsymbol{q}_1=1,\boldsymbol{q}_2=1+x,\boldsymbol{q}_3=x^2,\boldsymbol{q}_4=2x^3$，则

$$\boldsymbol{p}=(a_0-a_1)\boldsymbol{q}_1+a_1\boldsymbol{q}_2+a_2\boldsymbol{q}_3+\frac{1}{2}a_3\boldsymbol{q}_4$$

因此，$\boldsymbol{p}$ 在这个基下的坐标向量为$(a_0-a_1,a_1,a_2,\frac{1}{2}a_3)^{\mathrm{T}}$.

从上述讨论可以看出，选定 V_n 的一个基以后，就把 V_n 中的抽象向量 $\boldsymbol{\alpha}$ 与 $\mathbf{R}^n$ 中的具体向量$(x_1,x_2,\cdots,x_n)^{\mathrm{T}}$ 一一对应起来. 下面我们对这种对应关系做进一步的研究.

设 $\boldsymbol{\alpha},\boldsymbol{\beta}\in V_n,k\in\mathbf{R},\boldsymbol{\alpha}=x_1\boldsymbol{\alpha}_1+x_2\boldsymbol{\alpha}_2+\cdots+x_n\boldsymbol{\alpha}_n,\boldsymbol{\beta}=y_1\boldsymbol{\alpha}_1+y_2\boldsymbol{\alpha}_2+\cdots+y_n\boldsymbol{\alpha}_n$，则有

$$\boldsymbol{\alpha}+\boldsymbol{\beta}=(x_1+y_1)\boldsymbol{\alpha}_1+(x_2+y_2)\boldsymbol{\alpha}_2+\cdots+(x_n+y_n)\boldsymbol{\alpha}_n$$

$$k\boldsymbol{\alpha}=(kx_1)\boldsymbol{\alpha}_1+(kx_2)\boldsymbol{\alpha}_2+\cdots+(kx_n)\boldsymbol{\alpha}_n$$

这表明，若 $\boldsymbol{\alpha}$ 和 $\boldsymbol{\beta}$ 的坐标分别为$(x_1,x_2,\cdots,x_n)^{\mathrm{T}}$ 和$(y_1,y_2,\cdots,y_n)^{\mathrm{T}}$，则 $\boldsymbol{\alpha}+\boldsymbol{\beta}$ 和 $k\boldsymbol{\alpha}$ 的坐标分别为$(x_1,x_2,\cdots,x_n)^{\mathrm{T}}+(y_1,y_2,\cdots,y_n)^{\mathrm{T}}$ 和 $k(x_1,x_2,\cdots,x_n)^{\mathrm{T}}$. 即 V_n 中向量与 $\mathbf{R}^n$ 中向量的对应保持线性运算关系不变，亦即 V_n 与 $\mathbf{R}^n$ 有相同的结构，称 V_n 与 $\mathbf{R}^n$ 同构.

一般地，设 V 与 U 是两个线性空间，如果在它们的元素之间有一一对应关系，并且这种对应关系保持线性运算关系不变，则称线性空间 V 与 U 同构.

显然，任何 n 维线性空间都与 $\mathbf{R}^n$ 同构，即维数相同的线性空间都同构. 从而可知线性空间的结构完全由它的维数所决定.

同构的概念，除元素一一对应外，主要是保持线性运算的对应关系. 因此，V_n 中的抽象的线性运算就可转换成 $\mathbf{R}^n$ 中具体的线性运算，并且 $\mathbf{R}^n$ 中凡是只涉及线性运算的性质就都适用于 V_n. 但是，$\mathbf{R}^n$ 中非线性运算的性质不一定适合于 V_n. 例如，$\mathbf{R}^n$ 中的内积概念在 V_n 中就不一定有意义.

9.2.2 基变换与坐标变换

从例 9-8 可以看出，线性空间 V 中同一元素在不同的基下的坐标一般是不同的，那么，它们之间有什么关系呢？

设 $\boldsymbol{\alpha}_1,\boldsymbol{\alpha}_2,\cdots,\boldsymbol{\alpha}_n$ 与 $\boldsymbol{\beta}_1,\boldsymbol{\beta}_2,\cdots,\boldsymbol{\beta}_n$ 是线性空间 V_n 的两个基，则 $\boldsymbol{\beta}_1,\boldsymbol{\beta}_2,\cdots,\boldsymbol{\beta}_n$ 可由 $\boldsymbol{\alpha}_1,\boldsymbol{\alpha}_2,\cdots,\boldsymbol{\alpha}_n$线性表示，设

$$\begin{cases}\boldsymbol{\beta}_1=p_{11}\boldsymbol{\alpha}_1+p_{21}\boldsymbol{\alpha}_2+\cdots+p_{n1}\boldsymbol{\alpha}_n\\ \boldsymbol{\beta}_2=p_{12}\boldsymbol{\alpha}_1+p_{22}\boldsymbol{\alpha}_2+\cdots+p_{n2}\boldsymbol{\alpha}_n\\ \quad\vdots\\ \boldsymbol{\beta}_n=p_{1n}\boldsymbol{\alpha}_1+p_{2n}\boldsymbol{\alpha}_2+\cdots+p_{nn}\boldsymbol{\alpha}_n\end{cases}\tag{9-1}$$

将其写成矩阵形式

$$(\boldsymbol{\beta}_1,\boldsymbol{\beta}_2,\cdots,\boldsymbol{\beta}_n)=(\boldsymbol{\alpha}_1,\boldsymbol{\alpha}_2,\cdots,\boldsymbol{\alpha}_n)\boldsymbol{P}\tag{9-2}$$

其中，

$$\boldsymbol{P}=\begin{pmatrix}p_{11}&p_{12}&\cdots&p_{1n}\\p_{21}&p_{22}&\cdots&p_{2n}\\\vdots&\vdots&&\vdots\\p_{n1}&p_{n2}&\cdots&p_{nn}\end{pmatrix}$$

式(9-1)或式(9-2)称为基变换公式,矩阵 $\boldsymbol{P}$ 称为从基 $\boldsymbol{\alpha}_1,\boldsymbol{\alpha}_2,\cdots,\boldsymbol{\alpha}_n$ 到基 $\boldsymbol{\beta}_1,\boldsymbol{\beta}_2,\cdots,\boldsymbol{\beta}_n$ 的过渡矩阵. 由于 $\boldsymbol{\beta}_1,\boldsymbol{\beta}_2,\cdots,\boldsymbol{\beta}_n$ 线性无关,故过渡矩阵 $\boldsymbol{P}$ 可逆.

定理 9-1　设 V_n 中的元素 $\boldsymbol{\alpha}$ 在基 $\boldsymbol{\alpha}_1,\boldsymbol{\alpha}_2,\cdots,\boldsymbol{\alpha}_n$ 和基 $\boldsymbol{\beta}_1,\boldsymbol{\beta}_2,\cdots,\boldsymbol{\beta}_n$ 下的坐标向量分别为 $\boldsymbol{x}=(x_1,x_2,\cdots,x_n)^{\mathrm{T}}$ 和 $\boldsymbol{y}=(y_1,y_2,\cdots,y_n)^{\mathrm{T}}$,从基 $\boldsymbol{\alpha}_1,\boldsymbol{\alpha}_2,\cdots,\boldsymbol{\alpha}_n$ 到基 $\boldsymbol{\beta}_1,\boldsymbol{\beta}_2,\cdots,\boldsymbol{\beta}_n$ 的过渡矩阵为 $\boldsymbol{P}$,则有 $\boldsymbol{x}=\boldsymbol{P}\boldsymbol{y}$,即 $\boldsymbol{y}=\boldsymbol{P}^{-1}\boldsymbol{x}$.

证明　由

$$(\boldsymbol{\alpha}_1,\boldsymbol{\alpha}_2,\cdots,\boldsymbol{\alpha}_n)\begin{pmatrix}x_1\\x_2\\\vdots\\x_n\end{pmatrix}=\boldsymbol{\alpha}=(\boldsymbol{\beta}_1,\boldsymbol{\beta}_2,\cdots,\boldsymbol{\beta}_n)\begin{pmatrix}y_1\\y_2\\\vdots\\y_n\end{pmatrix}$$

$$=(\boldsymbol{\alpha}_1,\boldsymbol{\alpha}_2,\cdots,\boldsymbol{\alpha}_n)\boldsymbol{P}\begin{pmatrix}y_1\\y_2\\\vdots\\y_n\end{pmatrix}$$

及元素在基下的坐标唯一可知,$\boldsymbol{x}=\boldsymbol{P}\boldsymbol{y}$,即 $\boldsymbol{y}=\boldsymbol{P}^{-1}\boldsymbol{x}$.

【例 9-9】　在 $P_3[x]$中取两个基

$$\boldsymbol{\alpha}_1=x^3+x^2+x+1,\quad \boldsymbol{\alpha}_2=x^3+1,\quad \boldsymbol{\alpha}_3=x^2+x+1,\quad \boldsymbol{\alpha}_4=x^2+2x$$

和

$$\boldsymbol{\beta}_1=2x^3+x+2,\quad \boldsymbol{\beta}_2=2x^3+x^2+x+2,\quad \boldsymbol{\beta}_3=2x^2+5x+3,\quad \boldsymbol{\beta}_4=x^3+x+1$$

求从基 $\boldsymbol{\alpha}_1,\boldsymbol{\alpha}_2,\boldsymbol{\alpha}_3,\boldsymbol{\alpha}_4$ 到基 $\boldsymbol{\beta}_1,\boldsymbol{\beta}_2,\boldsymbol{\beta}_3,\boldsymbol{\beta}_4$ 的过渡矩阵.

解　由已知条件,得

$$(\boldsymbol{\alpha}_1,\boldsymbol{\alpha}_2,\boldsymbol{\alpha}_3,\boldsymbol{\alpha}_4)=(x^3,x^2,x,1)\boldsymbol{A}$$
$$(\boldsymbol{\beta}_1,\boldsymbol{\beta}_2,\boldsymbol{\beta}_3,\boldsymbol{\beta}_4)=(x^3,x^2,x,1)\boldsymbol{B}$$

其中，

$$\boldsymbol{A}=\begin{pmatrix}1&1&0&0\\1&0&1&1\\1&0&1&2\\1&1&1&0\end{pmatrix},\quad \boldsymbol{B}=\begin{pmatrix}2&2&0&1\\0&1&2&0\\1&1&5&1\\2&2&3&1\end{pmatrix}$$

由于

$$(x^3, x^2, x, 1)=(\boldsymbol{\alpha}_1, \boldsymbol{\alpha}_2, \boldsymbol{\alpha}_3, \boldsymbol{\alpha}_4)\boldsymbol{A}^{-1}$$

所以

$$(\boldsymbol{\beta}_1, \boldsymbol{\beta}_2, \boldsymbol{\beta}_3, \boldsymbol{\beta}_4)=(\boldsymbol{\alpha}_1, \boldsymbol{\alpha}_2, \boldsymbol{\alpha}_3, \boldsymbol{\alpha}_4)\boldsymbol{A}^{-1}\boldsymbol{B}$$

$$\boldsymbol{P}=\boldsymbol{A}^{-1}\boldsymbol{B}=\begin{pmatrix} -1 & 1 & -4 & -1 \\ 3 & 1 & 4 & 2 \\ 0 & 0 & 3 & 0 \\ 1 & 0 & 3 & 1 \end{pmatrix}$$

习题 9-2

1. 设 $\boldsymbol{\alpha}_1, \boldsymbol{\alpha}_2, \boldsymbol{\alpha}_3$ 是线性空间 V 的一个基，

$$\boldsymbol{\beta}_1=\boldsymbol{\alpha}_1-\boldsymbol{\alpha}_2, \quad \boldsymbol{\beta}_2=2\boldsymbol{\alpha}_1+3\boldsymbol{\alpha}_2+2\boldsymbol{\alpha}_3, \quad \boldsymbol{\beta}_3=\boldsymbol{\alpha}_1+\boldsymbol{\alpha}_2+\boldsymbol{\alpha}_3.$$

证明：$\boldsymbol{\beta}_1, \boldsymbol{\beta}_2, \boldsymbol{\beta}_3$ 也是线性空间 V 的基. 并求 $\boldsymbol{\alpha}=2\boldsymbol{\alpha}_1-\boldsymbol{\alpha}_2+\boldsymbol{\alpha}_3$ 在基 $\boldsymbol{\beta}_1, \boldsymbol{\beta}_2, \boldsymbol{\beta}_3$ 下的坐标向量.

2. 求三阶实对称阵的全体所构成的线性空间的维数和一个基.

3. 在二阶方阵全体 M_2 中，已知两个基为

$$\boldsymbol{G}_1=\begin{pmatrix} 1 & 0 \\ 0 & 0 \end{pmatrix}, \quad \boldsymbol{G}_2=\begin{pmatrix} 0 & 1 \\ 0 & 0 \end{pmatrix}, \quad \boldsymbol{G}_3=\begin{pmatrix} 0 & 0 \\ 1 & 0 \end{pmatrix}, \quad \boldsymbol{G}_4=\begin{pmatrix} 0 & 0 \\ 0 & 1 \end{pmatrix}$$

和

$$\boldsymbol{H}_1=\begin{pmatrix} 1 & 0 \\ 0 & 0 \end{pmatrix}, \quad \boldsymbol{H}_2=\begin{pmatrix} 1 & 0 \\ 1 & 0 \end{pmatrix}, \quad \boldsymbol{H}_3=\begin{pmatrix} 1 & 1 \\ 1 & 0 \end{pmatrix}, \quad \boldsymbol{H}_4=\begin{pmatrix} 1 & 1 \\ 1 & 1 \end{pmatrix}$$

求从基 $\boldsymbol{G}_1, \boldsymbol{G}_2, \boldsymbol{G}_3, \boldsymbol{G}_4$ 到基 $\boldsymbol{H}_1, \boldsymbol{H}_2, \boldsymbol{H}_3, \boldsymbol{H}_4$ 的过渡矩阵，并求矩阵 $\begin{pmatrix} 3 & -2 \\ 1 & 0 \end{pmatrix}$ 在后一个基下的坐标向量.

4. 在 $P_3(x)$ 中，求从基 $1, x, x^2, x^3$ 到基 $1, (x-1), (x-1)^2, (x-1)^3$ 的过渡矩阵 $\boldsymbol{P}$，并求 $p(x)=1+x+2x^2+3x^3$ 分别在这两个基下的坐标向量.

9.3 线性变换及其矩阵表示

9.3.1 线性变换的概念

定义 9-6 设 U 和 V 是两个线性空间. 如果对于 U 中任一元素 $\boldsymbol{\alpha}$，按照一定的规则 $\mathscr{A}$，总有 V 中一个确定的元素 $\boldsymbol{\beta}$ 与之对应，则称对应法则 $\mathscr{A}$ 为从 U 到 V 的变换. 记作

$$\mathscr{A}: U \to V, \quad \boldsymbol{\beta}=\mathscr{A}(\boldsymbol{\alpha}) \quad (\boldsymbol{\alpha}\in U)$$

把 $\boldsymbol{\beta}$ 叫作 $\boldsymbol{\alpha}$ 的象，把 $\boldsymbol{\alpha}$ 叫作 $\boldsymbol{\beta}$ 的源.

如果 $\mathscr{A}$ 还满足：

(1) $\forall \boldsymbol{\alpha},\boldsymbol{\beta}\in U$，都有 $\mathscr{A}(\boldsymbol{\alpha}+\boldsymbol{\beta})=\mathscr{A}(\boldsymbol{\alpha})+\mathscr{A}(\boldsymbol{\beta})$；

(2) $\forall \boldsymbol{\alpha}\in U$，$\forall k\in \mathbf{R}$，都有 $\mathscr{A}(k\boldsymbol{\alpha})=k\mathscr{A}(\boldsymbol{\alpha})$.

则称 $\mathscr{A}$ 是从 U 到 V 的线性变换.

可以说线性变换就是保持线性关系不变的变换.

特别地，如果 $U=V$，则称 $\mathscr{A}$ 为 V 中的线性变换.

设 $\mathscr{A}_1$ 和 $\mathscr{A}_2$ 都是从 U 到 V 的线性变换，如果对任意的 $\boldsymbol{\alpha}\in U$，都有 $\mathscr{A}_1(\boldsymbol{\alpha})=\mathscr{A}_2(\boldsymbol{\alpha})$，则称 $\mathscr{A}_1$ 与 $\mathscr{A}_2$ 相等，记作 $\mathscr{A}_1=\mathscr{A}_2$.

【例 9-10】 在线性空间 $P_2[x]$ 中，微分运算 D 是一个线性变换.

证明　对任意的 $p=a_2x^2+a_1x+a_0\in P_2[x]$ 和 $q=b_2x^2+b_1x+b_0\in P_2[x]$，有

$$\mathrm{D}p=2a_2x+a_1,\quad \mathrm{D}q=2b_2x+b_1$$

因为

$$\begin{aligned}\mathrm{D}(p+q)&=\mathrm{D}[(a_2+b_2)x^2+(a_1+b_1)x+(a_0+b_0)]\\&=2(a_2+b_2)x+(a_1+b_1)=(2a_2x+a_1)+(2b_2x+b_1)\\&=\mathrm{D}p+\mathrm{D}q\end{aligned}$$

$$\mathrm{D}(kp)=\mathrm{D}(ka_2x^2+ka_1x+ka_0)=2ka_2x+ka_1=k\mathrm{D}p$$

所以 D 是 $P_2[x]$ 中的线性变换.

9.3.2　线性变换的矩阵表示

设 $\boldsymbol{\alpha}_1,\boldsymbol{\alpha}_2,\cdots,\boldsymbol{\alpha}_n$ 是线性空间 V_n 的一个基，$\mathscr{A}$ 是 V_n 中的一个线性变换. 因为 $\mathscr{A}(\boldsymbol{\alpha}_1)$，$\mathscr{A}(\boldsymbol{\alpha}_2)$，$\cdots$，$\mathscr{A}(\boldsymbol{\alpha}_n)$ 仍在 V_n 中，所以它们可由 $\boldsymbol{\alpha}_1,\boldsymbol{\alpha}_2,\cdots,\boldsymbol{\alpha}_n$ 唯一地线性表示，设

$$\begin{cases}\mathscr{A}(\boldsymbol{\alpha}_1)=a_{11}\boldsymbol{\alpha}_1+a_{21}\boldsymbol{\alpha}_2+\cdots+a_{n1}\boldsymbol{\alpha}_n\\\mathscr{A}(\boldsymbol{\alpha}_2)=a_{12}\boldsymbol{\alpha}_1+a_{22}\boldsymbol{\alpha}_2+\cdots+a_{n2}\boldsymbol{\alpha}_n\\\qquad\vdots\\\mathscr{A}(\boldsymbol{\alpha}_n)=a_{1n}\boldsymbol{\alpha}_1+a_{2n}\boldsymbol{\alpha}_2+\cdots+a_{nn}\boldsymbol{\alpha}_n\end{cases}\tag{9-3}$$

记

$$\mathscr{A}(\boldsymbol{\alpha}_1,\boldsymbol{\alpha}_2,\cdots,\boldsymbol{\alpha}_n)=(\mathscr{A}(\boldsymbol{\alpha}_1),\mathscr{A}(\boldsymbol{\alpha}_2),\cdots,\mathscr{A}(\boldsymbol{\alpha}_n))$$

式(9-3)可表示成

$$\mathscr{A}(\boldsymbol{\alpha}_1,\boldsymbol{\alpha}_2,\cdots,\boldsymbol{\alpha}_n)=(\boldsymbol{\alpha}_1,\boldsymbol{\alpha}_2,\cdots,\boldsymbol{\alpha}_n)\mathbf{A}\tag{9-4}$$

其中，

$$\mathbf{A}=\begin{pmatrix}a_{11}&a_{12}&\cdots&a_{1n}\\a_{21}&a_{22}&\cdots&a_{2n}\\\vdots&\vdots&&\vdots\\a_{n1}&a_{n2}&\cdots&a_{nn}\end{pmatrix}$$

称 $\boldsymbol{A}$ 为线性变换 $\mathscr{A}$ 在基 $\boldsymbol{\alpha}_1,\boldsymbol{\alpha}_2,\cdots,\boldsymbol{\alpha}_n$ 下的矩阵.

显然,对于取定的基 $\boldsymbol{\alpha}_1,\boldsymbol{\alpha}_2,\cdots,\boldsymbol{\alpha}_n$,矩阵 $\boldsymbol{A}$ 由线性变换 $\mathscr{A}$ 唯一确定.那么,反过来,给定一个 n 阶方阵 $\boldsymbol{A}$,能否唯一确定一个线性变换 $\mathscr{A}$ 呢?

设 $\boldsymbol{\alpha}$ 是线性空间 V_n 中的任意向量,则 $\boldsymbol{\alpha}$ 可由基 $\boldsymbol{\alpha}_1,\boldsymbol{\alpha}_2,\cdots,\boldsymbol{\alpha}_n$ 唯一地线性表示,设 $\boldsymbol{\alpha}=x_1\boldsymbol{\alpha}_1+x_2\boldsymbol{\alpha}_2+\cdots+x_n\boldsymbol{\alpha}_n$,由线性变换保持线性关系不变可知

$$\begin{aligned}\mathscr{A}(\boldsymbol{\alpha})&=\mathscr{A}(x_1\boldsymbol{\alpha}_1+x_2\boldsymbol{\alpha}_2+\cdots+x_n\boldsymbol{\alpha}_n)\\&=x_1\mathscr{A}(\boldsymbol{\alpha}_1)+x_2\mathscr{A}(\boldsymbol{\alpha}_2)+\cdots+x_n\mathscr{A}(\boldsymbol{\alpha}_n)\end{aligned}\tag{9-5}$$

由此可见,V_n 中任意元素 $\boldsymbol{\alpha}$ 在线性变换 $\mathscr{A}$ 下的象 $\mathscr{A}(\boldsymbol{\alpha})$ 由 $\boldsymbol{\alpha}$ 在基 $\boldsymbol{\alpha}_1,\boldsymbol{\alpha}_2,\cdots,\boldsymbol{\alpha}_n$ 下的坐标 $x_1,x_2,\cdots,x_n$ 及基的象 $\mathscr{A}(\boldsymbol{\alpha}_1),\mathscr{A}(\boldsymbol{\alpha}_2),\cdots,\mathscr{A}(\boldsymbol{\alpha}_n)$ 所唯一确定.从而 $\mathscr{A}(\boldsymbol{\alpha}_1),\mathscr{A}(\boldsymbol{\alpha}_2),\cdots,\mathscr{A}(\boldsymbol{\alpha}_n)$ 完全确定了线性变换 $\mathscr{A}$,而 $\mathscr{A}(\boldsymbol{\alpha}_1),\mathscr{A}(\boldsymbol{\alpha}_2),\cdots,\mathscr{A}(\boldsymbol{\alpha}_n)$ 又可由矩阵 $\boldsymbol{A}$ 通过式(9-3)所唯一确定.因此,给定一个 n 阶方阵 $\boldsymbol{A}$,可唯一地确定 V_n 的一个线性变换 $\mathscr{A}$.即 V_n 中的线性变换与 n 阶方阵之间一一对应.

下面研究如何用线性变换 $\mathscr{A}$ 的矩阵 $\boldsymbol{A}$ 来刻画 $\mathscr{A}$.

定理 9-2 设线性空间 V_n 中的线性变换 $\mathscr{A}$ 在基 $\boldsymbol{\alpha}_1,\boldsymbol{\alpha}_2,\cdots,\boldsymbol{\alpha}_n$ 下的矩阵为 $\boldsymbol{A}$.若 V_n 中的元素 $\boldsymbol{\alpha}$ 及其象 $\mathscr{A}(\boldsymbol{\alpha})$ 在此基下的坐标向量分别为 $\boldsymbol{x}=(x_1,x_2,\cdots,x_n)^{\mathrm{T}}$ 和 $\boldsymbol{y}=(y_1,y_2,\cdots,y_n)^{\mathrm{T}}$,则 $\boldsymbol{y}=\boldsymbol{A}\boldsymbol{x}$.

证明 由已知可得

$$\boldsymbol{\alpha}=x_1\boldsymbol{\alpha}_1+x_2\boldsymbol{\alpha}_2+\cdots+x_n\boldsymbol{\alpha}_n$$

$$\mathscr{A}(\boldsymbol{\alpha})=y_1\boldsymbol{\alpha}_1+y_2\boldsymbol{\alpha}_2+\cdots+y_n\boldsymbol{\alpha}_n$$

由式(9-4)和式(9-5),得

$$\begin{aligned}\mathscr{A}(\boldsymbol{\alpha})&=x_1\mathscr{A}(\boldsymbol{\alpha}_1)+x_2\mathscr{A}(\boldsymbol{\alpha}_2)+\cdots+x_n\mathscr{A}(\boldsymbol{\alpha}_n)\\&=(\mathscr{A}(\boldsymbol{\alpha}_1),\mathscr{A}(\boldsymbol{\alpha}_2),\cdots,\mathscr{A}(\boldsymbol{\alpha}_n))\begin{pmatrix}x_1\\x_2\\\vdots\\x_n\end{pmatrix}\\&=(\boldsymbol{\alpha}_1,\boldsymbol{\alpha}_2,\cdots,\boldsymbol{\alpha}_n)\boldsymbol{A}\begin{pmatrix}x_1\\x_2\\\vdots\\x_n\end{pmatrix}\end{aligned}$$

另由已知,得

$$\mathscr{A}(\boldsymbol{\alpha})=(\boldsymbol{\alpha}_1,\boldsymbol{\alpha}_2,\cdots,\boldsymbol{\alpha}_n)\begin{pmatrix}y_1\\y_2\\\vdots\\y_n\end{pmatrix}$$

由于 $\mathscr{A}(\boldsymbol{\alpha})$ 在基 $\boldsymbol{\alpha}_1,\boldsymbol{\alpha}_2,\cdots,\boldsymbol{\alpha}_n$ 下的坐标是唯一的，所以

$$\begin{pmatrix} y_1 \\ y_2 \\ \vdots \\ y_n \end{pmatrix} = \boldsymbol{A} \begin{pmatrix} x_1 \\ x_2 \\ \vdots \\ x_n \end{pmatrix}$$

即

$$\boldsymbol{y} = \boldsymbol{A}\boldsymbol{x}$$

【例 9-11】　在 $P_3[x]$ 中，取两个基

$$\boldsymbol{p}_1 = 1,\quad \boldsymbol{p}_2 = x,\quad \boldsymbol{p}_3 = x^2,\quad \boldsymbol{p}_4 = x^3$$

和

$$\boldsymbol{q}_1 = 1,\quad \boldsymbol{q}_2 = 1 - x,\quad \boldsymbol{q}_3 = 1 - x - x^2,\quad \boldsymbol{q}_4 = 1 - x - x^2 - x^3$$

求微分运算 D 在这两个基下的矩阵.

解　由

$$\begin{cases} \mathrm{D}\boldsymbol{p}_1 = 0 = 0\boldsymbol{p}_1 + 0\boldsymbol{p}_2 + 0\boldsymbol{p}_3 + 0\boldsymbol{p}_4 \\ \mathrm{D}\boldsymbol{p}_2 = 1 = 1\boldsymbol{p}_1 + 0\boldsymbol{p}_2 + 0\boldsymbol{p}_3 + 0\boldsymbol{p}_4 \\ \mathrm{D}\boldsymbol{p}_3 = 2x = 0\boldsymbol{p}_1 + 2\boldsymbol{p}_2 + 0\boldsymbol{p}_3 + 0\boldsymbol{p}_4 \\ \mathrm{D}\boldsymbol{p}_4 = 3x^2 = 0\boldsymbol{p}_1 + 0\boldsymbol{p}_2 + 3\boldsymbol{p}_3 + 0\boldsymbol{p}_4 \end{cases}$$

得 D 在基 $\boldsymbol{p}_1,\boldsymbol{p}_2,\boldsymbol{p}_3,\boldsymbol{p}_4$ 下的矩阵为

$$\boldsymbol{A} = \begin{pmatrix} 0 & 1 & 0 & 0 \\ 0 & 0 & 2 & 0 \\ 0 & 0 & 0 & 3 \\ 0 & 0 & 0 & 0 \end{pmatrix}$$

由

$$\begin{cases} \mathrm{D}\boldsymbol{q}_1 = 0 = 0\boldsymbol{q}_1 + 0\boldsymbol{q}_2 + 0\boldsymbol{q}_3 + 0\boldsymbol{q}_4 \\ \mathrm{D}\boldsymbol{q}_2 = -1 = -\boldsymbol{q}_1 + 0\boldsymbol{q}_2 + 0\boldsymbol{q}_3 + 0\boldsymbol{q}_4 \\ \mathrm{D}\boldsymbol{q}_3 = -1 - 2x = -3\boldsymbol{q}_1 + 2\boldsymbol{q}_2 + 0\boldsymbol{q}_3 + 0\boldsymbol{q}_4 \\ \mathrm{D}\boldsymbol{q}_4 = -1 - 2x - 3x^2 = -3\boldsymbol{q}_1 - \boldsymbol{q}_2 + 3\boldsymbol{q}_3 + 0\boldsymbol{q}_4 \end{cases}$$

得 D 在基 $\boldsymbol{q}_1,\boldsymbol{q}_2,\boldsymbol{q}_3,\boldsymbol{q}_4$ 下的矩阵为

$$\boldsymbol{B} = \begin{pmatrix} 0 & -1 & -3 & -3 \\ 0 & 0 & 2 & -1 \\ 0 & 0 & 0 & 3 \\ 0 & 0 & 0 & 0 \end{pmatrix}$$

由例 9-11 可以看出，同一个线性变换在不同的基下对应的矩阵一般不相同. 那么，它们之间有什么关系呢？

定理 9-3 设 $\boldsymbol{\alpha}_1,\boldsymbol{\alpha}_2,\cdots,\boldsymbol{\alpha}_n$ 与 $\boldsymbol{\beta}_1,\boldsymbol{\beta}_2,\cdots,\boldsymbol{\beta}_n$ 是线性空间 V_n 的两个基，从基 $\boldsymbol{\alpha}_1,\boldsymbol{\alpha}_2,\cdots,\boldsymbol{\alpha}_n$ 到基 $\boldsymbol{\beta}_1,\boldsymbol{\beta}_2,\cdots,\boldsymbol{\beta}_n$ 的过渡矩阵为 $\boldsymbol{P}$. 若 V_n 中的线性变换 $\mathscr{A}$ 在这两个基下的矩阵依次为 $\boldsymbol{A}$ 和 $\boldsymbol{B}$，则 $\boldsymbol{B}=\boldsymbol{P}^{-1}\boldsymbol{A}\boldsymbol{P}$.

证明 由题设可知 $\boldsymbol{P}$ 为 n 阶可逆阵，且

$$(\boldsymbol{\beta}_1,\boldsymbol{\beta}_2,\cdots,\boldsymbol{\beta}_n)=(\boldsymbol{\alpha}_1,\boldsymbol{\alpha}_2,\cdots,\boldsymbol{\alpha}_n)\boldsymbol{P}$$

$$\mathscr{A}(\boldsymbol{\alpha}_1,\boldsymbol{\alpha}_2,\cdots,\boldsymbol{\alpha}_n)=(\boldsymbol{\alpha}_1,\boldsymbol{\alpha}_2,\cdots,\boldsymbol{\alpha}_n)\boldsymbol{A}$$

$$\mathscr{A}(\boldsymbol{\beta}_1,\boldsymbol{\beta}_2,\cdots,\boldsymbol{\beta}_n)=(\boldsymbol{\beta}_1,\boldsymbol{\beta}_2,\cdots,\boldsymbol{\beta}_n)\boldsymbol{B}$$

又

$$\begin{aligned}\mathscr{A}(\boldsymbol{\beta}_1,\boldsymbol{\beta}_2,\cdots,\boldsymbol{\beta}_n)&=\mathscr{A}(\boldsymbol{\alpha}_1,\boldsymbol{\alpha}_2,\cdots,\boldsymbol{\alpha}_n)\boldsymbol{P}\\&=(\boldsymbol{\alpha}_1,\boldsymbol{\alpha}_2,\cdots,\boldsymbol{\alpha}_n)\boldsymbol{A}\boldsymbol{P}=(\boldsymbol{\beta}_1,\boldsymbol{\beta}_2,\cdots,\boldsymbol{\beta}_n)\boldsymbol{P}^{-1}\boldsymbol{A}\boldsymbol{P}\end{aligned}$$

由于线性变换 $\mathscr{A}$ 在基 $\boldsymbol{\beta}_1,\boldsymbol{\beta}_2,\cdots,\boldsymbol{\beta}_n$ 下只能对应一个矩阵，所以

$$\boldsymbol{B}=\boldsymbol{P}^{-1}\boldsymbol{A}\boldsymbol{P}$$

定理 9-3 表明，同一个线性变换在不同的基下对应的矩阵虽然不同，但它们之间具有相似关系，或者说它们是相似矩阵.

因为相似变换不改变方阵的特征值，所以线性空间 V 中的线性变换 $\mathscr{A}$ 在任何基下的矩阵都有相同的特征值. 也就是说，特征值是线性变换的固有属性，也把它称为线性变换 $\mathscr{A}$ 的特征值.

给定线性空间 V 的基，写出线性变换 $\mathscr{A}$ 在这个基下的矩阵 $\mathbf{A}$，通过求 $\mathbf{A}$ 的特征值可得到线性变换 $\mathscr{A}$ 的特征值.

习题 9-3

1. 在 $\mathbf{R}^3$ 中定义变换 $\mathscr{A}$ 为

$$\mathscr{A}\begin{pmatrix}x_1\\x_2\\x_3\end{pmatrix}=\begin{pmatrix}2x_1+3x_2\\x_2-x_3\\x_1+x_3\end{pmatrix}$$

(1)证明：$\mathscr{A}$ 为线性变换.

(2)求 $\mathscr{A}$ 在基 $\boldsymbol{e}_1=(1,0,0)^{\mathrm{T}},\boldsymbol{e}_2=(0,1,0)^{\mathrm{T}},\boldsymbol{e}_3=(0,0,1)^{\mathrm{T}}$ 和基 $\boldsymbol{\alpha}_1=(1,1,1)^{\mathrm{T}},\boldsymbol{\alpha}_2=(0,1,-1)^{\mathrm{T}},\boldsymbol{\alpha}_3=(0,1,1)^{\mathrm{T}}$ 下的矩阵.

(3)写出 $\mathscr{A}$ 在这两个基下的矩阵所满足的关系式.

2. 设 $\mathscr{A}$ 为 $\mathbf{R}^3$ 中的线性变换，且满足

$$\mathscr{A}\begin{pmatrix}1\\0\\2\end{pmatrix}=\begin{pmatrix}-1\\0\\3\end{pmatrix},\quad\mathscr{A}\begin{pmatrix}1\\1\\0\end{pmatrix}=\begin{pmatrix}0\\2\\1\end{pmatrix},\quad\mathscr{A}\begin{pmatrix}1\\1\\1\end{pmatrix}=\begin{pmatrix}-2\\1\\4\end{pmatrix}$$

求 $\mathscr{A}$ 在基 $\boldsymbol{\alpha}_1=\begin{pmatrix}-1\\0\\2\end{pmatrix},\boldsymbol{\alpha}_2=\begin{pmatrix}0\\1\\1\end{pmatrix},\boldsymbol{\alpha}_3=\begin{pmatrix}3\\-1\\0\end{pmatrix}$ 下的矩阵.

3. 已知 $\mathbf{R}^3$ 中的线性变换 $\mathscr{A}$ 在基

$$\boldsymbol{\alpha}_1=(1,0,1)^{\mathrm{T}},\quad \boldsymbol{\alpha}_2=(-1,0,1)^{\mathrm{T}},\quad \boldsymbol{\alpha}_3=(-1,1,0)^{\mathrm{T}}$$

下的矩阵为

$$\boldsymbol{A}=\begin{pmatrix}1&2&0\\1&-2&1\\0&2&1\end{pmatrix}$$

求基 $\boldsymbol{\beta}_1,\boldsymbol{\beta}_2,\boldsymbol{\beta}_3$，使 $\mathscr{A}$ 在这个基下的矩阵为对角阵，并写出这个对角阵.

关键词汉英对照

半负定的	semi-negative definite
半正定的	semi-positive definite
伴随阵	adjoint matrix
不可逆矩阵	noninvertible matrix
标准形	canonical form
初等变换	elementary operation
初等阵	elementary matrix
传递性	transitivity
代数余子式	algebraic cofactor
单位向量	unit vector
单位阵	unit matrix
等价的	equivalent
对称性	symmetry
对称阵	symmetric matrix
对角矩阵	diagonal matrix
对角元	diagonal entries
二次型	quadratic form
二次型的标准形	canonical form of quadratic form
二次型的规范型	normal form of quadratic form
反对称阵	skew symmetric matrix
范德蒙德行列式	Vandermonde determinant
方阵	square matrix
非齐次线性方程组	system of nonhomogeneous linear equations
非奇异阵	nonsingular matrix
分块阵	partitioned matrices
负定	negative definite
惯性指数	index of inertia
过渡矩阵	transition matrix
迹	trace
基	base
基础解系	fundamental set of solutions
极大线性无关组	maximal linearly independent system
解空间	solution space
矩阵	matrix
矩阵乘法	matrix multiplication
矩阵的秩	rank of a matrix
可对角化	diagonalizable
可交换的	commutable
可逆阵	invertible matrix
克拉默法则	Cramer rule
列	column
列标	column index
列矩阵	column matrix
列向量	column vector
零矩阵	zero matrix
零空间	zero space
零向量	zero vector
内积	inner product
逆矩阵	inverse matrix
欧几里德空间	Euclidean space
齐次线性方程组	system of homogeneous linear equations
奇异阵	singular matrix
三角矩阵	triangular matrix
上三角阵	upper triangular matrix
生成空间	spanning subspace
施密特正交化方法	Schmidt orthogonalization
顺序主子式	ordinal principal minor
特解	particular solution
特征多项式	characteristic polynomial
特征方程	characteristic equation
特征向量	eigenvector
特征值	eigenvalue
通解	general solution
维数	dimension
系数阵	coefficient matrix
下三角阵	lower triangular matrix
线性变换	linear transformation
线性表示	linear representation
线性方程组	system of linear equations
线性空间	linear space
线性空间的基	base of a linear space

线性无关	linear independence
线性相关	linear dependence
线性组合	linear combination
相抵	equivalence
相似矩阵	similar matrices
向量	vector
向量的长度	length of a vector
向量空间	vector space
向量组	vector set
向量组的秩	rank of vector set
行	row
行标	row index
行矩阵	row matrix
行列式	determinant
行向量	row vector
余子式	cofactor
增广矩阵	augmented matrix
正定	positive definite
正交	orthogonal
正交变换	orthogonal transformation
正交矩阵	orthogonal matrix
正交向量组	system of orthogonal vectors
秩	rank
主对角线	main diagonal
主子式	principal minor
转置	transpose
子空间	subspace
子式	minor
自反性	reflexivity

参考文献

1 Lay D C. 线性代数及其应用. 刘深泉，等，译. 北京：机械工业出版社，2005.

2 廉庆荣等. 线性代数与解析几何. 北京：高等教育出版社，2001.

3 辽宁科技大学高等数学部. 线性代数. 大连：大连理工大学出版社，2006.

4 齐民友. 线性代数. 北京：高等教育出版社，2003.

5 施光燕. 线性代数讲稿. 大连：大连理工大学出版社，2004.

6 同济大学应用数学系. 线性代数. 4 版. 北京：高等教育出版社，2003.

7 谢国瑞. 线性代数及应用. 北京：高等教育出版社，1999.